# LEÇONS

DE

# ZOOLOGIE

*Conformes aux programmes officiels du 31 mai 1902*

POUR

## LA CLASSE DE TROISIÈME B

PAR

## ER. BELZUNG

Docteur ès sciences
Agrégé des sciences naturelles
Professeur au lycée Charlemagne

AVEC 332 GRAVURES DANS LE TEXTE

# PARIS

## FÉLIX ALCAN, ÉDITEUR

108, BOULEVARD SAINT-GERMAIN, 108

1906

Prix du volume cartonné à l'anglaise     2 fr. 50

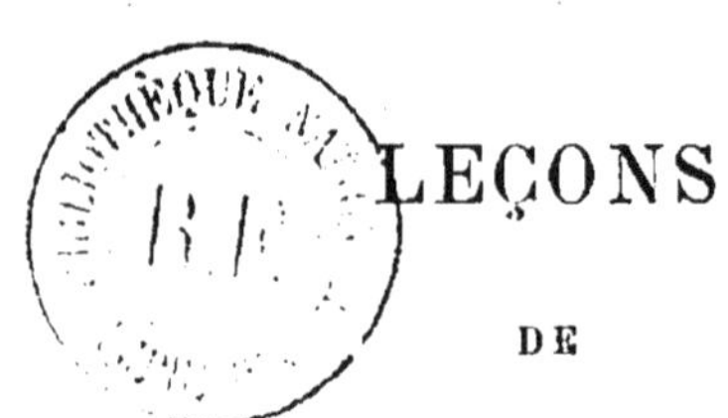

# LEÇONS

## DE

# ZOOLOGIE

# LEÇONS

## DE

# ZOOLOGIE

*Conformes aux programmes officiels du 31 mai 1902*

POUR

LA CLASSE DE TROISIÈME *B*

PAR

## ER. BELZUNG

Docteur ès sciences
Agrégé des sciences naturelles
Professeur au lycée Charlemagne.

AVEC 332 GRAVURES DANS LE TEXTE

PARIS

FÉLIX ALCAN, ÉDITEUR

108, BOULEVARD SAINT-GERMAIN, 108

1905

# ZOOLOGIE

## ANATOMIE, PHYSIOLOGIE, HYGIÈNE, CULTURE.

Ce livre est consacré à l'étude de l'organisation, du fonctionnement, ainsi que de l'hygiène du corps humain.

Une Partie spéciale traite de la domestication, de la capture et de l'élevage des principales espèces animales utiles à l'Homme.

## INTRODUCTION

## CHAPITRE PREMIER

### DU CORPS EN GÉNÉRAL

### I. — CONSTITUTION GÉNÉRALE DES ÊTRES VIVANTS

**Le corps est divisé en cellules.** — Quelque différence de forme et d'organisation que l'on constate entre les animaux les plus complexes, c'est-à-dir les Vertébrés, et les plus simples, comme les Coraux, les Eponges, tous pourtant répondent à une même constitution élémentaire : tous, en effet, se résument en une agglomération d'individualités microscopiques, douées d'une vie autonome et que l'on nomme *cellules* (fig. 1,*d*).

Comme l'organisme animal, le corps de l'Homme offre une structure cellulaire, et les propriétés fondamentales de ses innombrables cellules ne diffèrent pas des propriétés de la cellule animale : c'est le même principe de vie qui les anime les unes et les autres. Il en est de même encore des cellules végétales (fig. 2).

Au premier moment de son existence, tout être pluricellulaire se réduit à une cellule unique, dite *œuf* (fig. 3). Ce germe initial, en s'accroissant par incorporation d'aliments, se subdivise d'abord en deux cel-

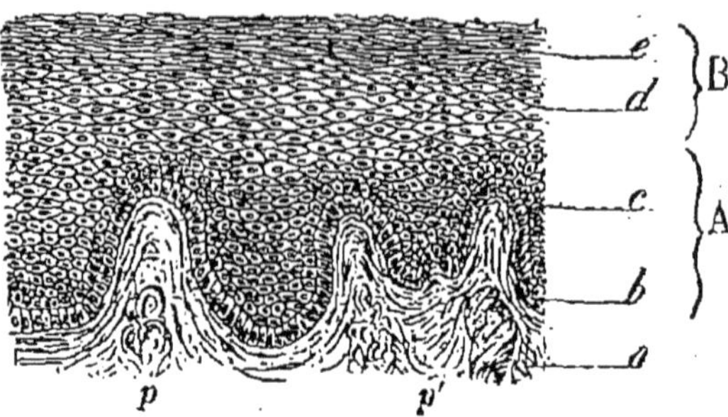

Fig. 1. — Coupe mince de la peau. — AB, épiderme ; — b-c, ses nombreuses assises de cellules ; — b, cellules génératrices ; — c, cellules aplaties et mortes ; — a, derme, avec p, vaisseaux sanguins, et p′, corpuscule tactile.

lules semblables (fig. 6,4), qui, à leur tour, se dédoublent après un nouvel accroissement, ce qui donne quatre cellules (fig. 4), puis huit, seize (fig. 5), si bien

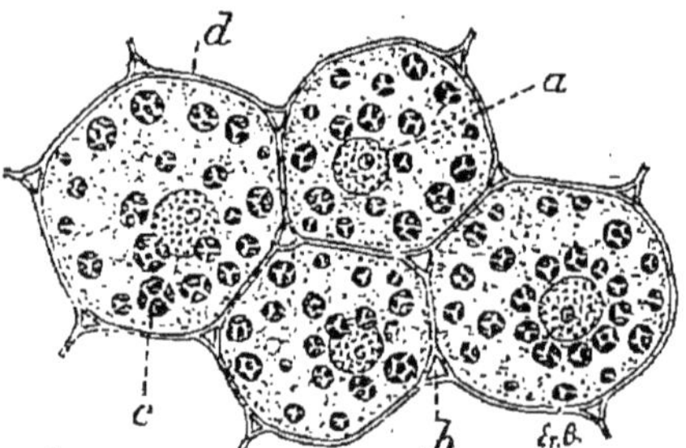

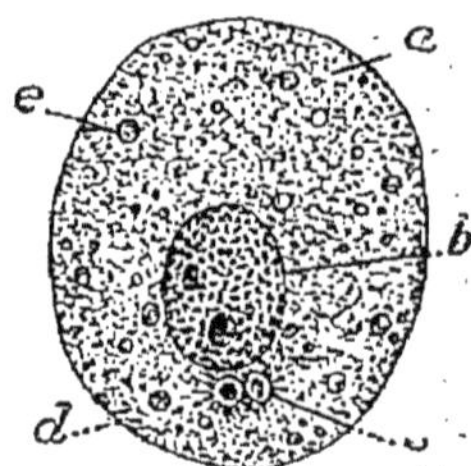

Fig. 2. — Cellules de la moelle d'une tige de Ricin. — d, membrane cellulosique ; — a, noyau ; — c, corpuscules chlorophylliens avec grains d'amidon, disséminés dans le protoplasme granuleux ; — b, méats intercellulaires aérifères. (gross. : 300).

Fig. 3. — Cellule animale. — a, protoplasme ; — b, noyau ; — c, sphères directrices, orientant la division du noyau ; — d, membrane ; — e, graisse (gross. : 1.500).

que, du seul fait de l'accroissement et de la division répétée de la cellule originelle, se constitue l'agglomération immense des milliards de cellules, qui composent le corps humain adulte.

**Êtres unicellulaires.** — Par exception, les êtres vivants les plus simples, savoir, les *Protozoaires* (Infusoires, Amibes), parmi les animaux (fig. 7 et 8), et les *Bactéries* ou microbes, ainsi que diverses Algues vertes, parmi les plantes (fig. 9 et 10), ne sont normalement composées que d'une seule cellule : ce sont, comme l'on dit, des *êtres unicellulaires*. Presque tous sont microscopiques.

Cette simplicité de constitution tient uniquement à ce que les diverses cellules, nées de la multiplication de la

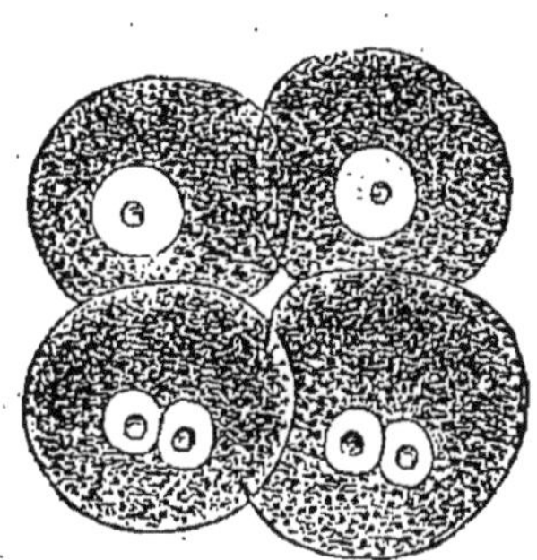

Fig. 4. — Œuf subdivisé en quatre cellules (noyau dédoublé dans les infér., prêtes à se diviser).

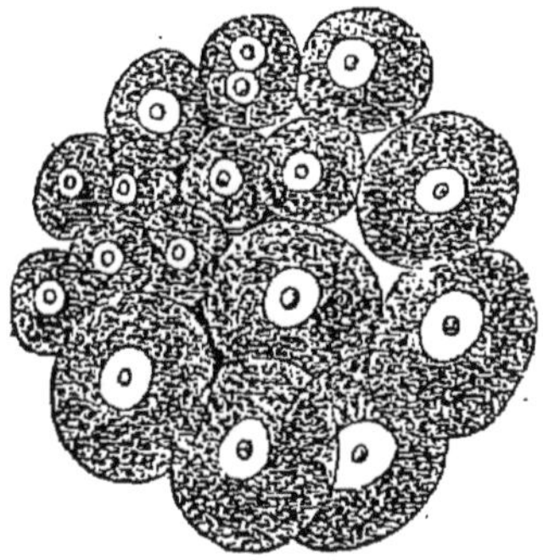

Fig. 5. — Œuf subdivisé en huit cellules inégales, formant une ébauche d'embryon.

cellule originelle, au lieu de rester unies, comme dans le cas général, se séparent les unes des autres, à mesure qu'elles prennent naissance (fig. 7), pour mener une existence indépendante ; d'où résulte que le corps total de ces êtres est en quelque sorte émietté, au lieu de former un tout continu, comme chez les êtres proprement pluricellulaires.

Toutefois, si l'*état dissocié* est de règle chez les organismes inférieurs, l'*état associé* (fig. 16, *i*) peut se présenter également.

**L'être pluricellulaire est perfectible.** — Chez les animaux à cellules associées, les diverses fonctions du corps, comme la digestion des aliments, qui assurent l'exercice de la vie, sont d'ordinaire accomplies par autant de groupes spéciaux de cellules, groupes qui ne sont autres que les *organes* (fig. 15); de plus, dans chaque organe, les cellules offrent une forme appropriée à l'exercice de la fonction particulière dont elles sont les instruments.

C'est ainsi que les cellules du mouvement s'allongent en filaments ou *fibres musculaires* (fig. 230), pour mieux effectuer leur contraction; que les cellules cérébrales ou *cellules nerveuses* sont étoilées (fig. 12, *f* ), pour mieux assurer notamment, par leurs nombreux points de contact, le travail d'association des idées ; etc.

Fig. 6. — Multiplication cellulaire. — *1*, cellule normale ; — *2*, noyau dédoublé ; — *3*, étranglement annulaire ; — *4*, les deux cellules constituées.

Cette spécialisation des fonctions ou *division du travail de la vie* est le moyen mis en œuvre par la Nature, pour réaliser le perfectionnement des êtres vivants : plus, en effet, le corps contient d'organes à fonctions spéciales, et plus il est perfectionné, élevé en organisation. Mais aussi, les divers groupements organiques de cellules deviennent solidaires les uns des autres, puisqu'ils se rendent mutuellement des services spéciaux et nécessaires ; d'où résulte que la suppression de l'un quelconque des organes compromet l'existence du corps tout entier.

Comment, par exemple, les cellules motrices (fibres musculaires) entreraient-elles en jeu sans les cellules nerveuses, qui leur transmettent les excitations indispensables, et comment les unes et les autres pourraient-elles subsister, sans le concours des cellules digestives (fig. 36, *a*), spécialement chargées de la préparation des aliments qui leur sont destinés ?

On le voit, la division du travail entraîne la dépendance mutuelle, la *solidarité organique*. En établis-
sant entre les cellules du corps un réseau complexe de
liens, elle fait de l'organisme tout entier une véritable
individualité, d'ordre supérieur à celui de la cellule,
plus parfaite qu'elle.

Chez les êtres unicellulaires, la division du travail est
impossible, puisqu'elle suppose une association de cellules : dans ces formes inférieures de vie, toutes les
cellules du corps, isolées et semblables, accomplissent
donc nécessairement les mêmes fonctions.

**Définition de la vie cellulaire**. — Toute cellule
consiste en une petite masse de substance granuleuse
vivante, nommée *protoplasme* (fig. 3, *a*), de la consistance
d'une gelée semi-liquide, et qui renferme elle-même un
autre corpuscule vivant bien distinct, le *noyau* (*b*). Une
délicate membrane (*d*) limite la cellule.

Par sa composition chimique, le protoplasme se
rapproche des matières organiques de l'ordre des
*albuminoïdes*, comme l'albumine ou blanc d'œuf, la
caséine du lait, etc. Ces composés renferment jusqu'à
six corps simples, qui sont le carbone, l'azote, l'oxygène,
l'hydrogène, le soufre et le phosphore ; on les qualifie
parfois simplement de *composés azotés*, par opposition
aux autres matières organiques, comme le sucre, les
corps gras, qui sont dépourvues d'azote et que l'on
nomme composés non azotés, ou encore composés ternaires, puisqu'ils ne contiennent que le carbone, l'oxygène et l'hydrogène.

L'activité cellulaire que nous nommons *vie* est essentiellement caractérisée par un travail d'incorporation
d'*aliments* au protoplasme. Ce dernier les convertit
en matière vivante semblable à la sienne, par une action
intime d'ordre chimique, que l'on nomme *assimilation ;*
et c'est le nouveau protoplasme, créé ainsi par assimilation des aliments, qui assure la *croissance* du corps.

Mais l'assimilation, qui représente un *travail,* ne

s'effectue pas sans une *dépense correspondante d'énergie*, et cette énergie vitale, le protoplasme la crée lui-même, en décomposant certains de ses principes constitutifs à l'aide de l'oxygène atmosphérique, c'est-à-dire par voie de *combustions*. Les combustions ou oxydations intracellulaires caractérisent la *désassimilation* : elles engendrent non seulement l'énergie nécessaire à l'assimilation de nouveaux aliments, mais encore la *chaleur* organique.

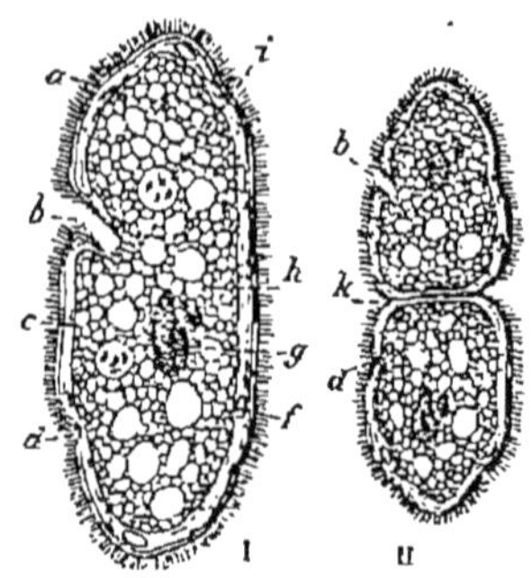

Fig. 7. — I, Infusoire cilié (Paramœcie, 0 ᵐᵐ 05). — *a*, cils vibratiles ; — *b*, bouche ; — *c*, couche protoplasmique hyaline ; — *d*, anus ; — *f*, vésicules contractiles ; — *g*, noyau et nucléole ; — *h*, protoplasme réticulé ; — *i*, vésicule digestive avec particules alimentaires. — II, multiplication, par étranglement transversal, en *k*, puis séparation.

Les produits de désassimilation sont généralement nuisibles à la cellule et par suite éliminés hors du corps ; on les nomme *déchets organiques*. Le plus important est le gaz acide carbonique, que l'organisme animal et humain rejettent sans cesse dans le milieu ambiant.

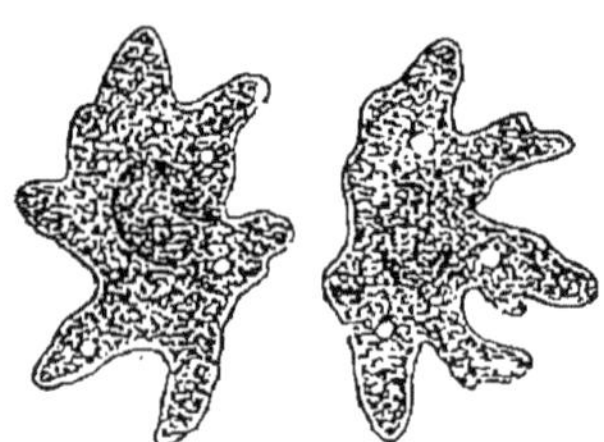

Fig. 8. — Amibe, observé à deux moments différents : il y a mouvement général de reptation (gross. : 200).

Fig. 9. — Micrococque du choléra des poules (gross. : 1.000).

Fig. 10. — Spirilles très grossis.

*Idée de la vie.* — En résumé, la vie de la cellule ou *vie fondamentale* consiste en deux phénomènes simultanés, en apparence antagonistes, au fond solidaires et harmoniques : d'une part, une création de matière vivante ou assimilation, ce qui est la *vie pure;* d'autre part, une décomposition productrice d'énergie ou désassimilation, par laquelle les particules actuellement vivantes succombent pour assurer l'accomplissement du travail d'assimilation de l'instant suivant.

Et c'est précisément le double courant d'entrée des aliments et de rejet ou excrétion des produits usés, qui nous donne l'idée de la vie ou *nutrition cellulaire,* laquelle s'entend donc de l'ensemble des transformations que subissent les aliments au sein de toute cellule.

## II. — LES FONCTIONS ORGANIQUES

**La vie élémentaire, assurée par les fonctions organiques.** — L'exercice régulier de la vie de chacune des cellules de notre corps exige l'intervention de diverses fonctions spéciales, secondaires par rapport à la vie fondamentale qui vient d'être définie : ces fonctions sont précisément celles accomplies par nos divers organes, d'où leur nom de *fonctions organiques,* par opposition aux *fonctions élémentaires* (assimilation et désassimilation), dont elles sont la condition.

Ainsi, en tant qu'éléments vivants, les fibres musculaires, les cellules nerveuses, etc., participent de la vie fondamentale, propre à toute cellule; mais, en tant qu'éléments différenciés, de forme spéciale, les

Fig. 11. — Coupe de la trachée ou canal respiratoire. — On y voit trois tissus : *a, tissu épithélial* ou *épithélium,* assises de cellules contiguës, se continuant dans la glande *c; — b, tissu conjonctif,* petites cellules entremêlées de fibrilles inertes; — *d, tissu cartilagineux,* cellules ovoïdes séparées par une matière élastique amorphe.

fibres musculaires sont en outre les instruments de la fonction organique du mouvement, et les cellules nerveuses, ceux du travail mental.

La science générale des fonctions se nomme *physiologie*; l'étude des organes est le domaine de *l'anatomie*.

Chaque organe se subdivise en *tissus*, et chaque tissu se résume à son tour en une agglomération de cellules semblables (fig. 11), dont la forme est appropriée à la fonction spéciale qu'elles exercent. Le tissu musculaire, par exemple, est un assemblage de longues cellules ou fibres musculaires, aptes à se contracter; le tissu nerveux (fig. 12) consiste en un réseau de cellules étoilées, très rameuses, ayant entre elles de nombreux points de contact; etc.

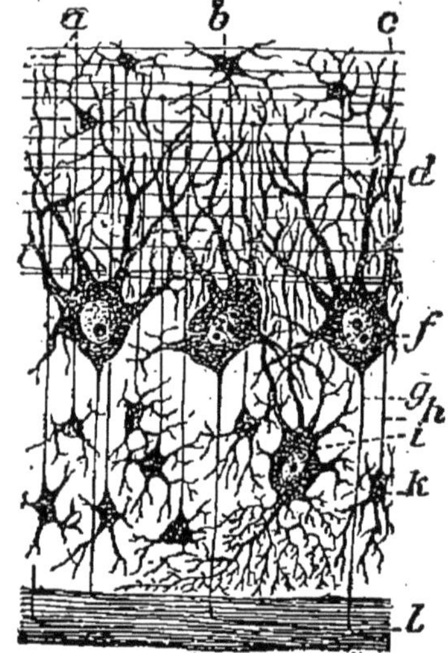


Fig. 12. — Coupe de l'écorce grise du cervelet, montrant les diverses formes de cellules étoilées du *tissu nerveux*; *l*, début de la substance int. fibreuse, ou subst. blanche (v. p. 220).

Les fonctions organiques du corps humain se ramènent à deux groupes principaux :

1° Les fonctions de *nutrition*, qui ont pour but d'assurer l'exercice de la vie cellulaire fondamentale;

2° Les fonctions de *relation*, qui mettent l'organisme en rapport avec le milieu extérieur.

On nomme *appareil* ou *système* le groupement d'organes, affecté à chacune de ces fonctions.

**I. Fonctions de nutrition**. — Ces fonctions sont au nombre de quatre principales.

1° La *digestion* ou transformation préparatoire des aliments, dans les organes de *l'appareil digestif*, en substances non seulement solubles, mais assimilables par les cellules de l'organisme.

La digestion est suivie de *l'absorption* ou passage

des produits de la digestion dans le sang, au travers de l'*intestin*, l'un des organes de l'appareil digestif.

2° La *circulation* ou transport des principes assimilables jusqu'aux organes, par l'intermédiaire d'un tissu fluide, le *sang*, dont les cellules, dites *globules* du sang, flottent dans un liquide, le plasma; les organes grâce auxquels s'effectue la circulation du sang (cœur, artères,...) forment ensemble l'*appareil circulatoire*.

3° La *respiration*, ou échange gazeux entre l'être vivant et le milieu extérieur, consistant en une absorption d'oxygène, gaz nécessaire aux combustions intracellulaires énergétiques, et en une élimination ou dégagement d'acide carbonique, gaz nuisible à la cellule, issu de ces combustions; un appareil spécial, l'*appareil respiratoire*, est consacré à l'accomplissement de cette troisième fonction de nutrition.

4° La *sécrétion* ou élaboration de produits spéciaux par les *glandes*, organes dont l'ensemble forme l'*appareil sécréteur*.

Les produits de sécrétion sont les uns nuisibles à l'organisme, les autres utiles.

Les premiers sont les produits de désassimilation autres que l'acide carbonique et issus, comme lui, des décompositions intracellulaires : c'est ainsi que l'urine, sécrétée par les reins, et la bile, sécrétée par le foie, véhiculent différents déchets azotés, que l'organisme rejette dans le milieu extérieur. On qualifie de *sécrétion excrémentitielle* ou *excrétion* l'élimination des produits nuisibles du corps (excrétion urinaire et biliaire).

Les produits de sécrétion utiles sont spécialement engendrés en vue de l'accomplissement de certaines fonctions : loin de renfermer des déchets, ils contiennent d'ordinaire une ou plusieurs substances spéciales, élaborées par le travail propre des cellules glandulaires, et c'est grâce à ces substances qu'ils exercent leur action physiologique. Tels sont les sucs digestifs, comme le suc gastrique, dont la matière active ou pepsine est indispensable à la digestion des aliments.

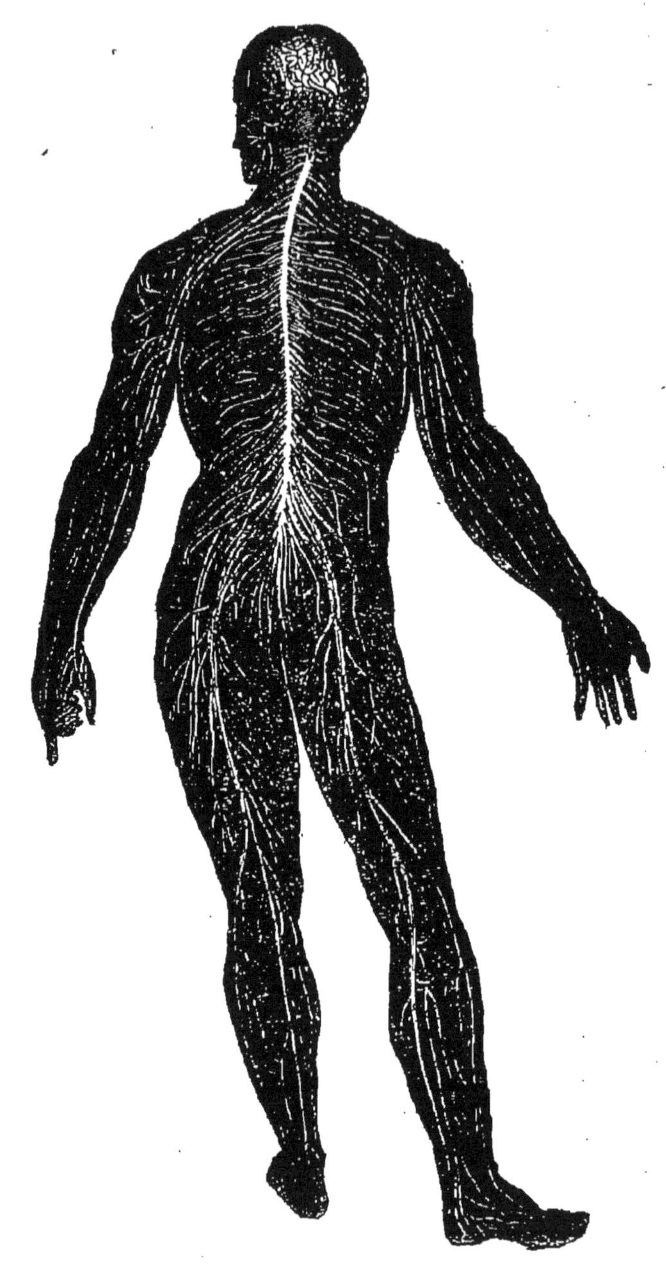

Fig. 13. — Système nerveux cérébrospinal de l'Homme : encéphale, moelle épinière et nerfs de la relation.

**II. Fonctions de relation.** — Les fonctions de relation sont la *sensibilité*, l'*intelligence* et la *locomotion*.

1° Par la fonction de *sensibilité*, les impressions ou excitations de la lumière, des sons, etc., recueillies par nos *organes des sens* (fig. 14, *a, i*), et transmises par les nerfs sensitifs (*b*) jusqu'au cerveau (*c*), centre nerveux le plus élevé, se traduisent par des *sensations*.

2° Par la fonction d'*intelligence*, les sensations sont élaborées à l'état d'idées et alimentent ainsi le travail de la pensée, travail localisé dans les cellules cérébrales.

3° La fonction de *locomotion* s'exerce par les *muscles* (*f*), avec le concours des *leviers osseux*, sur lesquels les muscles prennent insertion ; mais les muscles n'entrent en jeu qu'à la suite d'excitations nerveuses, qui leur sont transmises par les nerfs moteurs (*d*). Les muscles et le squelette forment l'*appareil locomoteur*.

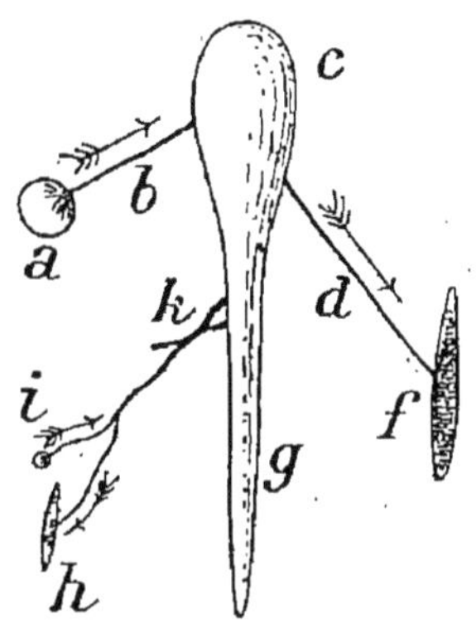



Fig. 14. — Schéma des organes de la relation. — *a*, organes des sens ; — *bcdk*, système nerveux ; — *b*, nerf sensitif ; — *c*, encéphale ; — *g*, moelle ; — *d*, nerf moteur ; *k*, nerf mixte à deux racines, formé de *i*, nerf tactile, et de *h*, nerf moteur ; — *f*, muscles. — Les flèches indiquent l'action réflexe.

L'ensemble des centres nerveux (cerveau, cervelet, moelle épinière,...) et des nerfs sensitifs et moteurs, qui sillonnent l'organisme, constitue le *système nerveux*.

On voit, en résumé, que les fonctions de relation s'accomplissent par l'action combinée des organes des sens, du système nerveux et du système locomoteur, qui sont tous ensemble intimement unis entre eux par les nerfs ou fils conducteurs de l'organisme. Dans ce qu'elles ont de plus élevé, elles tendent essentiellement à assurer l'exercice de la vie intellectuelle, comme les fonctions de nutrition assurent l'exercice de la vie matérielle.

## III. — Position des organes
### DANS LE CORPS HUMAIN

Le corps de l'Homme offre à considérer trois grandes régions : la *tête*, le *tronc* et les *membres,* dont le dessin

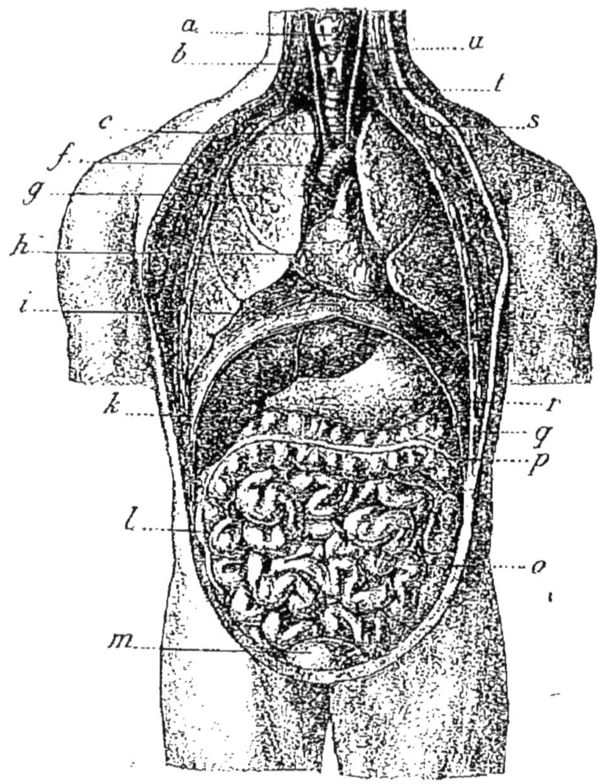



Fig. 15. — Organes du tronc. — *a,* larynx; — *b,* corps thyroïde (goitre); — *c,* artère carotide droite; — *f,* aorte; — *g,* poumons; — *h,* cœur; — *i,* diaphragme; — *k,* foie; — *l,* cæcum et appendice; — *m,* vessie; — *o,* intestin grêle; — *p,* gros intestin (côlon transverse); — *q,* pancréas; — *r,* estomac; — *s,* clavicule; — *t,* trachée; — *u,* artère carotide gauche.

général est symétrique par rapport au plan médian antéro-postérieur.

4° Le *tronc* (fig. 15) est divisé par une voûte musculaire, le *diaphragme* (1), en deux régions, savoir, le *thorax* ou poitrine et l'*abdomen* ou ventre. Les organes qu'il renferme se nomment *viscères*.

Dans le thorax, efficacement protégé par les côtes, prennent place les *poumons* et le *cœur*, organes principaux de la respiration et de la circulation. Dans l'abdomen, on remarque : l'*estomac* et l'*intestin*, organes essentiels de l'appareil digestif; diverses glandes, notamment le *foie* et le *pancréas*, qui sont des dépendances de l'appareil digestif; les *reins*, organes de l'excrétion urinaire; la *rate*, organe élaborateur de globules du sang; etc.

2° La *tête* est le siège des organes essentiels de la sensibilité (*œil, oreille, fosses nasales, langue*) et de l'intelligence (*cerveau*) ; ce dernier organe est protégé par la boîte cranienne, comme son prolongement dorsal, la *moelle épinière*, l'est par la colonne vertébrale.

3° Enfin les *membres* renferment principalement les *muscles* et *leviers osseux*, qui entrent en jeu dans la préhension (membres supérieurs) ou dans la locomotion (membres inférieurs).

# CHAPITRE II

## LES PARASITES DU CORPS

**Nature des parasites**. — Au cours de notre étude de l'organisme humain, nous aurons à définir les *parasites* qui peuvent s'y introduire ou même qui y séjournent en permanence, puis ensuite à faire connaître les règles d'Hygiène propres à combattre leur action nuisible.

Les principaux parasites de nature animale sont les *Vers* (Ténia,...); ceux de nature végétale, les *Bactéries* ou *microbes*. Si les premiers peuvent provoquer des troubles graves, parfois même mortels, les seconds sont autrement redoutables, puisqu'ils sont les agents des grandes maladies contagieuses (tuberculose, choléra,...)

Les Vers seront étudiés séparément, en même temps que les organes de notre corps dans lesquels ils siègent d'ordinaire (p. 76); quant aux Bactéries, elles offrent tout un ensemble de caractères communs, qui nous permet de les définir dès maintenant comme groupe biologique, quitte à ne plus les envisager ultérieurement qu'en ce qui intéresse l'Hygiène.

### LES BACTÉRIES

**Caractères généraux**. — Les Bactéries (fig. 16) sont des êtres unicellulaires de nature végétale, mesurant à peine quelques millièmes de millimètre de longueur et représentant les plus petits de tous les êtres vivants.

Étant dépourvues de la matière verte spéciale ou chlorophylle, qui permet aux végétaux ordinaires d'assimiler l'acide carbonique atmosphérique en présence de la lumière, les Bactéries ne peuvent vivre que de composés organiques, c'est-à-dire de substances d'origine animale ou végétale, qu'ils puisent, tantôt dans des matières inertes (feuilles mortes, fumier), tantôt dans l'intérieur d'autres êtres vivants, ce qui est le cas des *parasites*.

Les germes des Bactéries sont extraordinairement répandus dans la Nature; car il suffit d'abandonner à elle-même une matière organique quelconque, animale (chair, sang, bouillon de viande,..) ou végétale (feuilles mortes, pain humide,...), pour la voir en peu de temps se peupler de Bactéries et entrer en décomposition (putréfaction). Ce sont les Bactéries qui sont les agents de la destruc-

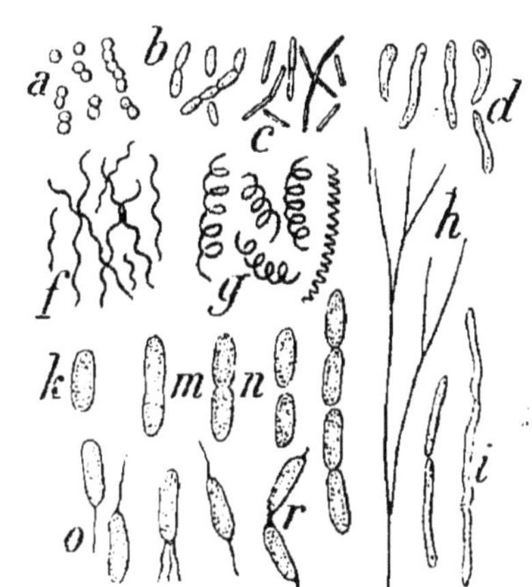

Fig. 16. — Principales formes de Bactériacées. — *a*, Micrococque; — *b*, Bactérie; — *c*, Bacille; — *d*, Vibrion; — *f*, Spirille; — *g*, Spirochète; — *h*, Cladotriche; — *i*, Leptotriche de la salive; — *k, m, n*, multiplication; — *o, r*, séparation des cellules; ces dernières emportent parfois un filament mucilagineux (gross. de *a-d* : 1000).

tion progressive des amas de feuilles qui jonchent le sol en automne, ainsi que du fumier qu'on incorpore à la terre; elles pullulent aussi en tout temps dans les résidus intestinaux, dont elles provoquent la décomposition putride, non sans donner lieu à des produits toxiques (p. 65).

*Principaux genres.* — Les *Bactéries* proprement dites sont formées de simples petites cellules ovoïdes (fig. 16, *b*), renfermant un peu de protoplasme granuleux incolore et limitées par une membrane cellulosique, comparable à celle des végétaux ordinaires. Les *Bacilles* (c) sont proportionnellement plus allongés et affectent la forme de petites baguettes : on en a un exemple net dans l'agent de la maladie du charbon (p. 140) et dans celui de la fièvre typhoïde (fig. 20). On nomme *Microcoques* (fig. 16, *a* et 21) les formes à cellules arrondies ; *Spirilles*, celles qui sont ondulées (fig. 10).

**Multiplication**. — Dans un milieu nourricier favorable, les Bactéries se multiplient avec une extrême rapidité. A cet effet, elles s'allongent (fig. 16, *m*), puis se subdivisent en deux par une minuscule cloison transversale, accompagnée d'ordinaire d'un étranglement au même niveau ; après quoi, les deux cellules (*n*) se séparent, ce qui donne deux Bactéries unicellulaires.

Pourtant, les cellules peuvent rester unies en filaments ou chapelets (fig. 16, *i*) comme on l'observe notamment dans le *voile* ou pellicule superficielle des liquides organiques en décomposition, tels qu'une infusion végétale ou un bouillon de viande, maintenus quelques jours au repos.

Fig. 17. — Formation des spores. — *f*, Bacille actif ; — *g*, spores ; — *h*, spore isolée ; — *i*, nouveau Bacille, né de sa germination ; — *k*, multiplication (gross. : 1.800).

**Reproduction**. — La reproduction des Bactéries se fait par des germes nommés *spores*, que produisent seuls les végétaux inférieurs, et d'ordinaire il ne s'en produit qu'une seule par cellule.

Les spores se constituent quand les conditions d'existence deviennent défavorables, par exemple quand l'eau ou les aliments viennent à manquer. Ainsi, quand une flaque d'eau souillée de matières organiques s'évapore, les Bactéries, loin de périr, laissent chacune après elle une spore, qui éclôt au retour de l'humidité, puis reprend sa multiplication.

Pour former une spore (fig. 17), la Bactérie concentre son contenu vivant vers le centre de la cellule (*g*), puis sécrète autour du globule ainsi formé une double membrane dont l'extérieure, purement protectrice, est remarquablement résistante à la chaleur et au froid.

Les spores peuvent subsister fort longtemps à l'état de vie latente, mêlées aux poussières inertes; la dessiccation prolongée, la lumière solaire directe les font à la longue périr.

Dans un milieu nourricier convenable, les spores germent, en émettant, au travers de la membrane protectrice externe, leur contenu (*i*), entouré par la membrane cellulosique; cette expulsion est provoquée par l'eau absorbée, qui fait pression contre la membrane externe résistante.

Le corpuscule émis de la sorte n'est autre, en somme, que l'ancienne Bactérie, revenue à la vie active avec une nouvelle membrane et qui aussitôt reprend son accroissement et sa multiplication (*k*).

**Culture.** — On *cultive* d'ordinaire les Bactéries dans des *matras* de verre (fig. 18), que l'on charge de *bouillons nutritifs* (bouillon de viande, de Levure de bière); la tubulure des matras est fermée simplement par un tampon d'ouate, qui, tout en assurant l'accès de l'air, retient efficacement les poussières extérieures.

S'il s'agit par exemple de la culture du *charbon*, on dépose à la surface du bouillon, préalablement stérilisé

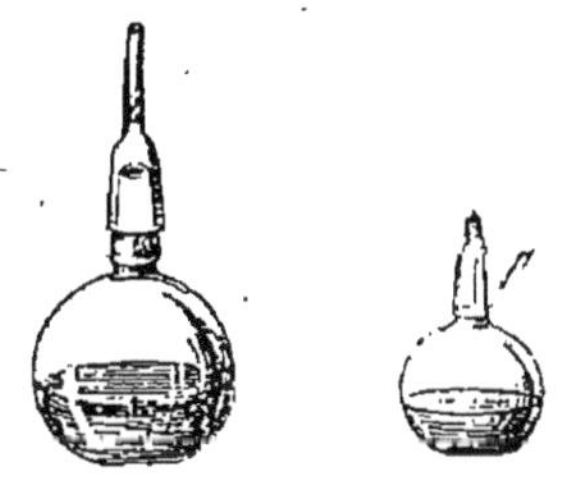

Fig. 18 et 19. — Matras de verre pour la culture des Bactéries; celui de droite est fermé par un simple capuchon de papier.

par la chaleur (p. 20), une gouttelette de sang charbonneux infesté de Bacilles (p. 140), que l'on prélève sur un Mouton qui a succombé à la maladie.

**Propriétés des Bactéries.** — Autant la conformation des Bactéries est simple, autant leurs propriétés physiologiques sont variées et remarquables.

**I. Bactéries pathogènes**. — Nombre d'espèces parasites ont le pouvoir de sécréter des poisons spéciaux ou *toxines*, par l'intermédiaire desquels elles occasionnent chez l'Homme et les animaux domestiques des maladies contagieuses (choléra, fièvre typhoïde, ...) : ces espèces nuisantes forment ensemble le groupe physiologique des *Bactéries pathogènes* (fig. 20). Toutefois, on verra

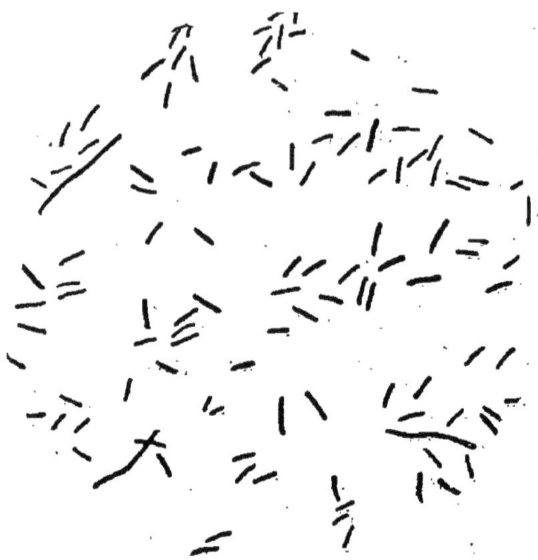

Fig. 20. — Bacille de la fièvre typhoïde, siégeant dans l'intestin et obtenu en culture (gross. : 1.000).

qu'il est possible d'atténuer et même d'abolir la sécrétion des toxines, en cultivant les espèces virulentes dans des milieux de composition appropriée, et même cette atténuation conduit à l'obtention des *vaccins* préservateurs contre ces mêmes espèces (p. 143).

Une bonne hygiène (nourriture saine, exercices physiques, vie au grand air) joue un rôle essentiel dans la lutte contre les maladies contagieuses : en fortifiant le corps, elle fait de nos tissus un terrain défavorable à l'activité des Bactéries pathogènes, qui, à tout instant, peuvent pénétrer en nous avec l'air que nous respirons. Il n'est que trop évident, par exemple, que la tuberculose sévit avec une plus particulière intensité chez les individus déjà atteints de misère physiologique, chez ceux affaiblis par l'abus de l'alcool, etc.

**II. Bactéries ferments**. — D'autres Bactéries se distinguent par la rapidité avec laquelle elles transforment certaines substances alimentaires en produits spéciaux,

Fig. 21. — Microcoque du vinaigre ou ferment acétique (parcelle de voile), (gross. : 150).

constants pour la même espèce : ce sont les *Bactéries ferments* ou *ferments bactériens*.

Ainsi, c'est un Microcoque, qui, en présence de l'air, transforme activement l'alcool du vin en acide acétique,

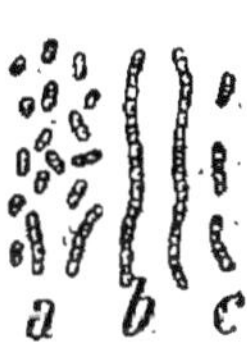

Fig. 22. — Bactérie lactique : formes unicellulaires ou associées en chaînettes (gross. : 1.000).

Fig. 23. — Ferment nitrique du sol (gross. : 800).

principe actif du vinaigre : cette transformation par oxydation est dite *fermentation acétique*, et le Microcoque qui en est l'agent est le *ferment acétique* (fig. 21). La *mère* ou voile qui se forme à la surface du vin en voie d'acétification n'est pas autre chose qu'une colonie de Microcoques, unis entre eux en une lame résistante par une substance mucilagineuse.

Pareillement, c'est une Bactérie, dite *ferment lactique* (fig. 22), qui provoque l'aigrissement du lait, et l'acide lactique engendré par elle entraîne la coagulation de la caséine, ce qui donne le lait caillé.

La terre arable renferme aussi divers ferments (fig. 23), qui transforment les composés azotés organiques du fumier en composés minéraux, les azotates ou nitrates, que les plantes supérieures sont à même d'absorber et d'assimiler ; c'est là l'important phénomène de la *nitrification*.

**Stérilisation.** — I. Chaleur. — La *chaleur* tue les Bactéries actives en quelques minutes à la température d'environ 70 degrés. Il n'en est plus de même des spores, qui, chez certaines espèces, peuvent supporter sans périr une température de 100 degrés, pendant plusieurs minutes.

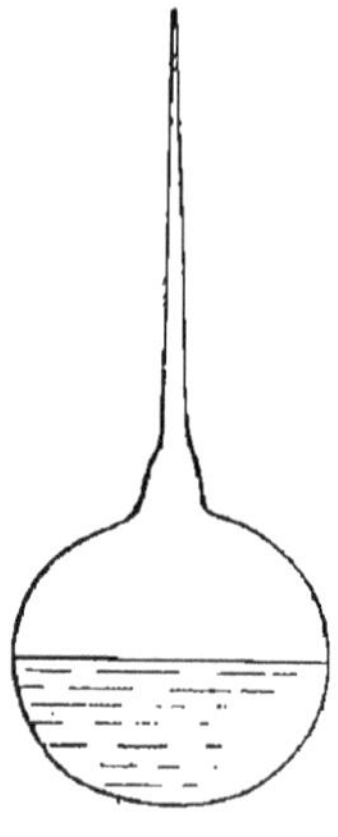

Pour tuer avec certitude tous les germes contenus dans un milieu donné, il est nécessaire de le soumettre à une température de 110 à 115 degrés, pendant environ une demi-heure ; si l'on interdit ensuite l'accès des poussières extérieures, le milieu reste indéfiniment stérile.

C'est ce que l'on peut vérifier pour un bouillon nutritif, stérilisé dans un ballon à long col, tel que celui de la figure 24, fermé à la lampe à la fin de la période de chauffe : le bouillon y demeure indéfiniment clair. Mais il suffit de briser la pointe du col pour que des spores de Bactéries aient grande chance de pénétrer dans le ballon, et alors le bouillon, ensemencé, ne tarde pas à se troubler et à s'altérer, en même temps qu'il se peuple de Bactéries.

C'est dire qu'aucune Bactérie ne peut prendre nais-

Fig. 24. — Ballon de verre, avec bouillon nutritif. Il a été stérilisé par la chaleur, puis fermé à la lampe ; le liquide y demeure intact.

sance directement dans une matière organique inerte,
par simple transformation chimique de cette matière
inanimée; qu'en d'autres termes, il n'y a *pas de généra-
tion spontanée*, et que tout être vivant dérive d'un
être vivant préexistant, dont il est la continuation.

La destruction des germes par la chaleur se nomme
*stérilisation*. Elle s'opère à l'*autoclave* (fig. 25), sorte
d'étuve close, dont le fond
est couvert d'une mince
couche d'eau et qu'on chauffe
en dessous par le gaz.

C'est à l'autoclave qu'on
stérilise les boîtes de Sardines et autres conserves
alimentaires, fermées hermétiquement, ce qui assure
leur conservation : un simple chauffage à l'eau bouillante (100°) laisserait certaines spores intactes, et ces
dernières, en germant, provoqueraient la putréfaction
du contenu.

On stérilise pareillement
à haute température, à l'autoclave, les matras chargés
de bouillon, destinés à la
culture des Bactéries.

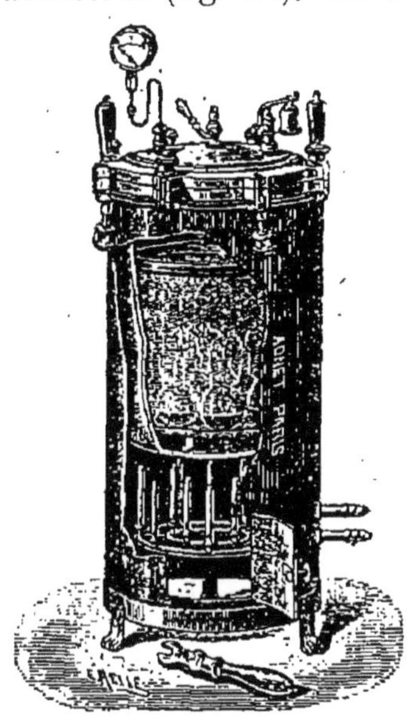

Fig. 25. — Autoclave ou étuve à
stérilisation. En haut, manomètre
et soupape de sûreté.

Remarquons à ce propos que le tampon d'ouate de la
tubulure (fig. 18), qui peut sembler n'être qu'une fermeture insuffisante, retient parfaitement les germes
extérieurs; car le bouillon stérilisé y reste inaltéré.

II. **Antiseptiques**. — On désigne sous ce nom des
substances très diverses, capables de tuer les Bactéries
actives, mais dont l'action sur les spores est incertaine
ou même inefficace : les antiseptiques ne permettent
donc de réaliser qu'une stérilisation incomplète.

Le grand intérêt des antiseptiques est qu'ils suspendent l'*activité et par suite la multiplication des Bactéries*, et c'est à ce titre qu'ils interviennent dans le pansement rationnel des plaies, où ils rendent d'incomparables services, en évitant des complications microbiennes graves, parfois même mortelles, comme la maladie du tétanos (p. 286).

Les antiseptiques les plus usités sont : le *phénol* ou *acide phénique*, employé quotidiennement en solution étendue pour stériliser non seulement les plaies, mais les pansements et instruments de chirurgie ; le *sublimé corrosif* ou *bichlorure de mercure*, poison violent, surtout précieux pour la désinfection des locaux où ont séjourné des malades atteints d'affections contagieuses ; enfin l'*eau oxygénée*.

Citons en outre, comme antiseptiques plus faibles, l'*acide borique*, qui intervient dans l'hygiène de la bouche, l'*essence de thym*, etc.

*Action de la lumière et de l'oxygène.* — La lumière solaire exerce sur les Bactéries une action déprimante et finit par les faire périr ; on peut en dire autant de l'oxygène atmosphérique pour diverses espèces pathogènes.

Aussi bien, l'air et la lumière sont-ils les deux agents essentiels de la salubrité des habitations : quand leur accès est largement assuré, quand en outre aucun résidu organique ne reste stagnant dans la maison et que la propreté y règne, les épidémies ont de grandes chances d'y rester inconnues.

L'action microbicide de la lumière a pu être appliquée à la guérison de certaines plaies superficielles, en particulier du *lupus* de la face (dartre rongeante) : ce sont surtout les rayons bleus et violets qui sont actifs. Pour les obtenir, il suffit de faire passer la lumière solaire au travers d'une solution de bleu de méthylène. On les applique directement, et de manière répétée, sur la partie malade, non sans les avoir au préalable concentrés au moyen d'une lentille,

# CHAPITRE III

## LES LEVURES. — L'ALCOOL

Parmi les microorganismes ferments, autres que ceux de nature bactérienne, il convient de citer et de définir dès maintenant les *Levures* (fig. 26), qui produisent non seulement *l'alcool du vin* et des autres boissons fermentées (cidre, bière), mais les immenses quantités d'*alcool fort* que fabrique l'industrie et qui servent de base à toutes les eaux-de-vie artificielles.

En fait, les Levures sont donc la cause indirecte des ravages que cause chez l'Homme l'abus des liquides alcooliques.

**Caractères des Levures**. — Par l'ensemble de leurs propriétés, les Levures se rattachent à la classe des Champignons, végétaux inférieurs dépourvus de chlorophylle, comme les Bactéries.

Les cellules de Levure sont tantôt arrondies (Levure de bière, fig. 26, *a*), tantôt ovoïdes (Levures des raisins, des pommes, fig. 26, *b*), et leur diamètre varie de 5 à 10 millièmes de millimètre. Leur multiplication végétative, au lieu de s'effectuer par scission transversale, a lieu par bourgeonnement (fig. 28), ce qui donne lieu à des chaînettes de cellules, simples ou rameuses. Leur reproduction s'opère par spores (fig. 27).

La propriété caractéristique des Levures est, en l'absence d'air, de décomposer le *sucre* (glucose, sucre de canne), en *alcool* ou esprit de vin ($C^2H^6O$), qui reste dans la liqueur, et en *acide carbonique*, qui se dégage.

La production de ce dernier gaz est tellement abondante qu'il en résulte comme une ébullition tumultueuse du liquide : c'est là le phénomène de la *fermentation alcoolique,* source de tous les alcools.

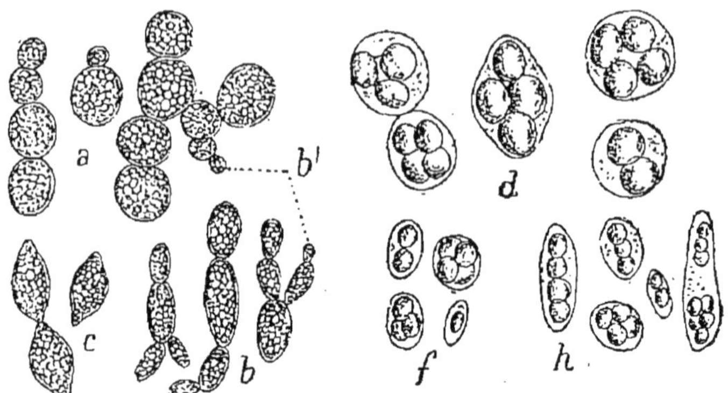

Fig. 26. — Levures. — *a,* Levure de bière ; — *b,* L. elliptique ; — *b',* cellules nées par bourgeonnement ; *c,* L. apiculée (gross. : 1.100).

Fig. 27. — Formation des spores, d'ordinaire au nombre de quatre par cellule.

Pour mettre en marche une fermentation alcoolique (fig. 29), on délaye un peu de Levure de bière fraîche dans de l'eau sucrée, additionnée d'une minime propor-

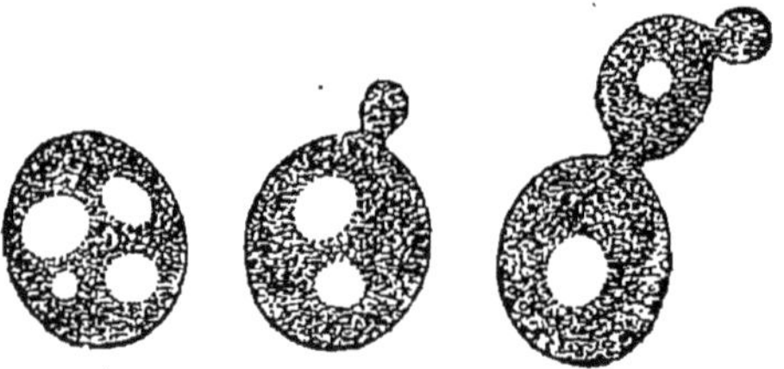

Fig. 28. — Cellule de Levure de bière, en voie de multiplication par bourgeonnement ; en blanc, vésicules à suc cellulaire.

tion de phosphate de potassium et de sulfate de magnésium, sels qui complètent la valeur nutritive de l'eau potable ; on remplit le récipient aux trois quarts de ce mélange, ce qui étouffe la Levure. Un tube à dégagement permet de recueillir l'acide carbonique.

Quand la fermentation est achevée, le liquide s'éclaircit, et la Levure multipliée s'accumule au fond du récipient. On peut alors extraire l'alcool du liquide par une distillation.

C'est de la même manière que les moûts de raisin, de pommes, etc., se changent en vin ou cidre,... : dans ce cas, ce sont les Levures qui existent naturellement sur les fruits, qui sont les agents de la fermentation.

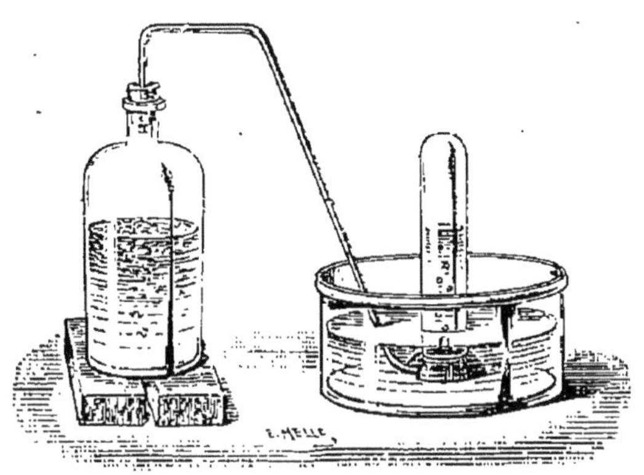

Fig. 29. — Fermentation alcoolique. A droite, dégagement d'acide carbonique.

La distillation des vins donne les cognacs et autres *eaux-de-vie*, dites *naturelles*, par opposition aux *eaux-de-vie artificielles*, qui sont fabriquées avec des alcools d'industrie étendus d'eau, colorés et aromatisés au moyen de *bouquets* (bouquet de cognac,...); ces derniers sont eux-mêmes fabriqués chimiquement et augmentent encore l'action nuisible propre de l'alcool.

La matière première des immenses quantités d'alcool que fabrique aujourd'hui l'industrie est soit directement le sucre, soit l'amidon ou fécule, que l'on convertit préalablement en glucose par l'acide sulfurique étendu, à chaud, ou par la diastase (p. 57).

# PREMIÈRE PARTIE

## APPAREILS ET FONCTIONS DE NUTRITION

Les appareils et fonctions du corps humain qui assurent l'exercice de la vie cellulaire nutritive ont été antérieurement définis (p. 7).

## CHAPITRE PREMIER

### APPAREIL DIGESTIF

*Définition*. — L'appareil digestif de l'Homme offre a distinguer deux parties :

1° Le *tube digestif* (fig. 30, *AB*), conduit qui traverse le corps de part en part et dans lequel cheminent les aliments pour y être digérés ; 2° un ensemble de *glandes* (fig. 33, *a, g, h*), dont les produits de sécrétion ou *sucs digestifs* sont déversés dans le tube et y accomplissent les transformations qui amènent les aliments à l'état assimilable.

I. **Tube digestif.** — Les organes du canal digestif sont (fig. 30) : la *bouche*, avec les *dents,* organes de la mastication ; le *pharynx* ou *gosier* ou *arrière-bouche* (fig. 53, *pg*) ; *l'œsophage*, qui traverse en bas le diaphragme ; *l'estomac,* partie dilatée en manière de poche, où séjournent le plus longuement les aliments (fig. 30, *E*) ; enfin *l'intestin,* long tube contourné sur lui-

Fig. 30. — Appareil digestif de l'Homme. — *B,* bouche et pharynx ; — *Œ,* œsophage ; — *E,* estomac ; — *IG,* intestin grêle ; — *C,* cæcum et son appendice ; — *GI,* côlon transverse, puis descendant ; — *A,* rectum et anus ; — *F,* foie ; — *V,* vésicule biliaire ; — *P,* pancréas ; — *R,* rate.

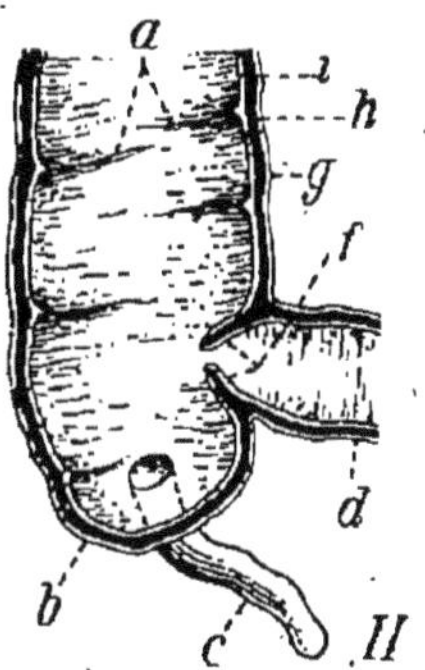

Fig. 31. — Jonction de l'iléon (*d*) avec le cæcum (*b*). — *a,* côlon ascendant ; — *i,* sa muqueuse ; — *h,* sa couche musculaire ; — *g,* sa membrane péritonéale ; — *c,* appendice cæcal ; — *f,* les deux lèvres, de la valvule iléo-cæcale, s'écartant sous la pression de l'iléon (*d*), se fermant sous la pression du côlon (*a*).

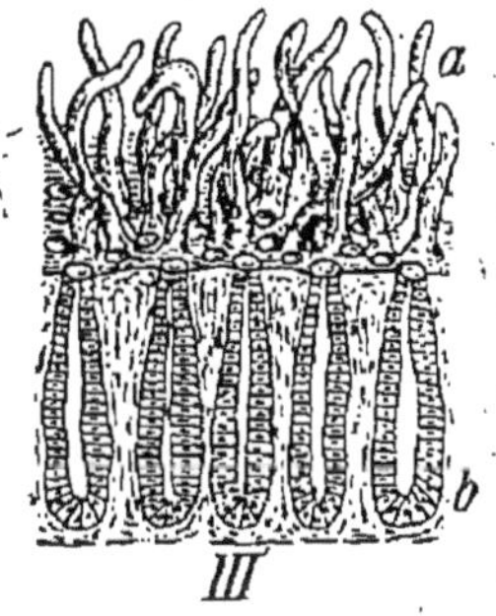

Fig. 32. — Coupe de la muqueuse de l'intestin grêle. — *a,* villosités ; — *b,* glandes en tube du derme, sécrétant le suc intestinal.

même. L'estomac et l'intestin sont situés dans l'abdomen (fig. 15).

Le tube intestinal se subdivise en *intestin grêle* (environ 7 mètres), à surface unie (fig. 30, *IG*) et en *gros intestin* (*GI*), plus court (1^m,50), mais élargi et bosselé. Le gros intestin forme comme un cadre au reste du paquet intestinal.

Dans l'intestin grêle s'achève la digestion et s'effectue en outre *l'absorption,* c'est-à-dire le passage des produits alimentaires assimilables au travers de la membrane limitante de cet organe, jusque dans le sang (fig. 82, *a, g*), qui les véhicule aux organes. L'absorption intestinale est facilitée par une multitude de courts suçoirs, d'un quart ou un demi-millimètre de longueur, nommés *villosités intestinales* (fig. 32, *a*), qui donnent à la surface intérieure de l'intestin grêle un aspect velouté : par leur grande surface, les villosités augmentent considérablement la puissance d'absorption.

Dans le gros intestin s'accumulent les résidus de la digestion, peuplés de Bactéries putréfiantes (fig. 63), dont quelques-unes sécrètent des principes toxiques, surtout dans le cas d'une alimentation trop riche en viande, ce qui en fait une menace permanente d'empoisonnement pour l'organisme (p. 68); en particulier, l'organe rudimentaire, dit *appendice* (fig. 31, *c*), qui prolonge la partie initiale ou *cæcum* (*b*) du gros intestin est parfois le siège de graves inflammations (*appendicite*). Une valvule à deux lèvres (*f*) s'oppose au reflux des résidus alimentaires dans l'intestin grêle.

Le tube digestif, communiquant librement avec l'extérieur par ses deux orifices buccal et anal, se trouve être un simple *prolongement du milieu extérieur* à travers le corps ; les cavités de l'appareil respiratoire (fig. 33, *c*) s'y rattachent, puisqu'elles n'en sont qu'une double expansion, née à l'origine de l'œsophage.

Le *milieu intérieur* du corps s'entend au contraire de l'intérieur des cellules et des cavités closes de l'appareil circulatoire : pour y accéder, il est nécessaire de traverser une paroi. Ainsi, un aliment, qui, de la cavité intestinale, s'engage dans la cavité des vaisseaux sanguins les plus proches, passe du milieu extérieur dans le milieu intérieur essentiel, qui est le sang ; il traverse pour cela les cellules limitantes, en un mot l'épithé-lium, des villosités intestinales.

**II. Glandes digestives.** — Les glandes de l'appareil digestif se subdivisent en *glandes annexes* ou *extrin-sèques* et *glandes intrinsèques* ou *glandes propres du tube digestif.*

Les glandes annexes sont appendues sur les flancs du

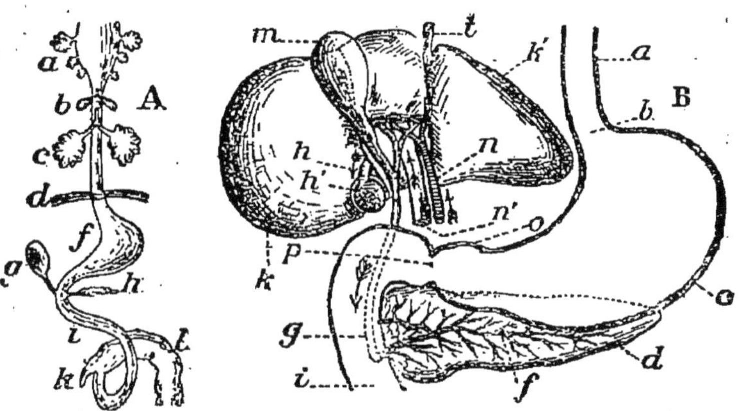



Fig. 33. — Schéma de l'appareil digestif. — *a*, bouche et glandes salivaires ; — *c*, poumons ; — *d*, diaphragme ; — *f*, estomac ; — *i*, intestin grêle ; — *k*, appendice ; — *l*, gros intestin ; — *g*, foie ; — *h*, pancréas ; — *b*, goitre.

Fig. 34. — *a*, œsophage ; — *b*, cardia ; — *c*, estomac ; — *d*, pancréas ; — *f*, son canal excréteur ; — *i*, duodénum ; — *g*, canal cholédoque ; — *p*, pylore ; — *k*, foie soulevé ; — *h*, veine hépatique ; — *h'*, veine cave inf. ; — *n*, artère hépatique ; — *n'*, veine porte ; — *m*, vésicule biliaire.

tube digestif (fig. 33), dont elles procèdent du reste (ainsi que les poumons) par bourgeonnement. Ce sont les *glandes salivaires* (fig. 55, 56), le *pancréas* (fig. 34, *d*) et le *foie* (fig. 34, *k*), qui sécrètent respectivement la salive, le suc pancréatique et la bile. Bile et suc pancréatique sont déversés au même point dans la partie initiale ou *duodénum* (*i*) de l'intestin grêle.

Les glandes digestives intrinsèques, généralement microscopiques et en nombre considérable, tirent leur nom de ce qu'elles sont situées dans l'épaisseur même de la membrane interne ou *muqueuse* du tube digestif.

2.

On distingue : 1° les *glandules buccales*, disséminées dans la membrane des joues, sous forme de granulations sensibles au toucher dans la lèvre inférieure ; elles produisent de la salive, comme les glandes salivaires proprement dites ; 2° les *glandules gastriques* (fig. 36, *a*), en forme de tubes, serrés côte à côte dans la membrane interne de l'estomac et sécrétant le suc gastrique ; 3° enfin les *glandules intestinales* (fig. 32, *b*), qui produisent le suc intestinal ou suc entérique.

**III. Péritoine.** — Le plus grand nombre des organes de l'appareil digestif (estomac, intestin, foie, pancréas) sont situés dans l'abdomen.

Or, ces organes sont entourés et soutenus par une membrane complexe, le *péritoine* (fig. 35), qui, après s'être repliée autour d'eux pour les envelopper plus ou moins complètement, se rattache à la paroi abdominale : grâce à leur *tunique péritonéale*, les organes abdominaux sont efficacement soutenus et ne peuvent se comprimer les uns les autres.

La figure 35 montre comment le péritoine, membrane close, qui tapisse la paroi de l'abdomen, se replie sur les organes intérieurs pour leur constituer leur *tunique péritonéale*, sans présenter nulle part de solution de continuité. Une petite quantité de liquide, le *liquide péritonéal*, destiné à faciliter le glissement des organes, occupe la cavité du péritoine : dans l'état de santé, ce liquide est assez peu abondant pour que la tunique péritonéale de l'intestin par exemple se trouve au contact du péritoine pariétal, qui tapisse l'abdomen.

Dans la maladie de l'*hydropisie* (inflammation du péritoine), le liquide s'accumule au contraire en quantité considérable (plusieurs litres) dans la cavité péritonéale : en distendant l'abdomen, il devient alors une cause de compression et de gêne pour les organes abdominaux.

**IV. Structure du tube digestif.** — La paroi du tube digestif se subdivise en trois tuniques.

Dans l'estomac et l'intestin, par exemple, on distingue (fig. 36) :

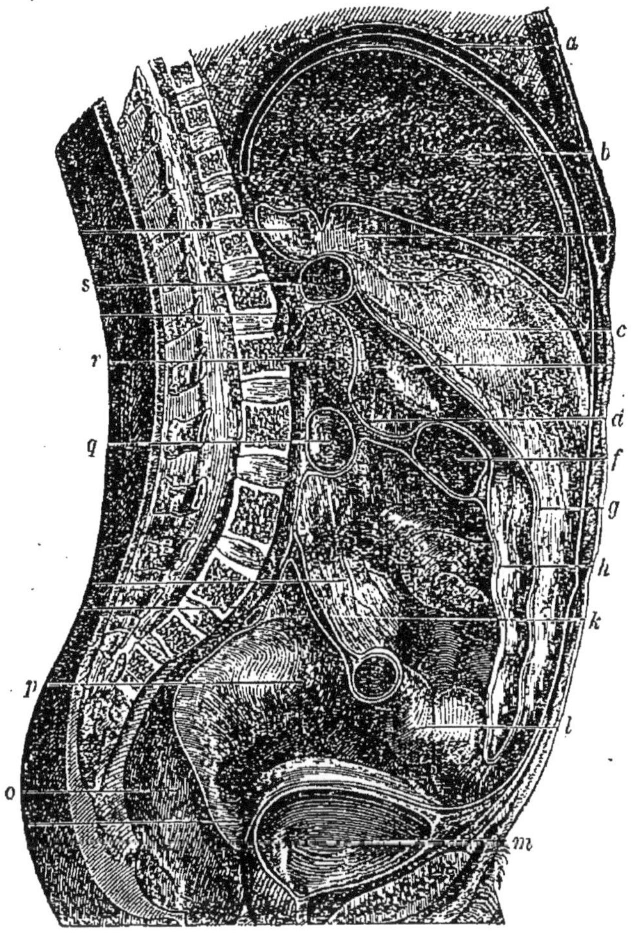

Fig. 35. — Coupe antéro-postérieure de l'abdomen, montrant la disposition du péritoine. — *a*, diaphragme; — *b*, foie; — *c*, estomac; — *d*, feuillet du péritoine, entourant *f*, colon transverse; — *g*, *h*, épiploon, repli péritonéal antérieur, pendant; — *k*, les deux feuillets du mésentère, entourant *l*, intestin grêle; — *m*, vessie; — *p*, gros intestin; — *qs*, duodénum; — *r*, pancréas.

1° La *tunique péritonéale* (*C*), membrane d'enveloppe qui soutient l'organe;

2° La *tunique musculaire* (*B*), la plus épaisse de toutes, dont les contractions ondulatoires ou *mouvements péri-*

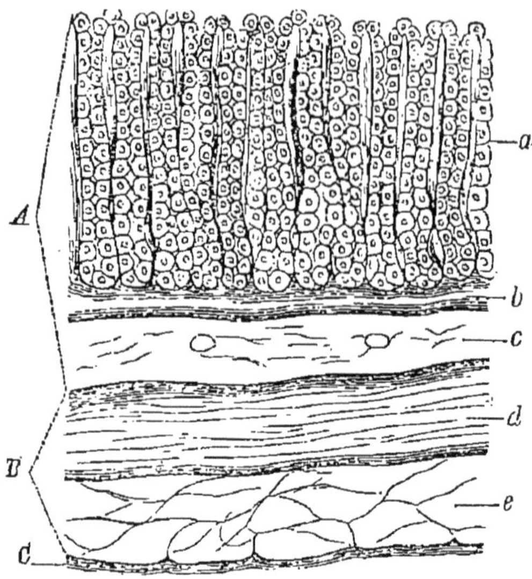

Fig. 36. — Coupe transv. de l'estomac. — A, muqueuse; — *a*, ses glandes en tube; — *bc*, derme; — B, couche musculaire; — *c*, fibres long., ici section-nées; — *d*, fibres transv.; — C, tunique péritonéale.

*staltiques* assurent la progression des aliments dans le

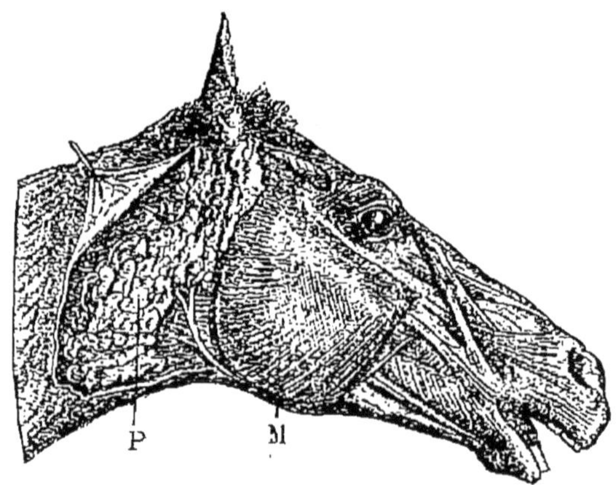

Fig. 37. — M, muscle masséter du Cheval; — P, glande parotide.

tube digestif et leur mélange intime avec les sucs char-gés de les digérer;

3° Enfin intérieurement la *tunique muqueuse* (*A*), simple membrane protectrice, dont la constitution rappelle celle de la peau ; c'est la muqueuse qui renferme les petites glandes en doigt de gant (*a*), simples ou rameuses, qui sécrètent le suc gastrique et le suc intestinal.

La cavité buccale se complique de la présence de la *langue*, ainsi que des *mâchoires*, dans les alvéoles desquelles sont implantées les *dents*. La mâchoire inférieure, seul os mobile de la tête, est animée par divers muscles, les *muscles masticateurs*, comme le muscle masséter fig. 37) et le muscle temporal (fig. 37 *bis*), qui obéissent à la volonté, contrairement à la tunique musculaire du pharynx, de l'œso-

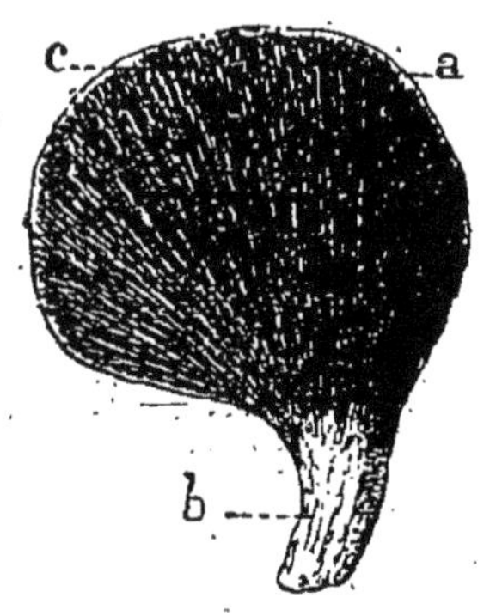

Fig. 37 *bis*. — Muscle temporal. — *a*, bord tendineux, inséré sur la boîte cranienne ; — *b*, tendon inséré à l'apophyse coronoïde de la mâchoire (fig. 224, *17*) ; — *c*, fibres en éventail.

phage, de l'estomac et de l'intestin, qui se contracte automatiquement, grâce à des actions nerveuses réflexes inconscientes (p. 240).

# CHAPITRE II

## LES ALIMENTS

*Définition.* — Les aliments ont un double rôle :

1° D'une part, ils servent à réparer l'usure de la substance vivante de nos cellules et à assurer la croissance : ce sont alors les *aliments réparateurs* ;

2° D'autre part, ils interviennent comme combustible organique et engendrent, en brûlant, l'*énergie* vitale, ainsi que la chaleur : ce sont alors les *aliments énergétiques*, dits encore *aliments respiratoires*, puisque c'est l'oxygène atmosphérique, absorbé dans l'acte de la respiration, qui effectue dans les cellules les combustions de ces aliments.

Les principaux aliments réparateurs sont les *aliments azotés* ou *albuminoïdes* (albumine, gluten du pain) ; les aliments respiratoires sont au contraire *dépourvus d'azote* (sucre...). Les uns et les autres offrent ce caractère essentiel d'être de *nature organique*, c'est-à-dire qu'ils sont empruntés à d'autres êtres vivants (animaux ou plantes) et sont tous à base de *carbone*, élément prépondérant du corps de tout être vivant.

**Composition de l'aliment complet.** — Pour qu'une nourriture soit apte à entretenir pleinement la vie, il faut qu'elle renferme :

1° Au moins un *aliment réparateur* ou azoté ;

2° Au moins un *aliment énergétique* ou non azoté ;

3° Enfin une petite proportion de certains *sels minéraux* (sels de chaux,...) et de l'eau.

I. **Aliments azotés**. — On les qualifie encore d'aliments albuminoïdes, du nom de *l'albumine* ou blanc d'œuf, qui en est le type. Citons, en outre, comme albuminoïdes d'origine animale, la *myosine*, substance fondamentale de la viande, qui n'est autre que le protoplasme des fibres musculaires (p. 280); puis la *caséine* du lait, base des fromages; etc. Comme albuminoïdes d'origine végétale, les principaux sont le *gluten* ou

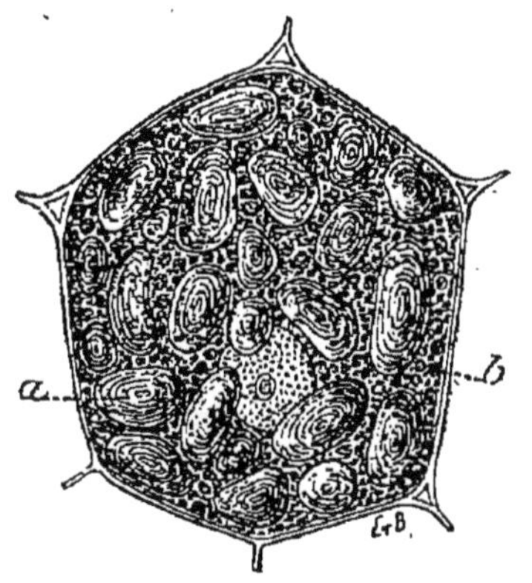

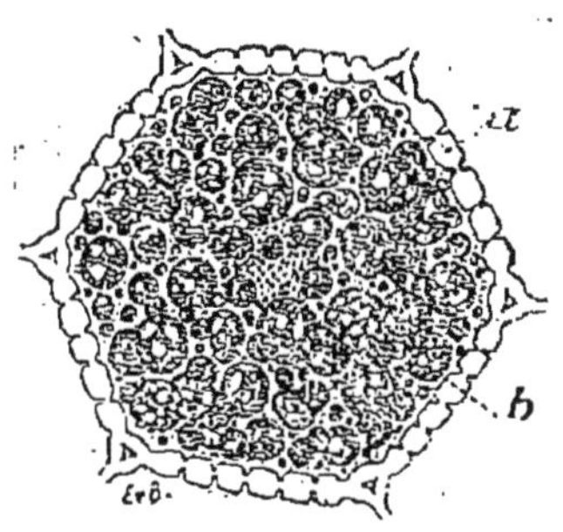

Fig. 38. — Cellule d'un cotylédon du Haricot. — *a*, grains d'amidon; — *b*, nombreux grains azotés d'aleurone ou légumine, mêlés au protoplasme (gross. : 1.200).

Fig. 39. — Cellule cotylédonaire de la graine du Lupin blanc, ne renfermant que des grains d'aleurone (*b*). — *a*, membrane épaissie. — Au centre noyau (gross. : 1.000).

*aleurone* du pain (fig. 42, *n*), substance agglutinative grise, et la *légumine*, substance analogue des graines de Légumineuses (Haricot, Pois, Lentille, fig. 38, *b*).

Les aliments albuminoïdes renferment tous du carbone, de l'azote, de l'hydrogène et de l'oxygène, et en outre, d'ordinaire, une petite proportion de soufre et de phosphore; ils sont tantôt solubles dans l'eau (blanc d'œuf frais), tantôt insolubles (blanc d'œuf cuit ou coagulé, gluten, ...). Ces composés sont les plus complexes de tous les composés organiques, et ils se présentent d'ordinaire à l'état amorphe; eux seuls renferment, sous la forme convenable, l'azote nécessaire à la régénération du protoplasme cellulaire, qui n'est, en somme,

que la plus complexe de toutes les substances albuminoïdes.

**II. Aliments non azotés.** — Les aliments non azotés
sont formés de carbone, d'hydrogène et d'oxygène, à
l'exclusion de l'azote, d'où leur autre nom d'*aliments
ternaires*.

Ils se ramènent à trois groupes principaux : les *féculents* et les *sucres*, d'origine végétale, puis les *corps
gras*, d'origine tantôt animale (graisse, beurre), tantôt
végétale (huiles).

Fig. 40. — Diverses formes de grains d'amidon. — *a*, graine de Haricot (fissure centrale due à la dessiccation); — *b*, Pomme de terre; — *c*, Blé; —
*d*, Maïs; — *f*, Avoine (grains composés) (gross. : 800).

a) Les *aliments féculents* consistent essentiellement
en *fécule* ou *amidon*, corps dont la composition est
exprimée par la formule $C^6H^{10}O^5$ ou $C^6(H^2O)^5$, c'est-à-
dire que 6 atomes de carbone y sont combinés aux éléments de 5 molécules d'eau.

L'amidon se présente dans les cellules végétales
(fig. 40 et 38, *a*) en grains arrondis, ovoïdes ou poly-
édriques, insolubles dans l'eau et faciles à reconnaître,
grâce à la coloration bleue ou violette qu'ils acquièrent
en présence de l'eau iodée.

L'amidon forme les 6/7 environ de la farine de Blé ;
il est plus abondant encore dans le Riz et le Maïs (fig. 41),
ainsi que dans la pomme de terre.

Le sagou, le tapioca sont aussi des aliments féculents,
extraits le premier de la moelle du Palmier-Sagoutier,
le second de la racine du Manihot (Euphorbiacée).

Notons ici que la *cellulose*, substance constitutive des membranes cellulaires végétales (fig. 2, *d* et 41) et que nous ingérons sous forme de légumes, de fruits, etc., offre la même composition que l'amidon, mais est peu attaquable, peu digestible, et par conséquent de faible valeur alimentaire.

*b*) Les *sucres* ont une composition très voisine de celle de l'amidon.

Les principaux sont : le *saccharose* ou sucre de canne

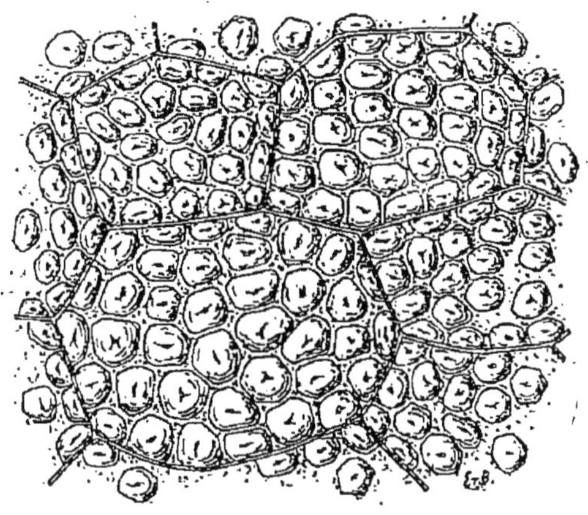

Fig. 41. — Cellules de l'albumen du Maïs, remplies de grains d'amidon polygonaux, à fissure centrale due à la dessiccation (gross. : 1.000).

ou de Betterave ($C^{12}H^{22}O^{11}$) et le *glucose* ($C^6H^{12}O^6$). Ce dernier, qui existe dans tous les fruits mûrs, se nomme encore *sucre d'amidon*, parce que l'amidon se convertit facilement en glucose sous l'action de l'acide sulfurique étendu, à l'ébullition : on sait déjà que le glucose obtenu de la sorte par l'industrie sert de matière première dans la fabrication de l'alcool (p. 25).

Le *lactose* ou sucre de lait a la même composition que le sucre de canne ; mais ses propriétés sont distinctes. En particulier, il n'a pas de saveur sucrée.

On qualifie parfois les féculents et les sucres d'*aliments hydrocarbonés* ou *hydrates de carbone*, puisque, avec le carbone, ils renferment l'hydrogène et l'oxygène dans les proportions de l'eau (2 atomes d'hydrogène pour 1 d'oxygène).

*c*) Les *corps gras* diffèrent des hydrocarbonés par leur pauvreté en oxygène et leur grande richesse en hydrogène, ce qui fait de ces composés d'excellents combustibles organiques ; car l'hydrogène, en brûlant, dégage une quantité de chaleur beaucoup plus grande que le carbone, à poids égal.

Les corps gras naturels sont formés d'un mélange, en proportions variables, de *stéarine* $[(C^{18}H^{35}O^2)^3C^3H^5$ ou $C^{57}H^{110}O^6]$, de *margarine* et d'*oléine*. La stéarine est solide et domine dans les graisses ; la margarine, de consistance plus molle, est abondante dans le beurre ; l'oléine, liquide, dans les huiles.

**III. Sels minéraux.** — Les sels minéraux alimentaires existent en petite proportion dans les aliments organiques naturels (pain, légumes, ...), ainsi que dans l'eau potable, qui, du reste, ne justifie ce nom que lorsqu'elle est convenablement minéralisée. Le vin, lui, renferme une notable proportion de sels minéraux.

Les principaux sels utiles à l'organisme sont les sels de chaux, de potasse, de fer, sous forme de phosphates, de sulfates, de chlorures, etc.

Seul, le sel marin (chlorure de sodium) intervient à l'état pur, et il prédomine parmi les sels du plasma sanguin, ainsi que ceux du suc cellulaire. L'Homme adulte excrète par jour environ 13 grammes de sel marin, dont la moitié est restituée à l'organisme par les divers aliments, tandis que l'autre est prélevée directement au dehors à l'état de sel pur.

Par leur richesse en sels minéraux, nos liquides intérieurs rappellent sensiblement l'eau de mer, dans laquelle ont vraisemblablement pris naissance les premiers êtres vivants terrestres, sans doute unicellulaires.

**IV. Corps simples essentiels.** — Les corps simples dont les combinaisons forment les aliments qui viennent d'être étudiés sont au nombre de 12, savoir :

6 métalloïdes, le *carbone*, l'*oxygène*, l'*azote*, le *soufre*, le *phosphore* et le *chlore*,

et 6 métaux, l'*hydrogène*, le *potassium*, le *sodium*, le *calcium*, le *magnésium* et le *fer*.

Ces douze corps simples sont qualifiés d'*essentiels*, parce que tous ensemble sont indispensables à l'exercice de la vie, ce dont on juge par leur présence constante dans le corps des animaux et de l'Homme, quelque diverses que soient les conditions d'existence (régime, climat) des individus considérés.

Le corps peut renfermer aussi des éléments *accessoires*, tenant à la composition spéciale des aliments, par exemple de l'iode et du brome chez les animaux marins ; ces éléments accessoires ou accidentels ne sont pas indispensables à la vie.

**V. Ration alimentaire.** — En se basant sur le poids des déchets azotés (urinaires et biliaires) et non azotés (acide carbonique), excrétés quotidiennement par notre organisme, on arrive à établir que, pour l'accomplissement normal de la nutrition, les aliments azotés et non azotés doivent être associés dans la proportion de *une partie pour les azotés* et de *quatre à cinq pour les non azotés*. C'est donc le combustible organique qui forme la majeure partie de notre alimentation.

Pour l'Homme adulte au repos, la ration alimentaire quotidienne, dite *ration d'entretien*, comprend en principes nutritifs *effectifs*, c'est-à-dire entièrement utilisables, les quantités suivantes :

```
Aliments albuminoïdes, environ.  100 grammes.
Corps gras. . . . . . . . . . .  140    —
Hydrocarbonés. . . . . . . . .   320    —
Sels minéraux.  . . . . . . . .   30    —
```

Soit, en tout, 460 grammes d'aliments non azotés contre 100 grammes seulement d'azotés.

Mais la masse alimentaire que nous ingérons est beaucoup plus considérable, parce que les aliments naturels renferment divers principes inutilisables; c'est ainsi qu'il faut 850 grammes de pain et 300 grammes de viande et graisse pour fournir au corps les quantités précédentes d'aliments organiques effectifs.

### PRINCIPAUX ALIMENTS USUELS

Les aliments usuels complets d'origine végétale sont le *pain*, les *graines de Légumineuses* (Haricot, Pois, ...) ; ceux d'origine animale, l'*œuf* et avant tout le *lait*.

Les aliments incomplets comprennent la viande, la pomme de terre et les légumes en général.

**Aliments complets**. — I. Pain. — Le pain le plus nutritif est fabriqué avec la farine de Blé ou Froment; le pain de Seigle est sensiblement moins riche en gluten.

Le *grain de Blé* (fig. 42) représente un fruit dont la paroi ou péricarpe (*a*) est soudée au tégument (*b*) de l'unique graine incluse. Il renferme un petit *embryon* (*gd*) appliqué contre un volumineux *albumen* (*c*), tissu cellulaire gorgé de réserves nutritives [granulations d'aleurone ou gluten (*n*), grains d'amidon (*p*), acides organiques, sels minéraux] et destiné à servir intégralement d'aliment à l'embryon pendant la germination.

La farine finement tamisée ou *blutée* est à peu près exclusivement formée de ces deux parties essentielles du grain, l'embryon et l'albumen, et elle consiste surtout en amidon, gluten et lambeaux de membranes cellulosiques. Les enveloppes (*ab*), peu digestibles en raison de la lignification des membranes cellulaires, sont éliminées à l'état de *son*, non sans entraîner partiellement les assises superficielles d'albumen (*n*, *o*), qui sont précisément les plus riches en gluten, ce qui ajoute à la valeur nutritive du son.

La *farine de Blé* renferme de 9 à 15 p. 100 de gluten ; de 70 à 80 p. 100 d'amidon et autres composés hydrocarbonés (sucre, cellulose,...); enfin de 1 à 1,5 de sels minéraux et de 10 à 14 p. 100 d'eau ; soit, en prenant les nombres moyens, 12 p. 100 de gluten et 75 p. 100 d'amidon. On voit que, pour être pleinement nutritif, le pain demande à être renforcé d'une petite proportion de matière azotée (viande, poisson, œuf, fromage), proportion naturellement plus élevée pour le Riz, qui est beaucoup plus pauvre en aleurone que le Blé.

On peut extraire le *gluten du Blé*, sous forme d'une pâte grise élastique, en malaxant une boule de pâte de

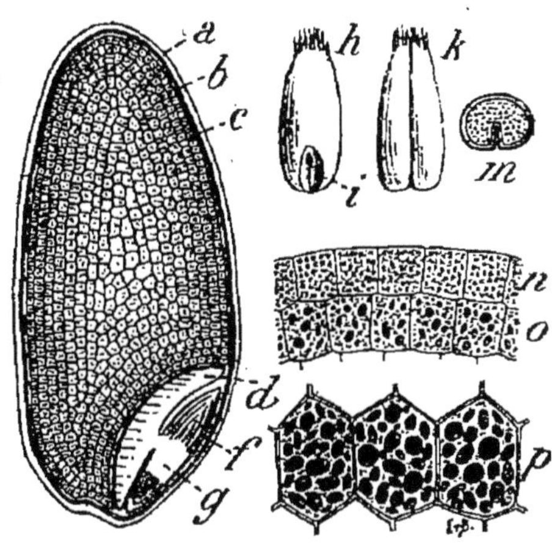

Fig. 42. — Grain de Blé. — *a*, péricarpe; — *b*, tégument séminal; — *c*, albumen; — *g*, tigelle de l'embryon; — *f*, gemmule; — *d*, cotylédon; — *h*, face bombée du grain, avec *i*, embryon; — *k*, face sillonnée; — *m*, coupe; — *n*, première assise d'albumen, remplie d'aleurone, sans amidon; — *o*, deuxième assise; — *p*, assise plus intérieure (en noir, amidon).

farine sous un filet d'eau : les grains d'amidon sont peu à peu entraînés, tandis que les granulations de gluten, gonflées par l'eau, s'agglutinent en une masse grise, qui, desséchée, acquiert la consistance de la corne.

Les autres Céréales ne renferment que peu de gluten agglutinatif, et on ne peut en extraire l'aleurone que par voie chimique, sous forme d'une poudre inerte.

*Panification.* — La pâte de farine destinée à être transformée en pain doit être au préalable pétrie avec du *levain* ou de la *Levure pure* (p. 23). Le levain est un reste de pâte d'une opération antérieure, dans laquelle sont disséminées des cellules de Levure : ces dernières produisent une légère fermentation alcoolique (p. 24), c'est-à-dire qu'elles dédoublent la petite quantité de sucre de la pâte en une trace d'alcool et en acide carbonique. Pendant la cuisson, le gaz carbonique se dilate, distend la pâte et donne au pain sa porosité, ce qui facilite sa digestion. Le levain ancien acquiert une saveur aigre, par suite de l'intervention de la Bactérie lactique (p. 20), espèce du reste inoffensive.

Les Céréales autres que le Blé ne se prêtent pas à la panification, faute d'agglutinabilité de leur gluten, qui est d'ailleurs moins abondant : elles ne donnent qu'un pain compact. Même le Seigle, la plus nutritive après le Blé, n'est employé le plus souvent qu'en mélange avec lui (pain de Seigle).

**II. Graines de Légumineuses**. — Les graines de Haricot, Pois, Lentille, Fève, ont une composition analogue à celle du grain de Blé, mais avec une *proportion plus élevée d'albuminoïdes* : elles contiennent en effet jusqu'à 25 et 26 p. 100 d'aleurone (fig. 38 et 39, *b*), du reste non agglutinatif, ce qui équivaut au tiers environ du poids de l'amidon. Ce sont de beaucoup les aliments végétaux les plus plastiques, les plus substantiels, au point qu'à eux seuls ils ne fourniraient pas au corps proportionnellement assez de principes non azotés.

La gousse du Haricot jeune (haricot vert) a une valeur nutritive beaucoup moindre que la graine mûre.

**III. Œuf**. — L'œuf (fig. 43) est un aliment complet, en ce qu'il renferme des principes azotés (albumine ou blanc d'œuf; lécithine, matière phosphorée du jaune), des principes non azotés (corps gras du jaune) et des sels minéraux (phosphates, sels de fer); mais la proportion des composés azotés y est encore beaucoup plus élevée que dans les Légumineuses, puisqu'il y a sensiblement égalité entre le poids des albuminoïdes (12 p. 100 du contenu) et celui des corps gras.

L'œuf frais, consommé cru, ou cuit seulement à la coque, est de digestion facile ; dans l'œuf dur, les albuminoïdes sont coagulés, et leur transformation digestive est plus laborieuse.

Associé au pain, l'œuf constitue un aliment complet, où les composés azotés et non azotés peuvent être facilement dosés, selon la proportion physiologique (p. 39).

IV. **Lait**. — Le lait est *l'aliment complet par excellence*, plus complet que le pain, puisque, outre ses albuminoïdes et ses sels minéraux, il contient à la fois un hydrocarboné (sucre) et un corps gras (crème) : ces divers composés entrent pour environ 14 p. 100 dans le lait de Vache et jusqu'à 21 p. 100 dans le lait de Chèvre, le reste consistant en eau.

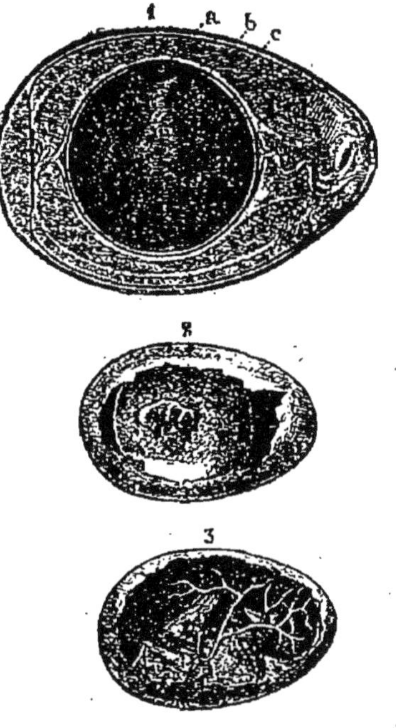

Fig. 43 à 45. — 1, œuf non incubé ; — *a*, germe ; — *bc*, jaune ; — le blanc ou albumine forme à droite et à gauche les chalazes de soutien. — 2, ébauche du poulet. — 3, vaisseaux nourriciers, ramifiés dans le jaune.

Remarquons ici que l'Huître (fig. 305) a une composition sensiblement superposable à celle du lait, ce qui en fait un aliment très substantiel, et en outre de digestion facile.

Le lait renferme :

1° De la *caséine* (3,5 à 5 p. 100), substance albuminoïde coagulable par les acides, comme il arrive dans le lait aigri, ou encore par la présure, dissolution étendue de suc gastrique, obtenue avec la caillette ou quatrième estomac du Veau ; la caséine coagulée, séparée du sérum ou petit-lait, forme, avec ou sans la crème, la base des *fromages*, qui se divisent en fromages *frais* et fromages *fermentés*, ces derniers ayant subi diverses transformations bactériennes qui les rendent plus digestibles et même leur permettent d'intervenir activement dans la digestion (p. 81);

2° Le *sucre de lait* ou *lactose*, de même composition que le sucre de canne, mais sans goût sucré; il cristallise lorsqu'on abandonne à lui-même le petit-lait, préalablement concentré;

3° La *crème*, matière grasse riche en margarine, formée de globules qui montent à la surface du lait abandonné au repos; ces globules sont entourés chacun d'une délicate membrane de nature azotée, qui se brise lors du battage, ce qui permet au contenu gras de s'agglutiner à l'état de beurre;

4° Enfin le lait renferme des *sels minéraux*, notamment des phosphates, qui assurent l'ossification chez l'enfant.

Par sa grande proportion d'albuminoïdes, le lait est éminemment apte à alimenter la croissance rapide des tissus dans le premier âge de la vie.

*Lait caillé.* — Abandonné à lui-même au frais, le lait est le siège de la *fermentation lactique,* qui consiste en la transformation partielle du sucre de lait en acide lactique par une Bactérie (fig. 22); cet acide provoque ensuite la coagulation de la caséine, en sorte que le lait se trouve aigri et caillé.

Par son acidité, le lait caillé est un aliment sain, qui, indépendamment de ses qualités nutritives, joue un rôle hygiénique, en contribuant à modérer les fermentations putrides du gros intestin, au grand avantage de la santé générale du corps.

En Russie et en Sibérie, on consomme, sous le nom de *koumiss,* du lait de jument fermenté; cette boisson est non seulement acidule, mais encore légèrement alcoolique, par suite de l'intervention simultanée de la Bactérie lactique et d'une Levure. Le *kéfir,* boisson analogue du Caucase, s'obtient avec le lait de Vache.

**Aliments incomplets**. — I. **Viande**. — La *viande* renferme 25 p. 100 de matière sèche, qui consiste presque entièrement en albuminoïdes, les uns insolubles dans l'eau (myosine ou protoplasme musculaire), les autres dissous dans le suc de la viande (albumine). Même quand elle est maigre, la viande renferme toujours, dans le tissu conjonctif interposé aux fibres (fig. 229, *a*), une petite proportion de graisse.

En aucun cas, la viande seule, non plus que le poisson, ne peut suffire à l'alimentation ; elle ne doit rationnellement intervenir qu'à titre d'appoint aux aliments végétaux, comme le pain, la pomme de terre, les légumes, qui ne contiennent pas une proportion suffisante de composés azotés.

Le *bouillon de viande* ne renferme en dissolution, indépendamment des sels minéraux et de quelques principes azotés cristallisables médiocrement nutritifs (xanthine, sarcine), que fort peu d'albuminoïdes ; mais, si la viande bouillie garde presque toute sa valeur nutritive, en revanche elle est de digestion plus difficile que la viande fraîche rôtie ou grillée.

Le bouillon n'est donc pas à proprement parler un aliment. Néanmoins, il intervient utilement, au début du repas, comme stimulant de l'estomac, en quoi il dispose à manger, et ses principes azotés passent pour favoriser la sécrétion de la pepsine. La saveur agréable et le parfum du bouillon lui viennent surtout des légumes et des aromates (clou de girofle, muscade,...), que l'on ajoute à la viande.

II. **Pomme de terre**. — Le tubercule de la pomme de terre (fig. 46) renferme une énorme proportion de grains de fécule, qui bourrent littéralement les cellules (fig. 47, *f*) ; les principes azotés n'y existent qu'en dissolution dans le suc cellulaire, et non à l'état de grains d'aleurone, comme dans les graines.

Les meilleures variétés (Hollande jaune) peuvent contenir, en albuminoïdes, jusqu'à 4 p. 100 du poids brut du tubercule, soit 20 grammes pour 100 grammes de fécule, proportion remarquablement élevée ; au contraire, dans les variétés très farineuses, qui sont surtout employées à la préparation du glucose industriel, cette proportion descend à 6 et même à 4 p. 100.

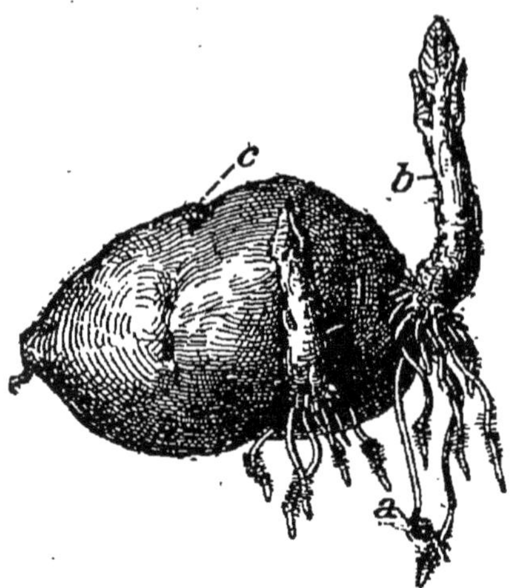
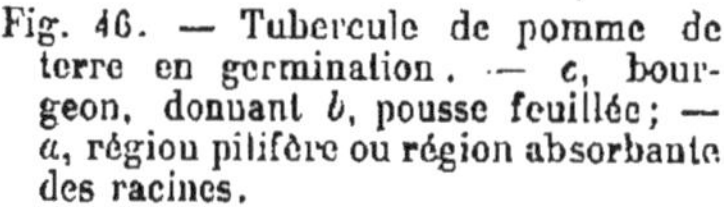
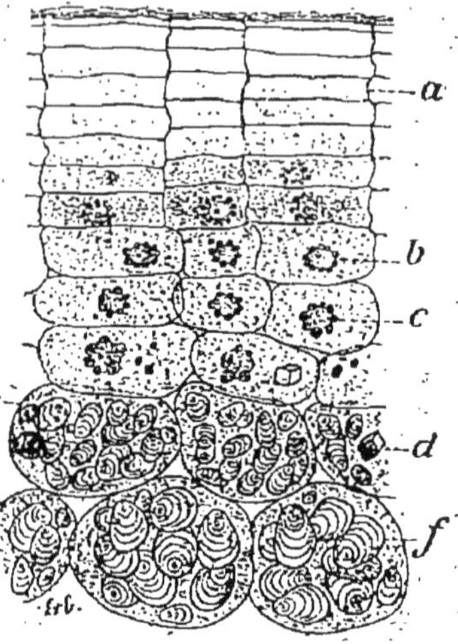

Fig. 46. — Tubercule de pomme de terre en germination. — *c*, bourgeon, donnant *b*, pousse feuillée ; — *a*, région pilifère ou région absorbante des racines.

Fig. 47. — Coupe de la couche superficielle d'une pomme de terre. — *a*, liège, à cellules tabulaires ; — *bc*, noyaux des cellules vivantes sousjacentes, avec origine des grains d'amidon ; — *d*, corpuscule organique cristallisé ; — *f*, amidon.

Ajoutons qu'à poids égal, les réserves azotées de la pomme de terre ont une valeur alimentaire moindre que le gluten et la viande.

Associée à la viande, au lard ou au fromage, la pomme de terre forme un aliment complet.

**III. Légumes divers ;...** — Les carottes, choux, navets, radis, ne renferment pas de fécule parmi leurs réserves nutritives, mais uniquement des principes non azotés et azotés en dissolution ; les Crucifères (chou, radis,...), ainsi que l'Oignon et l'Ail, sont riches en essence sulfurée, qui donne à ces légumes leur forte odeur.

Ce sont là, à tout prendre, des aliments d'appoint,

peu nutritifs, mais qui jouent un rôle mécanique utile, en divisant les aliments substantiels, comme la viande, et en les empêchant de faire masse sur l'estomac.

Il en est de même des *champignons* (champignon de couche, morille, truffe), qui sont surtout de nature hydrocarbonée et plus employés comme condiments que comme véritables aliments.

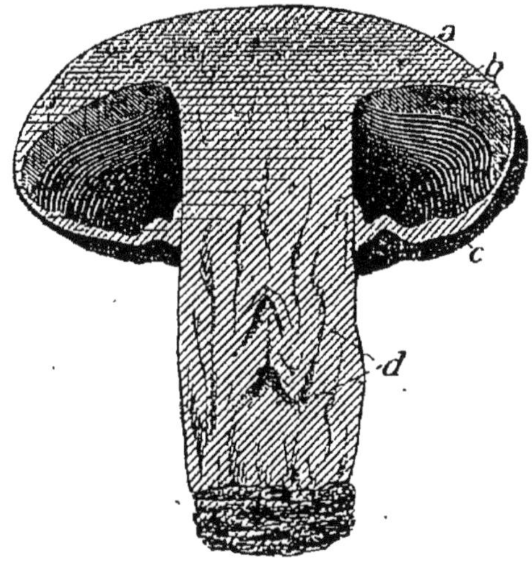

Fig. 48. — Coupe du Champignon de couche (Agaric des champs). — *d*, pied; —*a*, partie comestible du chapeau (filaments agglomérés); — *b*, feuillets rayonnants, portant les spores; — *c*, voile du chapeau jeune.

Les *fruits* interviennent par leurs sucs, plus ou moins acidules et sucrés : ce sont des aliments sains, en ce qu'ils contribuent à entretenir la marche normale des fonctions intestinales.

IV. **Boissons**. — Notons enfin que les boissons hygiéniques (vin, cidre, bière) sont alimentaires par l'ensemble de leurs sels minéraux et leurs principes organiques; ces derniers sont surtout abondants dans la bière. Elles sont, de plus, toniques par une légère dose de tanin, par les phosphates, les sels de fer; enfin stimulantes du système nerveux par la faible proportion d'alcool étendu qu'elles contiennent.

# CHAPITRE III

## DIGESTION DES ALIMENTS

La digestion s'entend de l'ensemble des transformations que subissent les aliments dans le tube digestif pour devenir, s'ils ne le sont déjà, assimilables par les tissus de l'organisme.

Ces transformations sont les unes accessoires, et d'ordre purement *mécanique* ; les autres, essentielles, d'ordre *chimique*.


### I. — Phénomènes mécaniques de la digestion

Les actions mécaniques de la digestion consistent en contractions musculaires, savoir, les *mouvements de mastication* et les mouvements ondulatoires ou *mouvements péristaltiques* du tube digestif, qui font cheminer les aliments dans ses divers organes.

Mais, tandis que les muscles masticateurs obéissent à la volonté, la tunique musculaire de l'œsophage, de l'estomac et de l'intestin est entièrement involontaire, et ses mouvements sont assurés automatiquement par une action réflexe inconsciente (p. 240), dont le centre nerveux réside dans le bulbe rachidien (p. 227).

**Mastication**. — Considérons successivement les *dents* et les *muscles masticateurs*.

I. **Dents**. — L'Homme adulte a 32 dents, 16 à chaque mâchoire, qui sont de trois formes distinctes, savoir (fig. 49) : en avant 4 *incisives*, latéralement 2 *canines*, au fond 10 *molaires*.

On nomme *couronne* la partie extérieure de la dent, et *racine*, la partie intérieure implantée dans l'alvéole.

Dans les incisives (fig. 50, *1*), qui agissent de haut en

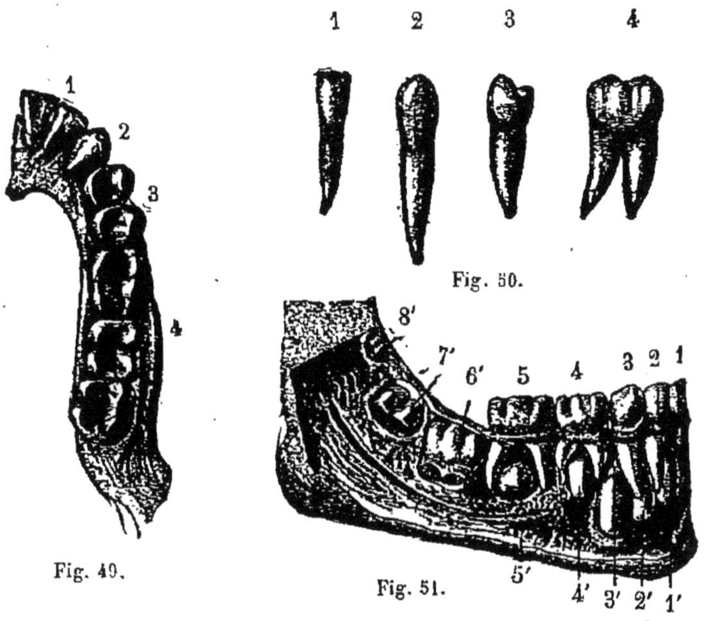

Fig. 49.

Fig. 50.

Fig. 51.

Fig. 49. — Dentition de l'adulte. — 1, incisives ; — 2, canines ; — 3, prémolaires ; — 4, mâchelières.

Fig. 50. — 1, incisive ; — 2, canine ; — 3, prémolaire ; — 4, mâchelière.

Fig. 51. — Dentition de lait. — 1, 2, incisives ; — 3, canine ; — 4, 5, prémolaires ; — 1'-8', germes des dents définitives.

bas pour couper, inciser des aliments peu consistants, la couronne est large et tranchante, et la racine simple et droite.

Les canines (2) correspondent aux défenses des Carnivores : leur couronne est pointue, mais ne dépasse plus sensiblement le niveau général des dents chez l'Homme actuel ; leur racine, simple, mais plus forte que celle des incisives, est en outre recourbée à son extrémité, ce qui lui donne plus de solidité et lui permet d'exercer des tractions latérales.

Les molaires, au nombre de cinq à chaque demi-mâchoire, se subdivisent en deux *prémolaires (3)*, à couronne relevée de deux tubercules, l'un interne, l'autre externe, et en trois grosses molaires ou *mâchelières (4)*, dont la large couronne quadrangulaire est marquée de quatre tubercules, que séparent deux sillons croisés, ce qui en fait les dents masticatrices par excellence. La racine des prémolaires est double ; celle des mâchelières est triple ou quadruple. La dernière mâchelière (*dent de sagesse*), placée au point de recourbement de la mâchoire, ne fait éruption que tardivement et peut même rester indéfiniment enfermée dans son alvéole, faute de place pour son libre développement.

*Dentition de lait.* — L'enfant n'a, jusque vers sept ans, que 20 dents, dites *dents de lait* (fig. 51, *1* à *5*), qui correspondent aux incisives aux canines et aux prémolaires de l'adulte ; seules, les mâchelières manquent dans cette première dentition. Notons toutefois que les prémolaires de l'enfant (*4, 5*) ont une couronne quadrangulaire, munie de quatre tubercules, comme les mâchelières de l'adulte.

Contre les racines des dents de lait on remarque les germes des dents correspondantes de remplacement ou dents définitives (*1'-5'*) ; il y a, en outre, au fond des mâchoires, les ébauches des mâchelières (*6'-8'*). Après être restés pendant quelques années à l'état de vie latente, ces germes reprennent leur développement, en provoquant du même coup la chute des dents de lait.

**Structure de la dent.** — Sur une lame mince d'une dent, obtenue par usure sur une roche dure, on distingue trois substances (fig. 52) : l'*émail*, *l'ivoire* et le *cément*.

1° L'*émail* (*a*) est le revêtement blanc, protecteur, de la couronne. Il doit sa grande dureté, mais aussi une certaine fragilité, au manque presque complet de matière organique (5 p. 100) : c'est dire qu'il se réduit sensiblement à des sels minéraux (phosphate de chaux,...). Tant que l'émail demeure intact, la dent reste inattaquable aux Bactéries, qui végètent toujours en grand nombre dans la bouche.

Au microscope, l'émail se montre divisé en baguettes prismatiques (*v*), légèrement ondulées ; sa pellicule limitante (*u*), particulièrement résistante, se nomme *cuticule*.

2° L'*ivoire* (*b*), substance d'un blanc jaunâtre, forme le corps ou masse principale de la dent ; sa composition chimique rappelle celle des os (deux tiers environ de sels minéraux et un tiers de matière organique azotée). La forte proportion de matière organique de l'ivoire explique son élasticité ; par contre, étant beaucoup moins dur que l'émail, l'ivoire est aussi plus accessible aux Bactéries (fig. 79), qui provoquent la *carie* de la dent, dès que l'émail vient à être usé.

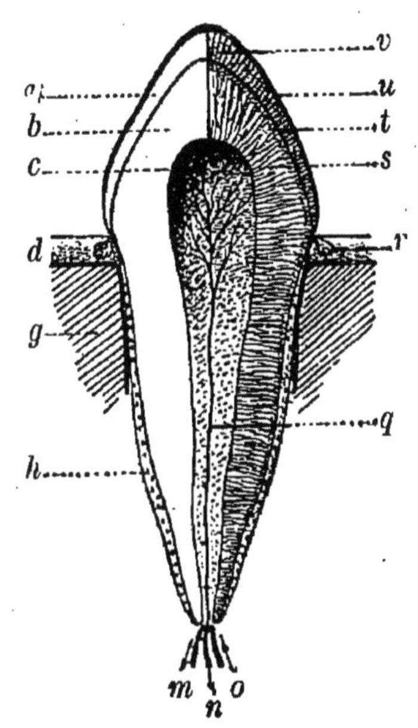

Fig. 52. — Coupe d'une dent. — *a*, émail ; — *v*, ses prismes ; — *u*, sa cuticule ; — *b*, ivoire ; — *s*, ses canalicules ; — *c*, pulpe ; — *d*, muqueuse ; *r*, glandes du tartre ; — *g*, maxillaire ; — *h*, cément ; — *o*, *m*, vaisseaux nourriciers, — *nq*, nerf.

L'ivoire est creusé d'une cavité qui renferme la *pulpe dentaire* (*c*), tissu vivant, de même nature que le derme ou couche profonde de la gencive, dont il est du reste une dépendance ; les artères et veines qui l'alimentent, ainsi que les nerfs sensibles qui y distribuent leurs filets, y pénètrent par le canal dentaire (*q*), qui s'ouvre à la pointe de la racine.

L'ivoire est sillonné d'une foule de canalicules à peu

près parallèles ; dans la dent intacte, ces canalicules sont occupés par le prolongement délié des cellules qui recouvrent uniformément la pulpe et qui ne sont autres que les cellules sécrétrices de l'ivoire.

3° Le *cément* (*h*) est le tissu de faible consistance et médiocrement incrusté de sels minéraux, qui recouvre la racine.

**II. Muscles masticateurs.** — Lors de la mastication des aliments, la mâchoire inférieure, seule mobile, exécute non seulement des mouvements de bas en haut, mais encore de légers mouvements de translation, les uns de droite à gauche, les autres, moins accusés, d'avant en arrière et inversement.

Ces divers mouvements, *élévateurs*, *abaisseurs* et *translateurs* de la mâchoire, sont rendus possibles par la forme spéciale de l'articulation de la mâchoire avec l'os temporal : les condyles maxillaires (fig. 224, *18*) sont en effet ovoïdes et emboîtés dans une cavité articulaire de même forme ; mais, comme leur grand axe est dirigé transversalement, ce sont les mouvements de haut en bas qui offrent le plus d'amplitude.

Les principaux muscles élévateurs sont : le *masséter* (fig. 37), inséré en bas à l'angle de la mâchoire inférieure, en haut à l'os de la pommette ; le *temporal*, large muscle plat (fig. 37 *bis*), qui part de l'apophyse coronoïde (fig. 224, *17*) et s'applique sur la partie latérale du crâne.

Les muscles abaisseurs sont situés dans le plancher de la bouche (fig. 158, *B*), sous la masse musculaire de la langue ; ils s'insèrent en avant au fer à cheval de la mâchoire (fig. 164, *g*) et en arrière à l'os hyoïde, os en forme d'U, qui soutient la trachée (fig. 84, *aa'* et 259). En se contractant d'avant en arrière, ces muscles ouvrent la bouche.

Une bonne mastication importe grandement à la santé générale : en assurant une division suffisante des aliments et leur imprégnation complète par la salive, elle facilite d'autant la digestion stomacale.

**Déglutition.** — A la mastication fait suite la *déglutition* ou passage du bol alimentaire dans le pharynx et dans l'œsophage.

Au moment de cette translation, la bouche se ferme, et la langue, se portant en arrière, pousse les aliments

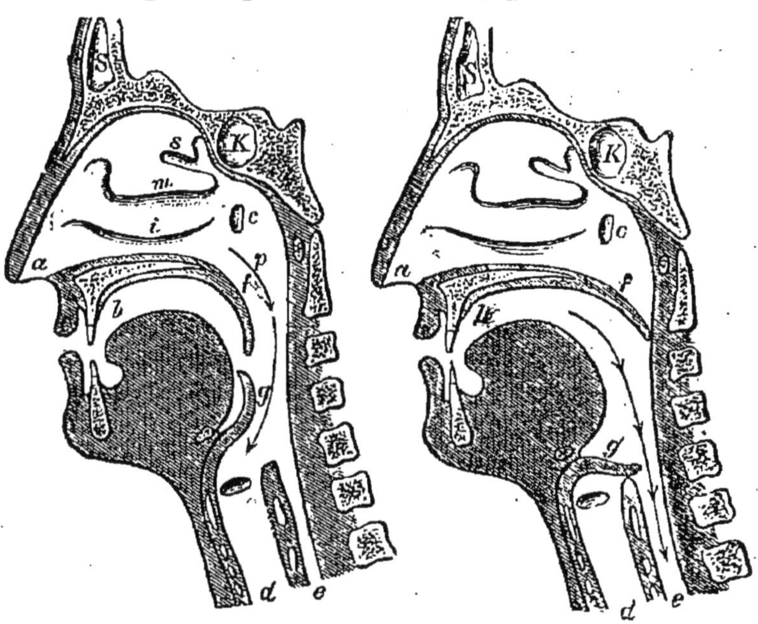

Fig. 53. — Pharynx pendant la respiration. — *ap*, voie respiratoire, libre; — *f*, voile du palais abaissé; — *g*, épiglotte, relevée. — *s, m, i*, renflements osseux ou cornets des fosses nasales; — *c*, orifice de la trompe de l'oreille; — *d*, trachée; — *e*, œsophage. — *s, k*, cavités de l'os frontal et du sphénoïde.

Fig. 54. — Pharynx pendant la déglutition. — *f*, voile du palais, tendu, fermant les arrière-narines; — *g*, épiglotte, cartilage du larynx, maintenant abaissé par la langue; — *be*, voie alimentaire, seule libre.

vers le pharynx. Pendant ce temps, les muscles du plancher de la bouche, insérés à l'os hyoïde (fig. 164, *g*), se contractent d'arrière en avant et tirent en avant la trachée, d'où résulte que l'épiglotte (fig. 54, *g*) vient buter contre la langue et s'abaisse, ce qui empêche la pénétration des aliments dans le canal respiratoire. Simultanément, le voile du palais (*f*), organe musculaire, se tend et ferme les arrière-narines.

Dès lors, le bol alimentaire ne peut que s'engager dans la seule voie libre de l'œsophage (*e*), qui le transmet aussitôt à l'estomac.

On voit que, pendant la déglutition, la respiration est nécessairement suspendue.

## II. — Phénomènes chimiques de la digestion

Les phénomènes chimiques de la digestion sont accomplis par les *sucs* des glandes digestives, et ils ont pour but d'amener les aliments à l'état à la fois soluble, absorbable par la paroi intestinale et assimilable par les tissus de l'organisme.

**Diastases des sucs digestifs.** — Les sucs digestifs sont : la *salive*, le *suc gastrique*, le *suc pancréatique* et le *suc intestinal*. Ils renferment chacun, outre diverses substances indifférentes, telles que l'albumine et des sels minéraux (phosphate et carbonate de sodium), au moins un principe actif, qui, seul, a le pouvoir d'effectuer la digestion. Ces principes actifs, de l'ordre des albuminoïdes, ont reçu le nom général de *diastases*, terme qui exprime la dislocation qu'ils font subir aux aliments, en présence de l'eau, pour les convertir, par hydratation, en principes assimilables.

Pour isoler une diastase, il suffit de traiter le suc qui la renferme par un excès d'alcool : la diastase se précipite sous forme d'une poudre blanchâtre et conserve dans cet état ses propriétés digestives. C'est ainsi qu'on peut extraire du suc gastrique la diastase nommée *pepsine*.

Un caractère essentiel des diastases est leur grande puissance d'action, c'est-à-dire qu'une minime quantité de ces substances est capable de digérer une quantité relativement considérable de l'aliment correspondant.

Les diastases sont très altérables : à la température de 70°, elles se détruisent en quelques minutes.

Par exception, la *bile*, sécrétée par le foie, *manque de*

*diastase*. Aussi bien, ce liquide n'intervient qu'indirectement dans la digestion ; mais son action est nécessaire à la bonne marche de l'absorption (p. 83).

**Salive**. — La salive est sécrétée, non seulement par les glandes salivaires annexées à la bouche, mais encore par la multitude de glandules disséminées dans la muqueuse buccale, où elles forment de petites granulations d'environ 1 millimètre.

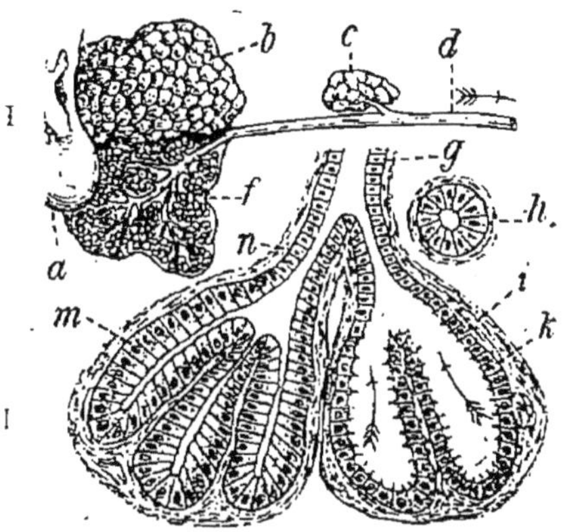

Fig. 55. — I, glande parotide ; — *b*, surface naturelle, montrant les lobules, — *f*, coupe, montrant la structure en grappe ; — *c*, glande complémentaire ; — *d*, canal de Sténon ; — *a*, lobule de l'oreille. — II, coupe de deux grains de la glande ; — *gn*, leurs canalicules ; — *h*, en coupe ; — *i*, paroi conjonctive ; — *k*, épithélium après la sécrétion (cellules basses) ; — *m*, avant la sécrétion (cellules hautes).

La réaction normale de la salive est faiblement alcaline, c'est-à-dire qu'elle fait virer au bleu le papier de tournesol rouge.

Il y a trois paires de grosses glandes salivaires.

1° Les *glandes parotides* (fig. 55, I), situées, comme leur nom l'indique, à proximité de l'oreille (*a*) ; leur canal excréteur (*d*) déverse la salive à la face interne des joues, près de grosses molaires de la mâchoire supérieure. La salive parotidienne est très fluide et surtout abondamment sécrétée au moment des repas, en quoi elle facilite grandement l'insalivation.

2° Les *glandes sous-maxillaires* (fig. 56, *gm*) sont de petits nodules, situés latéralement contre la face interne de la mâchoire inférieure ;

3° Les *glandes sublinguales* (*gl*) sont placées en avant et contre les précédentes.

Les salives sous-maxillaire et sublinguale, de consistance plus visqueuse sont déversées dans la bouche sous la pointe de la langue, en arrière des incisives inférieures ; c'est leur mélange que renferme la bouche dans l'intervalle des repas.

Anatomiquement, les glandes salivaires sont des *glandes en grappe* (fig. 55, I, *f*), c'est-à-dire que le canal excréteur se ramifie un grand nombre de fois dans le tissu conjonctif de l'organe, les ramifications les plus fines (II, *g*) se terminant chacune par un renflement alvéolaire (*i*), dont l'épithélium (assise de cellules limitantes, *m*) sécrète la salive : l'ensemble rappelle bien une grappe de raisin.

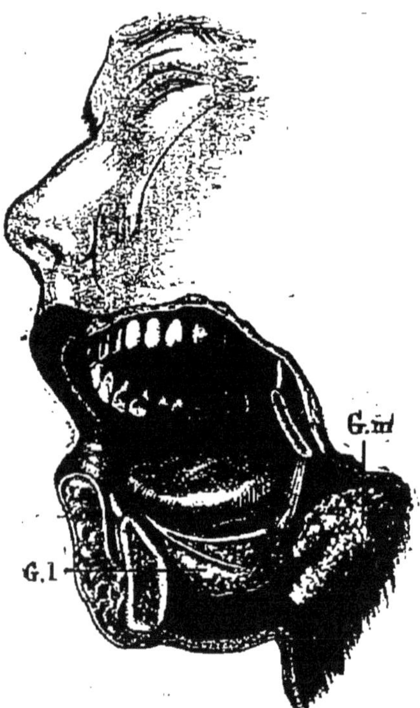


Fig. 56. — *gl*, glande sublinguale ; — *gm*, glande sous-maxillaire.

**Diastase salivaire : digestion des féculents.** — La diastase de la salive, qui est la plus anciennement connue de toutes, est la *diastase proprement dite,* encore nommée *amylase,* parce que son action digestive s'exerce sur l'amidon (amidon du pain, fécule de pomme de terre,...).

En présence de la salive, l'amidon, corps insoluble, est peu à peu décomposé et finalement converti en un sucre, le *glucose*, qui est à la fois soluble dans l'eau, absorbable par l'intestin et assimilable par les tissus. Cette transformation résulte d'une fixation d'eau par la diastase, en un mot d'une hydratation :

$$C^6H^{10}O^5 + H^2O = C^6H^{12}O^6$$
Amidon     Eau     Glucose

La diastase salivaire se produit aussi dans les organes végétaux riches en amidon (Céréales, pomme de terre,...), lorsque leurs réserves nutritives doivent être utilisées par la plante. Ainsi, quand l'Orge entre en germination et développe ses premières racines, l'amidon du grain est consommé par la jeune plante à l'état de glucose, grâce à la diastase qui, à ce moment, prend naissance dans le grain.

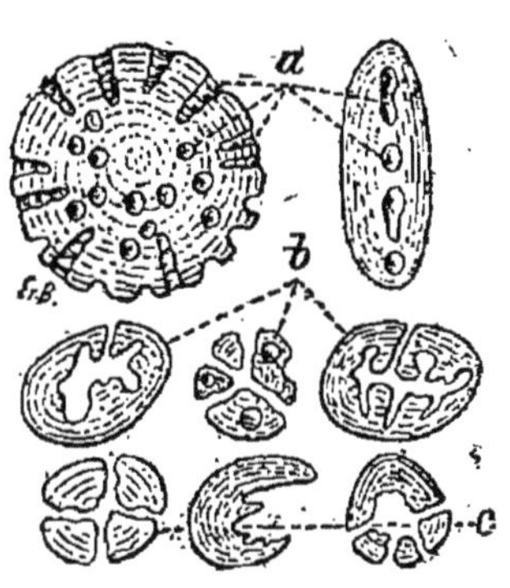

Fig. 57. — Grains d'amidon digérés par la diastase; on voit les corrosions et fragmentations. — *a*, Blé; — *b*, *c*, Haricot.

Donc, en délayant dans une petite quantité d'eau de l'Orge germée et concassée, ce que l'on nomme le *malt*, on obtient, après filtration, un liquide capable d'attaquer (fig. 57) et d'effectuer la saccharification de l'amidon, c'est-à-dire sa transformation en glucose. C'est même de cette dissolution que la diastase a été extraite pour la première fois, bien avant que l'existence du même principe eût été reconnue dans la salive.

**Suc gastrique.** — Le suc gastrique est un liquide de réaction acide, c'est-à-dire qui fait virer au rouge le papier de tournesol bleu. Il est sécrété par la multitude de petites *glandes de la muqueuse stomacale*, mais seulement au moment des repas.

Les glandules gastriques (fig. 36, *a*) sont en forme de doigt de gant, simple ou rameux, et tapissées d'une assise de cellules (*épithélium*), qui précisément élaborent le suc gastrique.

On peut obtenir du suc gastrique pur, en pratiquant sur le Chien l'opération de la *fistule gastrique* (fig. 58). A cet effet, on incise longitudinalement la paroi abdominale et la partie adjacente de l'estomac, et on rattache les deux plaies de chaque côté l'une à l'autre par une suture. Dans la fistule ainsi établie passe une canule en argent à double rebord (fig. 59), ce dernier un peu plus large que l'ouverture, pour bien maintenir la canule en place ; un ballon reçoit le suc gastrique.

Fig. 58. — Chien porteur d'une fistule gastrique ; — *a*, ballon recevant le suc.

Lorsqu'on veut recueillir ce liquide digestif, on fait jeûner préalablement l'animal pendant une journée ; puis on lui administre de gros morceaux de viande maigre, qu'il avale presque sans les mâcher. Dès après leur arrivée dans l'estomac, le suc gastrique afflue de tous côtés de la muqueuse, tout à l'heure grise, maintenant rosée, et s'écoule dans le ballon, sans avoir eu le temps d'attaquer la viande. On ferme ensuite le robinet pour laisser l'animal procéder à sa digestion.

**Pepsine ; digestion des albuminoïdes.** — La diastase du suc gastrique est la *pepsine ;* elle n'exerce son action digestive qu'en présence d'une trace d'acide (acide chlorhydrique), que renferme naturellement le suc gastrique.

La pepsine est l'agent de la *digestion des aliments azotés ou albuminoïdes* (albumine, gluten, viande). Même les aliments azotés solubles, comme le blanc d'œuf frais, doivent subir son action, parce que les dissolutions d'albuminoïdes n'ont pas la propriété de traverser les membranes et conséquemment ne pourraient pas être absorbées par la membrane intestinale.

Sous l'influence du suc gastrique, les albuminoïdes passent, par hydratation, à l'état de *peptones*, mélange de composés amorphes, absorbables par l'intestin et assimilables par les tissus.

La digestion gastrique dure d'ordinaire plusieurs

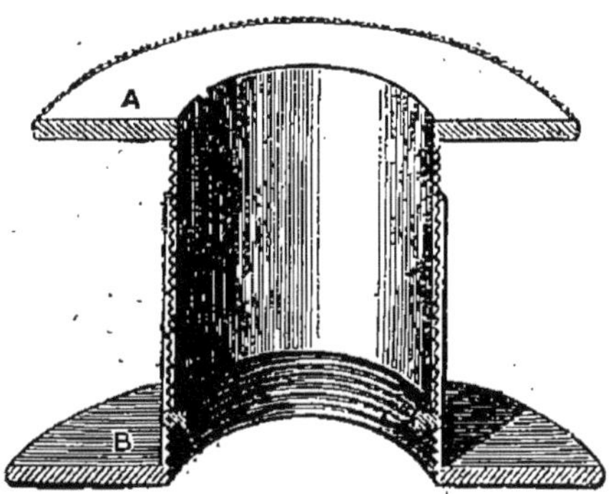


Fig. 59. — Coupe d'une canule pour fistule gastrique. — A, B, ses deux rebords.

heures, pendant lesquelles la masse alimentaire subit, grâce aux contractions de l'estomac, un brassage, qui la mêle intimement au suc gastrique. Elle est plus longue pour les viandes bouillies que pour les viandes rôties ; plus longue pour les viandes rouges (bœuf) que pour les viandes blanches (poulet) ; plus longue encore pour le blanc d'œuf cuit que pour le blanc d'œuf frais.

Dans l'estomac se poursuit aussi la transformation des féculents en glucose par la salive.

Ajoutons que, par son acidité, le suc gastrique peut contribuer à solubiliser les sels de chaux insolubles, tels que ceux d'un fragment d'os, qui passerait dans l'estomac avec les aliments.

**Suc pancréatique**. — Ce suc, le plus important de tous les liquides digestifs, est sécrété par le *pan-*

*créas* (fig. 61, *d*), glande grisâtre allongée, située en arrière de l'estomac, dans l'anse du duodénum (*i*), et appuyée à droite contre ce dernier organe.

Comme les glandes salivaires, le pancréas est une glande en grappe (p. 56).

Le suc pancréatique est déversé dans l'intestin au même point (*g*) que la bile issue du foie ; c'est un liquide de réaction neutre ou alcaline, comme la salive, et non acide, comme le suc gastrique.

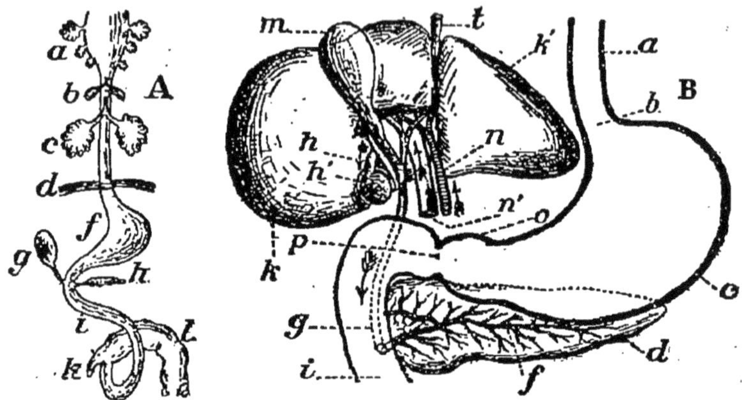

Fig. 60. — Schéma de l'appareil digestif. — *a*, bouche et glandes salivaires ; — *c*, poumons ; — *d*, diaphragme ; — *f*, estomac — *i*, intestin grêle ; — *k*, appendice ; — *l*, gros intestin : — *g*, foie ; — *h*, pancréas ; — *b*, goitre.

Fig. 61. — *a*, œsophage ; — *b*, cardia ; — *c*, estomac ; — *d*, pancréas ; — *f*, son canal excréteur ; — *i*, duodénum ; — *g*, canal cholédoque ; — *p*, pylore ; — *k*, foie soulevé ; — *h*, veine hépatique ; — *h'*, veine cave inf. ; — *n*, artère hépatique ; — *n'*, veine porte ; *m*, vésicule biliaire.

Il renferme trois diastases, savoir, l'*amylase*, la *trypsine* et l'*émulsine*.

La première est identique à la diastase de la salive et achève, s'il y a lieu, la transformation des féculents en glucose ; la seconde, comparable à la pepsine, mais agissant en milieu neutre ou alcalin, achève la peptonisation des aliments albuminoïdes.

La sécrétion de la trypsine est placée sous la dépendance de la *rate* : cet organe (fig. 30, *R*) élabore à cet effet un principe spécial que le sang transmet au pancréas. Effectivement, la ligature des vaisseaux de la rate arrête la sécrétion de la trypsine.

Quant à l'émulsine, son rôle spécial est de digérer les *corps gras* : ceux-ci, l'huile par exemple, se résolvent en présence du suc pancréatique en gouttelettes assez fines pour pouvoir, sans autre transformation, traverser l'intestin : cet état de division purement physique est qualifié d'*émulsion*, et on peut le réaliser grossièrement en battant ensemble de l'huile et de l'eau.

Les corps gras émulsionnés, après avoir traversé la paroi intestinale, se retrouvent tels quels, en gouttelettes microscopiques, dans les vaisseaux lymphatiques (fig. 110, *g*), qui les conduisent au cœur, lequel les distribue ensuite aux organes : la lymphe de ces vaisseaux, d'ordinaire transparente, devient alors blanchâtre et reste telle pendant toute la durée de l'absorption. Le mélange lactescent de lymphe et de corps gras émulsionnés se nomme *chyle* ; d'où l'autre nom de *vaisseaux chyli-fères*, donné aux lymphatiques de l'intestin.

**Suc intestinal**. — Élaboré par les glandules en tube de la muqueuse intestinale (fig. 32, *b*), le suc intestinal exerce son action sur le *sucre de canne* ou *de betterave*, aliment soluble et absorbable, mais non assimilable par les tissus et, à ce titre, nécessairement soumis à une digestion.

L'*invertine* ou diastase du suc intestinal convertit ce sucre en glucose, aliment éminemment assimilable : cette transformation, qui rappelle celle que subit l'amidon, est exprimée par l'équation suivante :

$$C^{12}H^{22}O^{11} + H^2O = 2\,C^6H^{12}O^6$$

$$\text{Sucre de canne} \qquad \text{Eau} \qquad \text{Glucose}$$

*Digestions artificielles*. — Les diverses transformations digestives dont il vient d'être question peuvent toutes être réalisées en dehors de l'organisme, au moyen des diastases.

C'est ainsi que le blanc d'œuf cuit disparaît et se peptonise petit à petit dans une dissolution de pepsine, légèrement acidulée par l'acide chlorhydrique, comme les grains d'amidon se corrodent (fig. 57) et passent à l'état de glucose, en présence d'une solution de diastase proprement dite : ce sont là des *digestions artificielles*.

**Bile.** — La *bile* ou *fiel*, bien que sécrétée par une glande de l'appareil digestif, le *foie* (fig. 61, *k*), est un liquide *dépourvu de diastase*.

Aussi bien, la bile représente-t-elle essentiellement, de par sa composition, un *liquide d'excrétion*, chargé de divers composés inutiles ou même nuisibles à l'organisme et qui, à ce titre, sont rejetés au dehors, mêlés aux résidus intestinaux ; à cet égard, le foie joue un rôle épurateur du sang, comparable à celui exercé par les reins.

Mais, d'autre part, *pendant son passage dans l'intestin, la bile remplit des fonctions importantes*, au point que, lorsqu'elle vient à être distraite de l'intestin et conduite directement au dehors, du côté ventral, par une fistule pratiquée sur le canal biliaire, l'animal va en dépérissant et finit par succomber.

**Foie.** — Le *foie* (fig. 61, *k*) est un volumineux viscère, d'un brun foncé, occupant la partie supérieure droite de l'abdomen, où il se moule sur le diaphragme ; son lobe gauche (*k'*) va en s'amincissant et passe au-dessus de l'estomac. Sa face supérieure est convexe ; sa face inférieure est concave et marquée de trois sillons irréguliers, en forme d'H. L'organe entier est entouré d'une membrane péritonéale (fig. 62, *o* ; p. 30).

La substance du foie se décompose en granulations ou *lobules hépatiques*, qui représentent des agglomérations de *cellules* (fig. 3), élaborant la bile aux dépens du sang qui circule dans leurs interstices.

A mesure qu'elle est élaborée, la bile s'engage dans un réseau complexe de *canalicules biliaires*, interpo-

sés, comme les vaisseaux sanguins, aux cellules hépatiques ; tous ces canalicules se réunissent, au sortir du
foie, dans le sillon transverse, en deux courts canaux,
qui eux-mêmes se joignent en un seul, le *canal hépatique* (fig. 62, *g*). Ce dernier conduit la bile, soit dans
la *vésicule biliaire* (G), petit réservoir de bile, appliqué
en avant contre la face inférieure du foie, soit directe-

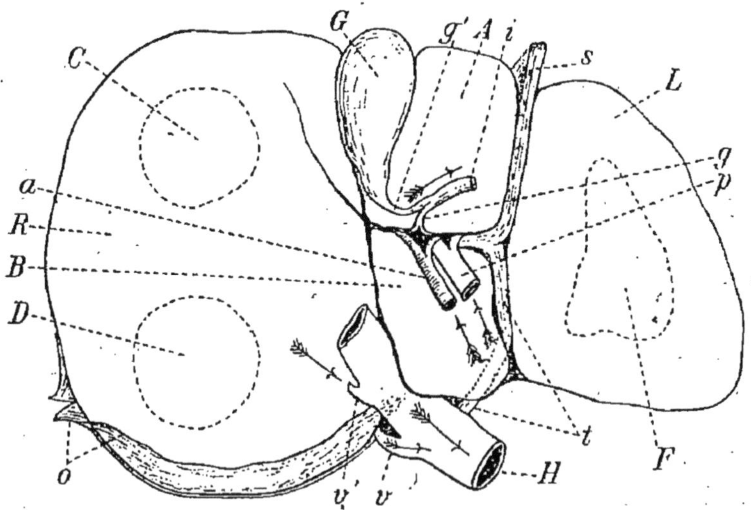


Fig. 62. — Face inférieure du foie. — En haut, bord antérieur ; en bas, bord
postérieur. avec H, veine cave inférieure ; — L, lobe gauche avec empreinte
stomacale F ; — R, lobe droit, avec empreinte du côlon C et du rein D ; —
o, péritoine ; — a, artère hépatique ; — v, v', veines hépatiques ; — p, veine
porte ; — g, canal hépatique ; — g', canal cystique ; — G, vésicule biliaire ; —
i, canal cholédoque ; — s, t, canaux embryonnaires atrophiés.

ment dans l'intestin grêle par le *canal cholédoque*
(*i* et fig. 61, *g*).

Indépendamment de ces voies biliaires, on remarque,
à la face inférieure du foie, l'*artère hépatique* (fig. 62, *a*),
vaisseau nourricier de l'organe, et la *veine porte* (*p*),
confluent des veines de l'intestin (fig. 110, *ab*). La veine
porte, au lieu de transmettre directement le sang noir
au cœur, comme les autres veines, est spécialement
destinée à conduire au foie, au moment de l'absorption
intestinale, les produits de la digestion (glucose,...),

que le foie met en partie en réserve dans ses cellules pour les besoins ultérieurs de l'organisme (voy. p. 66).

Le sang qui circule dans le réseau capillaire de ces deux vaisseaux entrants sort du foie par des veines très courtes, les *veines hépatiques* (fig. 62, *v, v'*), non visibles du dehors, et qui se jettent dans la veine cave inférieure II, à l'endroit où ce gros collecteur du sang noir de la région inférieure du corps est enclavé, en arrière, dans une échancrure de l'organe.

**La bile comme liquide d'excrétion.** — La bile humaine est jaunâtre au sortir du foie ; elle verdit en séjournant dans la vésicule biliaire, ou encore au contact de l'air.

Les principaux déchets ou produits de désassimilation qu'elle renferme sont :

1° Des *principes colorants azotés*, savoir, la bilirubine, d'un jaune rougeâtre, et la biliverdine, verte, qui proviennent de la décomposition de l'hémoglobine des vieux globules rouges du sang (p. 130), qui précisément se détruisent dans le foie ;

2° Des *acides organiques azotés* (acide glycocholique,...), à l'état de sels de soude (glycocholate de sodium,...), issus de la décomposition des aliments albuminoïdes dans les tissus ;

3° La *cholestérine*, composé ternaire non azoté, cristallisable ;

4° Enfin divers *sels minéraux* (phosphates,...).

Quand la bile dépasse un certain degré de concentration, ces diverses substances se déposent le long du canal cholédoque, sous forme de nodules, dits *calculs hépatiques*, qui entravent l'émission de la bile : l'expulsion de ces derniers dans l'intestin occasionne des crises douloureuses, dites coliques hépatiques.

**La bile comme liquide utile**. — Arrivée dans le duodénum (fig. 61, *i*), la bile se mêle aux aliments, ainsi que le suc pancréatique. Là, par sa grande alcalinité, elle favorise la digestion des graisses : la bile est du reste employée par les teinturiers pour dégraisser.

Mais le rôle essentiel de ce liquide est d'*activer l'absorption* des produits de la digestion par l'intestin. L'excitation que produit la bile sur la muqueuse intestinale provoque les contractions de l'organe, ce qui contribue à refouler dans les vaisseaux sanguins (fig. 110, *a, g*) les produits absorbés et aussi à hâter la chute des vieilles cellules épithéliales de l'intestin, en lesquelles réside la force absorbante ; à mesure qu'elles

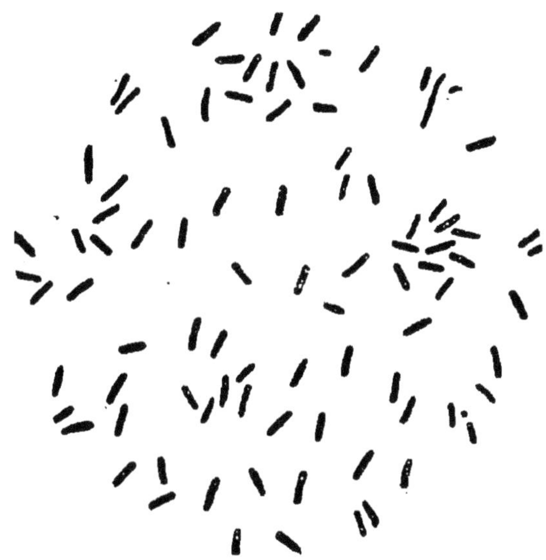

Fig. 63. — Colibacille de l'intestin, cultivé en bouillon (gross. : 1.000).

s'usent, ces cellules sont remplacées par de nouvelles, nées au-dessous d'elles.

Ajoutons que, mêlée aux résidus de la digestion dans le gros intestin, la bile joue le rôle d'un *antiseptique* (p. 21), en modérant l'action putréfiante des Bactéries intestinales, dont certaines espèces, comme le Colibacille (fig. 63), sécrètent des poisons ; ces derniers sont surtout abondamment élaborés dans le cas d'un régime trop riche en viande et deviennent alors une grave menace pour notre santé.

4.

**Les deux fonctions du foie ; glycogenèse.** — Indépendamment de la *fonction biliaire,* que nous avons eu seule à envisager jusqu'ici, le foie est le siège de la *fonction glycogénique* ou *glycogenèse.*

La glycogenèse est une fonction de nutrition générale, par laquelle les cellules hépatiques mettent en réserve, pour l'organisme tout entier, une partie des aliments, le glucose principalement, qui sont amenés de l'intestin au foie par la voie de la veine porte (p. 86).

Et en effet, tandis qu'au moment de l'absorption intestinale le sang de la veine porte (fig. 110, *b*) est chargé de glucose, ce même sang, lorsqu'il sort du foie par les courtes veines hépatiques (*d*), n'en renferme plus qu'une proportion relativement minime : la différence correspond à la quantité de sucre transformée en glycogène et conservée en réserve, à l'état de dissolution, dans les cellules hépatiques.

Le glycogène ($C^6H^{10}O^5$) a la même composition que l'amidon végétal ; mais c'est un corps soluble dans l'eau. En présence de l'eau iodée, il se colore en rouge brun.

Au moment du besoin, par exemple lors d'un jeûne ou encore d'un travail musculaire prolongé (p. 288), le glycogène, par lui-même inassimilable, est converti en glucose par une véritable digestion et déversé sous cette forme dans la veine cave inférieure (fig. 110, *f*), d'où il se répand dans l'organisme tout entier. Il résulte de là que, pendant toute la durée d'un jeûne, le sang efférent du foie renferme une notable proportion de glucose, alors que le sang de la veine porte, ainsi que celui de l'artère hépatique, n'en véhiculent que des traces, preuve que *le foie peut fabriquer du sucre,* indépendamment de toute alimentation actuelle.

La transformation du glycogène en glucose continue même à se produire pendant quelque temps en dehors de l'organisme, dans le foie inerte, ce qui s'explique par ce fait que l'agent de la transformation est une diastase, semblable à celle de la salive (amylase, p. 56), et créée par les cellules hépatiques pendant l'état de vie.

On voit que, loin d'être une fonction éliminatrice, comme l'élaboration de la bile, la glycogenèse est une fonction de mise en réserve d'aliments, qui intéresse la nutrition de tous les tissus : en cela, le foie peut être comparé à un tubercule végétal, qui accumule des principes alimentaires, destinés à être ultérieurement consommés. Ce n'est, du reste, pas seulement du glycogène, mais encore de la graisse (foie gras), et même des albuminoïdes, que le foie a le pouvoir de mettre en réserve.

**Produits de la digestion**. — En résumé, quand la digestion est achevée dans l'intestin grêle, la bouillie alimentaire, nommée *chyme*, maintenant homogène et plus ou moins épaisse, comprend :

1° Comme produits absorbables et assimilables, le *glucose*, issu de la digestion des féculents et du sucre de canne ; les *peptones*, en provenance des albuminoïdes ; les *émulsions grasses* ; enfin les *sels minéraux* ;

2° Comme produits inutiles, transmis au gros intestin par les mouvements péristaltiques, puis évacués par l'acte de la défécation, les *résidus alimentaires*, mêlés de bile et peuplés de Bactéries.

Le phénomène consécutif à la digestion est l'absorption intestinale ou passage des produits assimilables dans le sang, au travers des villosités. On y reviendra (p. 83).

# CHAPITRE IV

## HYGIÈNE DE L'ALIMENTATION

### I. — Ration alimentaire. — Rôle des excitants

**Inconvénients de l'excès de viande.** — On a déjà vu
(p. 39) que, pour assurer l'équilibre organique nutritif
chez l'Homme adulte, les aliments non azotés (hydrocarbonés et corps gras) doivent être près de cinq fois plus
abondants que les azotés.

Une nourriture exclusivement azotée (viande, blanc
d'œuf, ...) affaiblit progressivement l'organisme, parce
que le combustible organique, source de l'énergie, temporairement fourni par le foie sous forme de glucose (p. 66),
va en s'épuisant peu à peu ; si le régime carné se prolonge, chez le Chien par exemple, il entraîne le dépérissement et la mort. D'autre part, le régime à la viande
provoque des inflammations intestinales et augmente la
toxicité des Bactéries du gros intestin (fig. 63) ; enfin,
il tend à infiltrer les articulations d'acide urique et
d'urates (goutte, ...), déchets azotés très peu solubles,
dont la production est alors surabondante.

**Ration d'entretien.** — La *ration normale d'entretien*
de l'Homme adulte au repos comprend les *quantités
effectives* suivantes de principes nutritifs :

| | | | |
|---|---|---|---|
| Albuminoïdes. . . . . . . . . | de 100 à 120 | grammes. |
| Hydrocarbonés. . . . . . . . | 300 | 320 | — |
| Corps gras. . . . . . . . . | 140 | 120 | — |
| Sels minéraux . . . . . . . . | | 30 | — |

soit 100 grammes environ d'albuminoïdes pour 420 à 460 grammes d'aliments non azotés.

Cette masse alimentaire est représentée par environ 800 grammes de pain et 350 grammes de viande et graisse : pareille quantité de nourriture est quotidiennement soumise à la décomposition dans les tissus et restituée au milieu ambiant sous forme d'acide carbonique et de déchets azotés urinaires et biliaires.

Soumis à ce régime normal, le corps conserve un poids sensiblement constant.

Le poids du corps est représenté, d'une manière générale, par un nombre de kilogrammes égal au nombre qui exprime la longueur du corps en centimètres, diminué de 100 : ainsi, l'individu qui mesure 1$^m$,65 pèse en moyenne 165 — 100, soit 65 kilogrammes.

La *ration de travail* est estimée à environ 1 200 grammes de pain et 400 grammes de viande et graisse, soit un tiers de plus que la ration d'entretien.

Le *vin*, en tant que boisson hygiénique, intervient comme *aliment* et comme *tonique*, par ses sels minéraux (phosphates,...) et son tanin, et comme *stimulant* du système nerveux par son alcool étendu. Au sein des organes, une minime quantité d'alcool, prise sous forme de vin au cours du repas, disparaît progressivement par combustion, sans pouvoir donner lieu aux troubles fonctionnels caractéristiques de l'alcoolisme.

Une alimentation abondante, même surazotée (lait,...), se comprend chez l'enfant, où s'opère un accroissement très rapide des organes. Chez l'adulte, une certaine activité est indispensable à brûler, à l'état d'acide carbonique, la masse relativement considérable des non azotés qui sont quotidiennement ingérés : aussi les personnes sédentaires qui mangent trop copieusement produisent-elles de la graisse, qui infiltre les organes et entrave leur fonctionnement.

Les obèses qui veulent maigrir doivent se soumettre à un régime strict : ne manger que juste le nécessaire et s'adonner aux exercices physiques.

*Repos pendant la digestion.* — Un repos est utile après le repas, en ce qu'il permet à la digestion de s'effectuer librement. L'estomac est alors congestionné, et tout travail musculaire quelque peu actif, en accélérant la circulation du sang dans les muscles, tend à décongestionner l'estomac et par suite à retarder la sécrétion du suc gastrique.

Un exercice violent peut même suspendre tout à fait le travail de la digestion. Ainsi, un Chien, soumis à une course prolongée après un repas copieux, a encore ses aliments intacts dans l'estomac au bout de deux heures, tandis que leur digestion est à peu près achevée chez un autre Chien resté pendant ce temps au repos.

Le bain pris moins de deux heures après le repas peut provoquer la mort par congestion.

**Stimulants de la digestion; nocivité de l'alcool.** — Pour faciliter les digestions laborieuses, il est licite d'avoir recours aux *excitants généraux du système nerveux,* comme le café et le thé, dont le principe actif est la caféine ou théine (p. 246), alcali organique.

*L'alcool* ($C^2H^6O$), pris après le repas sous forme d'un petit verre de cognac, de rhum, etc., agit de même : mais l'action irritante que ce corps exerce à la longue sur l'estomac, l'intestin et le foie (pour ne citer que des organes de l'appareil digestif) commande de n'user des eaux-de-vie, cause de tant de maux, que dans des circonstances exceptionnelles, plutôt à titre de médicament, et mieux vaut certes s'en abstenir.

L'action nuisible de l'alcool se fait surtout promptement sentir, quand il est consommé quotidiennement à jeun. Chez les alcooliques, la muqueuse de l'estomac s'enflamme d'abord, puis s'indure au point d'entraver les mouvements de l'organe, ainsi que la sécrétion du suc gastrique, d'où résulte de la dyspepsie, souvent des vomissements, et la nutrition des tissus est insuffisamment assurée. Cette altération de la muqueuse gastrique peut aboutir localement au cancer stomacal. Le régime lacté et la suppression absolue de toute boisson alcoolique peuvent seuls, s'il en est temps encore, ramener le malade.

Le foie est, lui aussi, à la longue irrité par l'alcool : les cellules hépatiques s'hypertrophient et s'écrasent, au grand détriment de la fonction éliminatrice biliaire, dont la cessation équivaut à un empoisonnement de l'organisme. Cet état de raccornissement du foie, avec altération fonctionnelle, caractérise la *cirrhose*; l'abus du vin peut y conduire comme l'abus de l'eau-de-vie.

La dégénérescence alcoolique du foie se traduit quelquefois aussi par une imprégnation de l'organe par la graisse.

L'affaiblissement général de la nutrition chez les alcooliques finit par faire de leur organisme un terrain éminemment favorable au développement des germes contagieux, ce que prouve surabondamment le grand nombre d'alcooliques qui meurent tuberculeux.


## II. — De la stérilisation des aliments

Pour pouvoir être conservés intacts, exempts d'altération microbienne, divers aliments usuels doivent être l'objet d'une *stérilisation par la chaleur*, ou tout au moins, dans le cas de l'eau potable, d'une *filtration*.

**I. Lait.** — Le lait, dès après la traite, renferme de très nombreuses Bactéries, qui s'y multiplient avec une extraordinaire rapidité, pour peu que la température soit favorable. C'est ainsi qu'au bout de deux heures, il n'est pas rare de trouver déjà plusieurs milliers de Bactéries par centimètre cube de lait frais, et ce nombre devient mille fois plus considérable au bout de vingt-quatre heures.

Parmi ces microorganismes, les uns, comme la Bactérie lactique (fig. 22), agent de l'aigrissement et par suite de la coagulation du lait (p. 44), sont inoffensifs, en quelque sorte même hygiéniques, puisque le lait caillé, par exemple, acquiert, du fait de son acidité, des propriétés rafraîchissantes; d'autres, au contraire, comme le Bacille de la tuberculose (fig. 99), sont des plus redoutables, car la tuberculose bovine est transmissible à l'Homme par le lait cru.

On stérilise le lait :

1° Par *ébullition*, ce qui suffit en pratique, quand le lait ne doit être conservé que peu de temps;

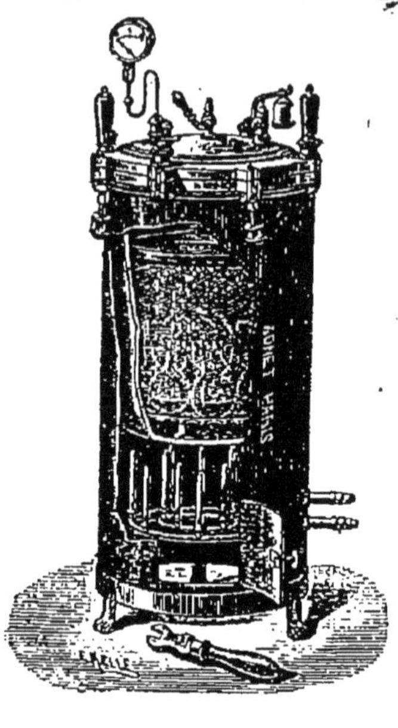

Fig. 64. — Autoclave ou étuve à stérilisation. En haut, manomètre et soupape de sûreté.

2° A l'*autoclave* (fig. 64), à une température supérieure à 100 degrés (p. 21) : dans ce cas, la stérilisation est absolue, c'est-à-dire que non seulement les Bactéries actives, mais encore les spores, sont détruites, et alors le lait, introduit en boîtes hermétiquement closes au moment de la stérilisation, se conserve indéfiniment intact, avec sa couche de crème à la surface; toutefois, en stérilisant à trop haute température, on court le risque de décomposer légèrement certains principes du lait, et ce dernier devient alors plus ou moins irritant pour l'intestin, surtout chez les enfants;

3° Par *pasteurisation*, c'est-à-dire par simple chauffage du lait à 65-70°, température qui suffit à tuer les Bactéries actives au bout d'un quart d'heure, mais qui est sans action sur les spores, d'où résulte l'obligation de consommer sans retard, en été, le lait pasteurisé : au bout d'un ou deux jours, selon la température, les spores germent, et les Bactéries actives qui en procèdent se multiplient vite et altèrent le lait.

Il est de toute prudence de ne boire que du lait stérilisé par l'une ou l'autre des méthodes précédentes.

**II. Pain.** — Au sortir du four, le pain (p. 41) peut être considéré comme très efficacement stérilisé, puisque la température de la mie s'élève à environ 100 degrés et celle de la croûte à 200 degrés.

**III. Conserves.** — Les aliments de conserve (viande, poisson), introduits après cuisson en boîtes hermétiquement closes par soudure, renferment forcément des germes, qui y ont pénétré au cours de la manipulation et qui, sans une stérilisation, provoqueraient la putréfaction du contenu.

Dans les boîtes de viande ou de sardines avariées, le couvercle se bombe plus ou moins, sous la pression des gaz nés de la putréfaction.

La stérilisation des conserves se fait à l'autoclave.

**IV. Eau potable.** — L'eau de boisson peut être dangereuse, surtout à cause du Bacille de la *fièvre typhoïde* (fig. 69). La contamination des sources résulte d'ordinaire d'une infiltration souterraine de déjections de typhoïques, qui sont entraînées par les eaux de pluie et vont se mêler à la nappe d'eau, là où cette dernière n'est pas encore engagée dans les conduites.

Aussi est-il indispensable de surveiller strictement toute la région, dite d'alimentation, où la source, faute d'un débit suffisant, ne peut encore être captée et coule librement dans le sous-sol. La *Loi sur la protection de la santé publique* (1902) interdit notamment l'épandage des déjections humaines dans le périmètre d'alimentation de la source et prescrit la cimentation des fosses d'aisance dans les localités riveraines.

L'eau de rivière véhicule fréquemment aussi des œufs de *Vers parasites* (Ascaride,...), qui provoquent des troubles intestinaux.

On stérilise l'eau, soit par simple *ébullition*, soit à

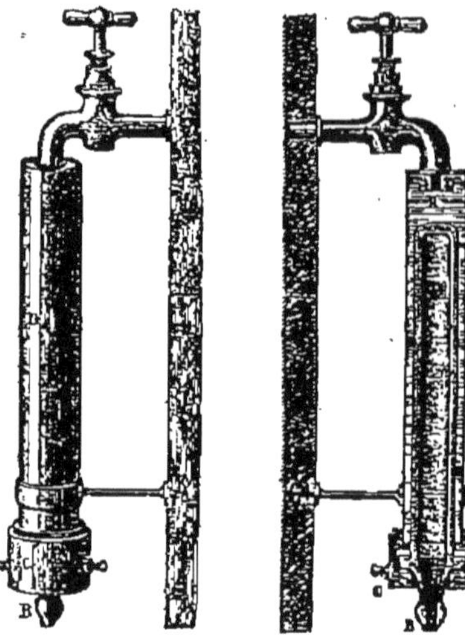

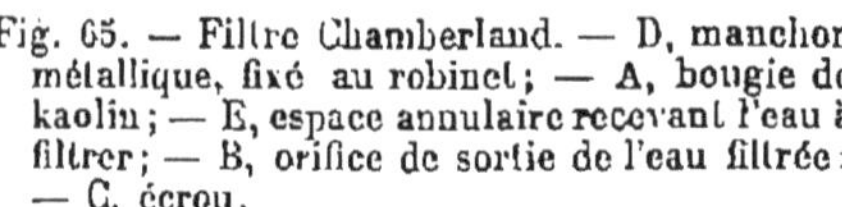

Fig. 65. — Filtre Chamberland. — D, manchon
métallique, fixé au robinet; — A, bougie de
kaolin; — E, espace annulaire recevant l'eau à
filtrer; — B, orifice de sortie de l'eau filtrée;
— C, écrou.

Fig. 66. — Le filtre précédent, adapté au réservoir
d'eau filtrée.

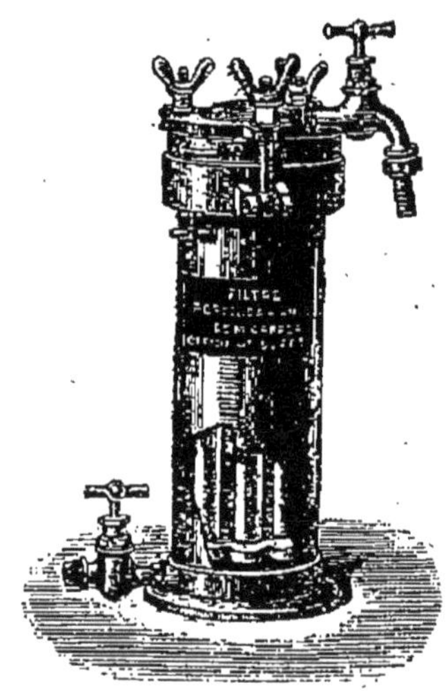



Fig. 67. — Filtre Maillé, en kaolin.
Ici, la bougie est fixée au robinet,
et la gaine, qui reçoit l'eau filtrée,
est en verre.

Fig. 68. — Batterie de bougies de porcelaine d'amiante. L'eau filtrée sort à
gauche.

*l'autoclave* (fig. 64), à une température supérieure à
100 degrés, soit enfin par *filtration*.

L'eau bouillie est plus lourde à l'estomac que l'eau
naturelle, comme privée d'air ; elle est en outre partiellement déminéralisée, par suite de précipitation de sels
minéraux (calcaire,...). Ces inconvénients, l'eau chauffée
à l'autoclave les présente à un moindre degré.

Quant à la filtration au travers d'une *bougie* de kao-

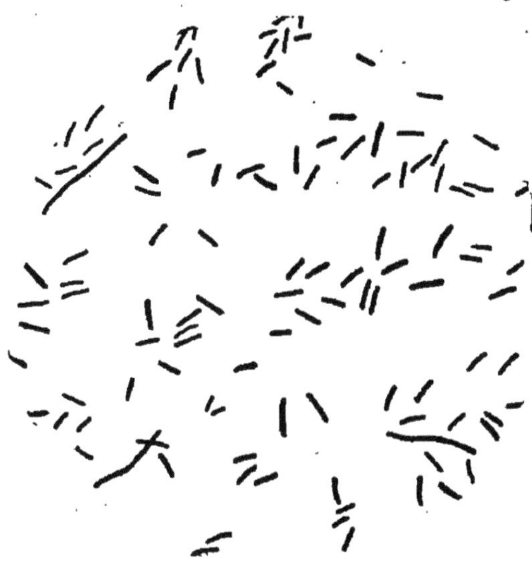

Fig. 69. — Bacille de la fièvre typhoïde, siégeant dans l'intestin et obtenu en
culture (gross. : 1.000).

lin ou d'amiante (fig. 65 à 68), si elle donne une eau
très limpide, elle est impuissante à la débarrasser entièrement des Bactéries ; en sorte qu'il est prudent, en
temps de recrudescence de fièvre typhoïde, de faire
bouillir même l'eau filtrée. Cette précaution devient
naturellement plus urgente encore, lorsqu'il s'agit d'eau
de rivière, qui n'a été que sommairement clarifiée par
son passage au travers d'une couche de sable, comme
dans les anciens filtres employés aux usages domestiques, et aussi dans les *bassins filtrants*, en usage aujour-
d'hui dans les localités où manque l'eau de source.

## III. — LES VERS PARASITES

*Principaux parasites*. — Le Ver parasite le plus fréquent chez l'Homme est le *Ténia* ou Ver solitaire, Ver plat annelé de la classe des Cestodes, qui vit adulte dans l'intestin grêle, et à l'état d'embryon dans la chair du porc.

Citons, en outre, la *Trichine*, Ver filiforme non annelé (classe des Nématodes), de 1 à 2 milimètres, que véhicule la viande du Porc, et l'*Ancylostome*, autre Nématode, transmis par l'eau et occasionnant la maladie de langueur, dite *anémie des mineurs;* enfin la *Douve du foie* (fig. 76), Ver plat non annelé (classe des Trématodes), assez répandu chez l'Homme au Tonkin et en Indo-Chine, plus fréquent chez le Mouton, qui en ingère les embryons avec l'eau.

§ I. **Ténia**. — Le Ver solitaire (fig. 70) est un long ruban, formé de plusieurs milliers d'anneaux, dont les plus grands sont bourrés d'œufs à la maturité.

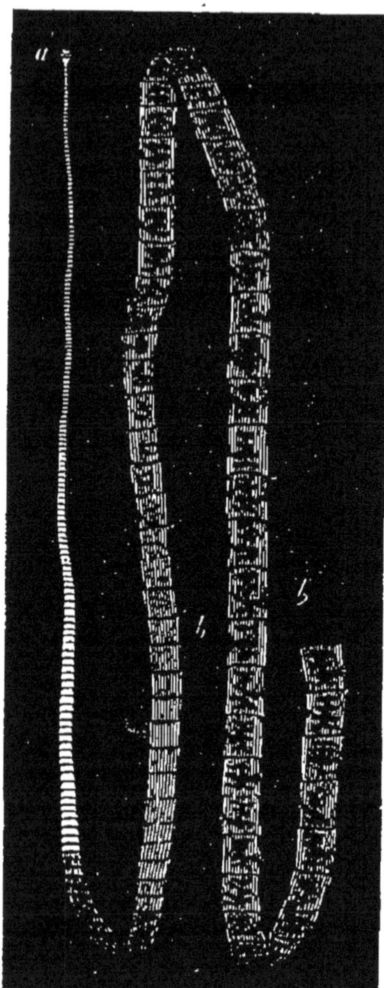

Fig. 70. — Ver solitaire. — *a*, appareil de fixation ou *tête* (grand. nat.).

Il s'attache à l'intestin par un petit renflement, improprement qualifié de *tête* (fig. 72), muni de quatre ventouses et d'une couronne de crochets (fig. 74).

Le Ver, étant dépourvu de tube digestif, absorbe par toute sa surface les aliments dans lesquels il est noyé et que digère pour lui son hôte.

Les derniers anneaux, arrivés à maturité, se détachent isolément ou par paquets et sont évacués au dehors avec les selles, ce qui permet de reconnaître l'existence du parasite ; car sa présence dans l'instestin ne donne lieu que rarement à des troubles appréciables. Au fur et à mesure, de nouveaux anneaux se constituent, par segmentation, en arrière de la tête.

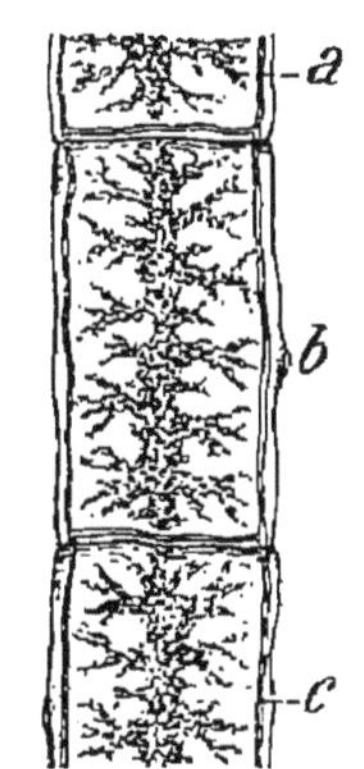

Fig. 71. — Anneaux grossis. — *a*, poche à œufs ; — *b*, orifice des organes reproduc - teurs ; — *c*, canaux excréteurs longitu - dinaux.

Les œufs effectuent leur développement dans le porc, qui les avale avec des légumes crus ou des eaux, contaminés par des déjections : la minuscule larve à six crochets qui en sort (fig. 75, *b*), traverse l'intestin et se fait charrier par le sang jusque dans les muscles. Là, elle se change en une sorte de sac (*c*) de la grosseur d'un pois, visible du dehors sous la langue, et à l'intérieur duquel se constitue par bourgeonnement un jeune Ténia (*g*), représenté par la tête et quelques anneaux, à peine ébauchés et repliés sur eux-mêmes. Cet ensemble porte le nom de *cysticerque* ; le porc qui en est envahi est dit *ladre*.

Fig. 72. — *a*, rostre ; — *b*, crochets ; — *c*, ventouses ; — *a*, crochet isolé.

Le Ténia reste dans cet état embryonnaire jusqu'à

ce qu'il passe dans le tube digestif de l'Homme, sous

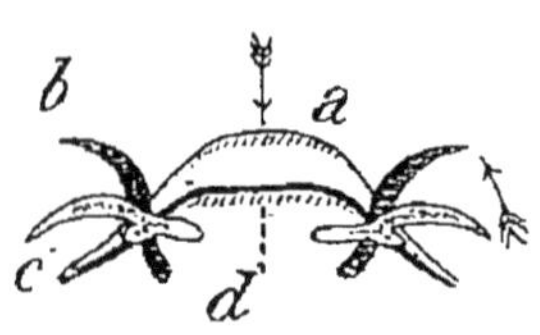

Fig. 73. — Fixation des crochets à l'intestin. — *d*, rostre contracté, relevant les crochets en *b*; — *a*, rostre relâché, abaissant les crochets en *c*, contre l'intestin.

forme de viande ladre insuffisamment cuite : en ce cas, dans l'intestin, le jeune Ver ne tarde pas à se déployer au dehors de la vésicule (*h*) et à se fixer à la paroi intestinale. Pendant ce temps, la vésicule (*i*) disparaît, et, en quelques semaines, un nouveau Ténia adulte est constitué.

Pour éviter les atteintes du Ver solitaire, il suffit de bien faire cuire la viande de porc. Pour s'en débarrasser, on a recours à l'extrait de

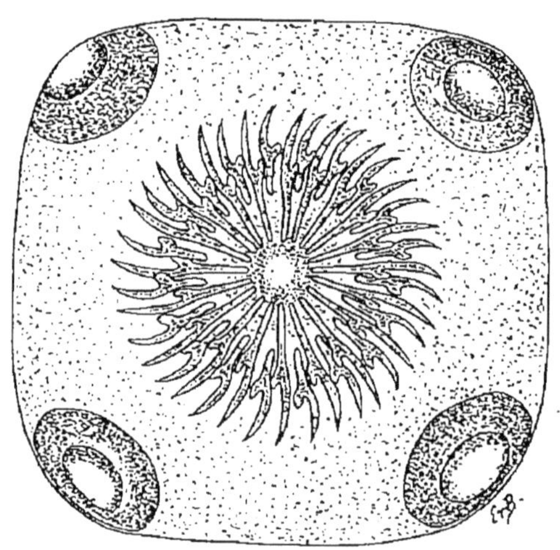

Fig. 74. — Tête de Ténia, vue d'en haut : crochets et ventouses.

Fougère-mâle, préparé avec la tige souterraine ou rhizome de la plante ; on s'administre au préalable, la veille, un purgatif, pour mettre à nu le parasite, et on en prend un second une heure après l'ingestion du médicament. On doit trouver dans les selles la *tête* du Ver, faute de quoi, un nouveau Ténia se reconstituerait.

**II. Trichine**. — La Trichine (fig. 77) est un petit Ver

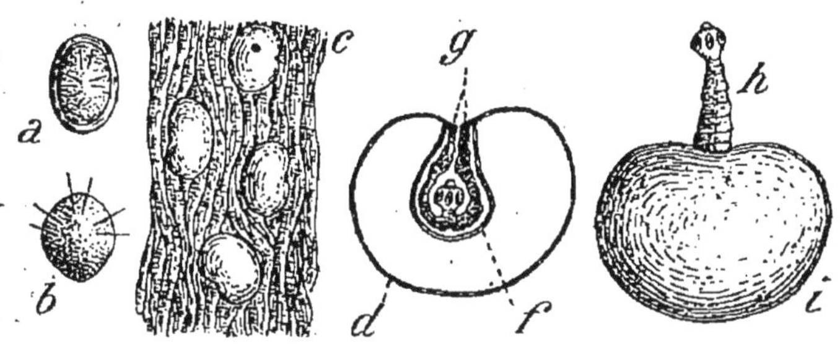

Fig. 75. — *a*, œuf du Ténia; — *b*, larve à six crochets; — *c*, viande avec cysticerques; — *d*, cysticerque grossi; — *f*, sa vésicule intérieure, renfermant *g*, jeune Ténia, replié sur lui-même; — *h*, ce dernier déployé au dehors, dans l'estomac.

d'environ 1 millimètre, qui vit dans la viande du porc, enroulé en spirale, à l'intérieur d'un sac ou kyste ovoïde, où il subsiste à l'état de vie latente. Le porc prend la maladie, dans les exploitations mal tenues, en dévorant les cadavres de Rats, généralement infestés de ces parasites.

Lorsqu'on mange de la viande de porc trichinosée insuffisamment cuite, les Trichines, mises en liberté par la digestion des kystes, émettent de nombreux jeunes, qui traversent aussitôt l'intestin et vont à leur tour, transportés par le sang, s'enkyster dans les muscles (diaphragme,...), non sans désorganiser les fibres musculaires. Elles donnent lieu de la sorte, si elles

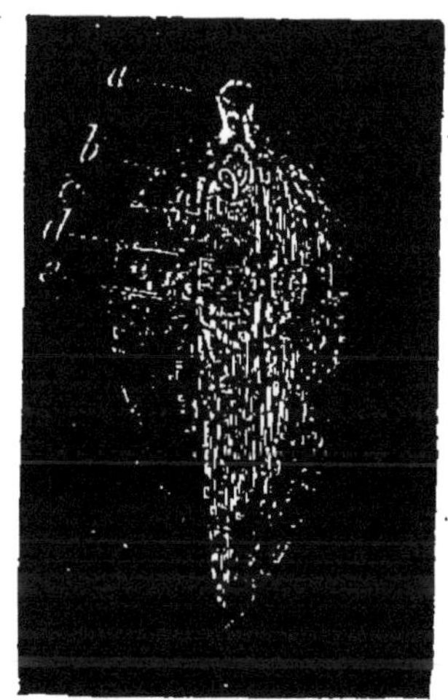

Fig. 76. — Douve du foie, parasite du Mouton et parfois de l'Homme (2 cent.). — *a*, ventouse buccale; — *c*, intestin bifurqué; — *d*, ventouse de fixation.

sont en nombre, a de violentes douleurs et peuvent même entraîner la mort : autre raison de ne manger le porc que bien cuit. C'est en effet par la charcuterie crue que se propage surtout la *trichinose*.

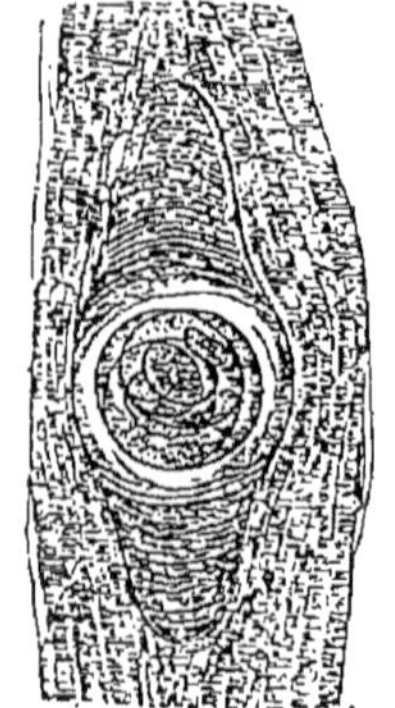

Fig. 77. — Trichine spirale, enkystée dans un muscle (1 mill.).

## IV. — Hygiène du tube digestif

**Bactéries du tube digestif.** — Notre tube digestif est peuplé en tout temps de légions de Bactéries, qui s'y multiplient d'autant mieux que la température du corps (37 degrés) est particulièrement favorable à leur activité : les germes de ces êtres élémentaires pénètrent à tout instant dans la bouche et les fosses nasales avec les poussières de l'air.

*a.* Ce sont certaines des Bactéries buccales (fig. 78) qui provoquent la *fermentation fétide* de la salive : on évite cet inconvénient, en empêchant des parcelles d'aliments de séjourner entre les dents et en usant quotidiennement de la brosse à dents et du cure-dents, qui non seulement nettoyent la bouche, mais encore l'aèrent. Pour se rincer la bouche, on peut employer, comme antiseptique, la *solution boriquée* (acide borique), aromatisée, si l'on veut, à l'essence de menthe.

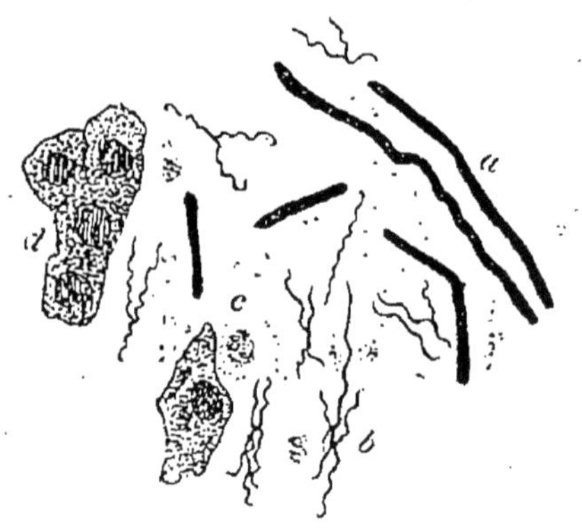

Fig. 78. — Bactéries de la salive. — *a,* Leptotriche, forme filamenteuse géante; — *b,* Spirille; — *c,* amas de Microcoques; — *d,* cellules épithéliales détachées de la langue (gross. : 500).

Les brosses à dents doivent être passées de temps

à autre à l'eau bouillante et séjourner ensuite dans cette même dissolution.

Quant aux *dentifrices* (poudres ou solutions), leur composition varie logiquement, selon que la salive est acide, c'est-à-dire fait virer au rouge le papier de tournesol bleu, ou alcaline, et alors ramène au bleu le tournesol rouge. Dans le premier cas, généralement corrélatif d'une carie précoce des dents (fig. 79), le dentifrice doit être alcalin, à base par exemple de bicarbonate de soude ou de borax (borate de soude); dans le second cas, qui s'accuse par un dépôt de tartre autour du collet des dents, la matière active doit être au contraire acide, comme le tanin (acide tannique), la poudre de quinquina.

Un dentifrice inerte (poudre de charbon) suffit dans le cas où la salive est neutre.

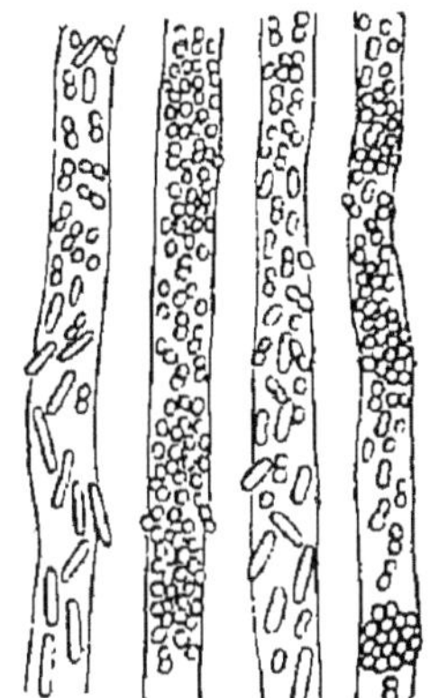

Fig. 79. — Canalicules de l'ivoire d'une dent cariée, envahis par la Bactérie de la carie dentaire.

*b.* Les *Bactéries nuisibles* du tube digestif sont surtout celles du gros intestin ; l'espèce la plus commune est le Colibacille (fig. 63), lequel, cultivé en bouillon, sécrète des toxines, capables d'empoisonner de petits animaux. Aussi la flore du côlon et du rectum constitue-t-elle pour l'organisme une perpétuelle menace d'empoisonnement, et on ne peut atténuer l'action de ses espèces pathogènes qu'en modérant la consommation de viande, surtout de viandes rouges, et en usant de boissons acidules, de légumes rafraîchissants, défavorables à l'activité de ces Bactéries : à cet égard, les fruits charnus (cerise, pêche, orange,..), le lait caillé, etc., sont particulièrement recommandables, d'autant plus qu'ils contribuent à régulariser les selles.

*c.* Le tube digestif renferme aussi des *Bactéries utiles*. Dans l'estomac et l'intestin grêle, plusieurs espèces paraissent sécréter des diastases (p. 54), qui hâtent la digestion des aliments.

Les fromages faits ou *fermentés* (Gruyère, Camembert,...) renferment aussi des Bactéries diastasigènes : à ce titre, ils diffèrent essentiellement des fromages frais, qui sont de simples nourritures, et non des stimulants de la digestion.

# CHAPITRE V

## ABSORPTION DES ALIMENTS

*Définition.* — Quand la digestion est achevée dans
l'intestin grêle, la masse alimentaire se trouve réduite en
une bouillie homogène, le *chyme,* qui est un mélange
de principes assimilables et de résidus inertes. Tandis
que ces derniers, imprégnés de bile, continuent leur
marche dans le gros intestin et sont ultérieurement évacués par l'acte de la défécation, les produits nutritifs
(p. 67) traversent les *villosi-*
*tés* de la muqueuse intestinale
(fig.80, *a*) : ces dernières les as-
pirent comme autant de suçoirs
et les déversent dans les vaisseaux sanguins, qui, en arrière
du paquet intestinal, serpentent
dans le mésentère (fig. 35, *k*).

D'une manière générale, le
passage d'une substance au
travers d'une membrane perméable se nomme *osmose,* et
la force qui provoque ce passage est dite *force osmotique.*

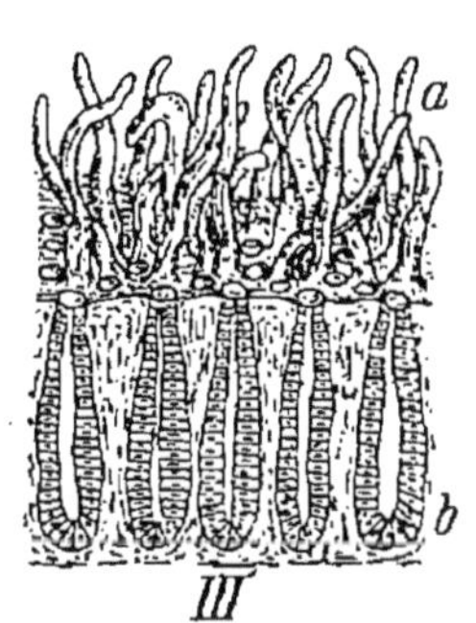

Fig. 80. — Coupe de la muqueuse de l'intestin grêle. —
*a*. villosités ; — *b*, glandes en
tube du derme (gross. : 30).

Dans le cas de l'absorption ou osmose intestinale, la
force osmotique réside dans les cellules de l'épithélium :
lorsque, en effet, cet épithélium se détache, se pèle,
comme dans le choléra, l'absorption des aliments ne
s'opère plus qu'avec une extrême lenteur, et la nutrition
des tissus se trouve compromise.

**Démonstration de l'absorption.** — On met en évidence la force osmotique au moyen du dispositif de la figure 81.

Un petit récipient $B$, fermé inférieurement par une membrane perméable (vessie) et prolongé en haut par un tube étroit, renferme une dissolution concentrée de sel ou du sirop de sucre; il plonge dans un vase rempli d'eau pure. Au début de l'expérience, les niveaux des deux liquides sont amenés dans un même plan horizontal.

Or, l'eau extérieure pénètre peu à peu par osmose au travers de la membrane et s'accumule si bien dans le récipient, que le liquide s'élève dans le tube et le remplit en quelques heures; après quoi, il s'écoule goutte à goutte.

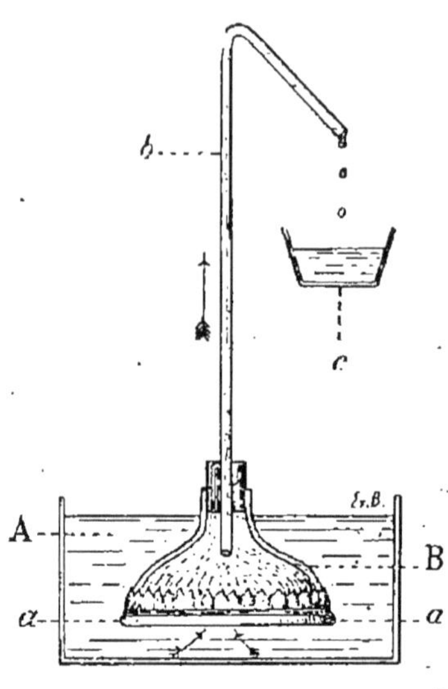



Fig. 81. — Expérience de l'osmose. — A, eau pure: — B, récipient avec eau sucrée: — $a$, membrane (vessie); — $b$, tube d'écoulement de l'eau absorbée.

Pendant que s'opère cette endosmose d'eau, il se produit inversement une exosmose de sucre ou de sel; en sorte que la force osmotique du contenu du récipient $B$ va nécessairement en diminuant. Il arrive donc un moment où le liquide cesse de monter : quand cet arrêt se produit, c'est que la force osmotique, dirigée de bas en haut, est équilibrée par la pression qu'exerce la colonne liquide sur le fond.

L'exosmose du sucre se poursuivant, le niveau baisse dans le tube, et finalement les niveaux des deux liquides se retrouvent en équilibre dans un même plan horizontal. Or, cet état définitif d'équilibre est caractérisé par une concentration égale des deux liquides, de part et d'autre de la membrane.

Le récipient *B*, siège de l'osmose, représente ici une villosité intestinale, et le tube qui lui fait suite, un des vaisseaux (fig. 82) qui transportent les produits absorbés ; le vase extérieur est comparable à la cavité intestinale, laquelle, au lieu d'eau, renferme le chyme.

**Vaisseaux transportant les produits absorbés.** — Les aliments absorbés par les villosités s'engagent les uns dans les *veines intestinales* (fig. 82, *a*), vaisseaux qui font suite aux artères nourricières de l'intestin, les autres dans les *vaisseaux lymphatiques* (*g*), dits encore *vaisseaux chylifères*, du nom de leur contenu, le *chyle*, qui est un mélange de lymphe et d'aliments.

Par les veines intestinales cheminent les peptones, le glucose et une partie des sels minéraux ; par les vaisseaux chylifères, plus spécialement les corps gras émulsionnés, qui donnent à la lymphe normalement incolore de ces vaisseaux une teinte blanchâtre, lactescente, ce qui permet de suivre leur parcours dans le

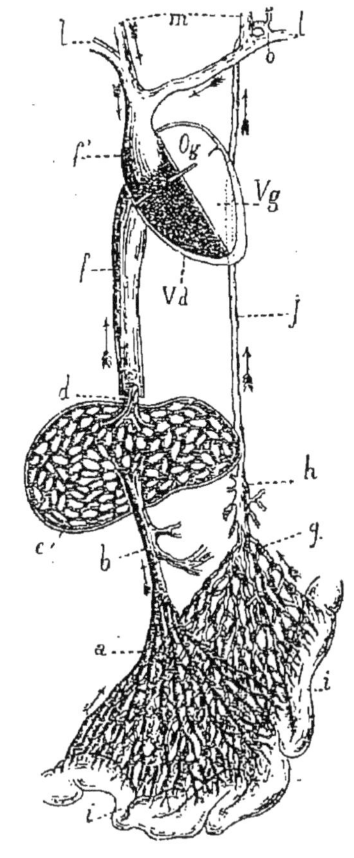

Fig. 82. — Transport des produits de la digestion. — *i*, intestin grêle ; — *a*, veines intestinales ; — *b*, veine porte ; — *c*, capillaires dans le foie ; — *d*, veine hépatique ; — *f*, veine cave inférieure ; — *g*, vaisseaux chylifères ; — *h*, citerne de Pecquet ; — *j*, canal thoracique ; — *o*, son débouché dans *l*, veine sous-clavière gauche ; — *m*, veines jugulaires ; — *l*, veine sous-clavière droite ; — *f'*, veine cave supérieure ; — *Og*, oreillette gauche ; — *Vg*, *Vd*, ventricules.

mésentère. Quand l'absorption des aliments est achevée, les lymphatiques ne charrient plus que de la lymphe pure, comme le font en tout temps les lymphatiques des organes autres que l'intestin (p. 125), et ils cessent dès lors d'être apparents.

Les veines intestinales se réunissent toutes en un seul tronc, la *veine porte* (fig. 82, *b*), qui, au lieu de déverser directement son contenu dans la veine cave inférieure, comme les autres veines de l'abdomen, pénètre dans le foie et s'y capillarise, en même temps que l'artère hépatique ou vaisseau nourricier de l'organe (fig. 62, *a*, *p*). Les cellules hépatiques s'emparent alors d'une partie des principes alimentaires et les convertissent en une réserve nutritive ternaire, le glycogène (v. *Glycogenèse du foie*, p. 66).

Les chylifères s'unissent eux aussi (conjointement aux autres lymphatiques de l'abdomen) en un canal unique, le *canal thoracique* (fig. 82, *j*), qui longe la colonne vertébrale et déverse son contenu dans le sang de la veine sous-clavière gauche, au niveau de la clavicule (fig. 113, *2*) ; de là, le chyle se répand dans tout l'appareil circulatoire.

# CHAPITRE VI

## APPAREIL RESPIRATOIRE

*Définition.* — Les organes de la respiration ont pour rôle d'assurer l'*échange gazeux* entre l'organisme et l'atmosphère. Cet échange consiste en une *absorption d'oxygène*, gaz incessamment utilisé aux combustions intracellulaires, et en un *dégagement d'acide carbonique*, déchet organique issu de ces combustions.

La raison d'être des combustions intracellulaires est la mise en liberté de l'*énergie*, que recèlent les aliments et qui est indispensable à l'entretien de la vie.

L'appareil respiratoire comprend (fig. 83) :

1° Les *voies respiratoires*, qui assurent l'entrée de l'air pur jusqu'à la surface absorbante et la sortie de l'air chargé d'acide carbonique ; ce sont les *fosses nasales*, le *pharynx*, organe emprunté au tube digestif, et la *trachée* (*b, c*) ;

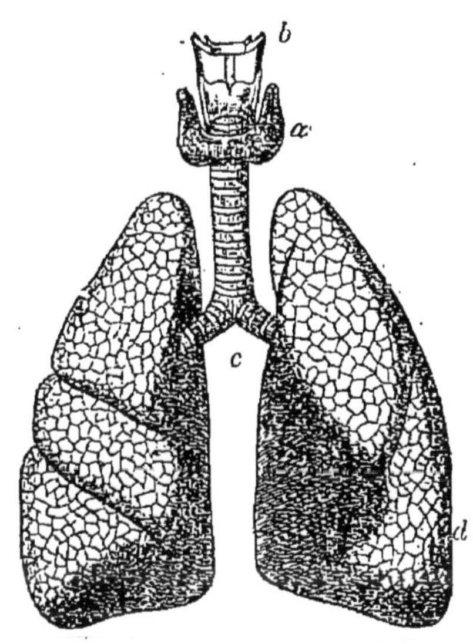

Fig. 83. — Appareil respiratoire. — *b*, os hyoïde et larynx ; — *c*, trachée et bronches ; — *d*, poumons (en noir, le *lit* du cœur) ; — *a*, corps thyroïde (goitre).

2° Les *poumons* (*d*), organes spongieux, dans lesquels l'air n'est séparé du sang que par une mince

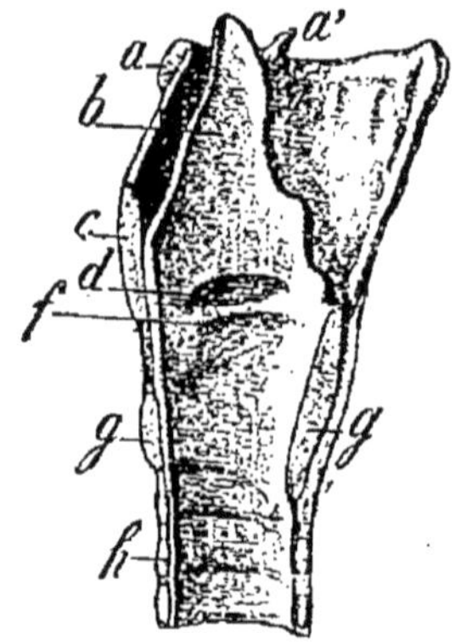

Fig. 84. — Coupe vert. antéropost. du larynx. — *a*, os hyoïde ; *a'*, apophyse ; — *b*, épiglotte ; — *c*, cartil. thyroïde ; — *d*, cordes vocales sup. ; — *f*, cordes voc. inf. ; *gg*, cart. cricoïde ; — *h*, cartilages de la trachée.

membrane (fig. 89, *a*, *d*), au travers de laquelle s'opère par osmose l'échange gazeux.

Tout cet ensemble d'organes provient d'un bourgeonnement de la partie initiale de l'œsophage (fig. 33, *c*), exactement comme le foie et le pancréas sont des bourgeons (*g*, *h*) de l'intestin. Les poumons peuvent du reste être assimilés à des glandes en grappe (p. 148), qui excrètent un déchet nuisible, l'acide carbonique.

Indépendamment de la *respiration pulmonaire*, il y a lieu de tenir compte de la *respiration cutanée*, échange gazeux accessoire, qui s'exerce par la peau, et qui, chez certains animaux (Vers,..), peut exister seul.

**1° Trachée.** — La trachée est un canal demi-cylindrique rigide, dont la face postérieure, plane, confine à l'œsophage. Sa portion supérieure élargie constitue le *larynx* ou organe de la voix (fig. 84), dont les pièces essentielles, les *cordes vocales* (*f*), sont mises en vibration par l'air expiré des poumons. Inférieurement, la trachée se subdivise en deux *bronches cylindriques* (fig. 83, *c*), qui pénètrent dans les poumons.

Le larynx est relié à l'*os hyoïde* (fig. 84, *a*, *a'*), os en forme d'U (fig. 259), qui n'est immédiatement articulé avec aucun autre os et donne insertion en haut à la masse musculaire de la langue (fig. 158, *a*). Son orifice ou *glotte* est surmonté en avant d'une languette cartilagineuse ovoïde, l'*épiglotte* (fig. 84, *b*), qui s'abaisse au moment de la déglutition (fig. 54, *g*) sous la poussée de la langue et empêche ainsi l'introduction des aliments dans les voies respiratoires.

La trachée est maintenue béante par des demi-cerceaux de cartilage, disposés parallèlement dans l'épaisseur de la paroi fibreuse de l'organe ; cette paroi est doublée intérieurement d'une membrane muqueuse (fig. 85, *a*, *b*), parsemée de petites glandes (*c*), qui humectent de leur mucosité toute la surface interne de la trachée. Cette mucosité sert à humidifier l'air qui pénètre dans les poumons, de manière qu'au sortir de ces organes, il ne puisse entraîner à l'état de vapeur l'eau des poumons eux-mêmes, ce qui tendrait à les dessécher et nuirait à l'échange gazeux. De plus, le mucus trachéen retient

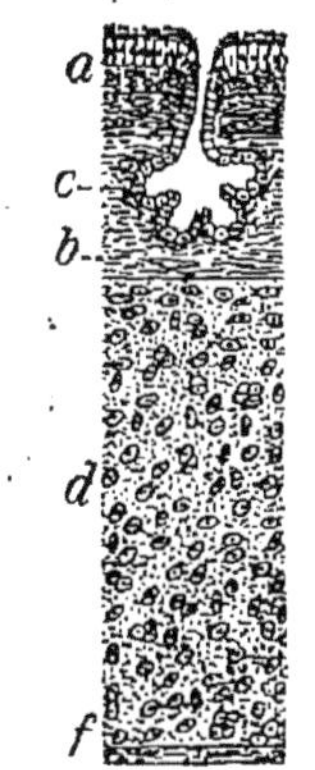

Fig. 85. — Coupe de la trachée. — *ab*, muqueuse ; — *c*, glande à mucus incluse ; — *a*, épithélium vibratile ; — *b*, derme ; — *d*, cartilage ; —*f*, couche fibreuse.

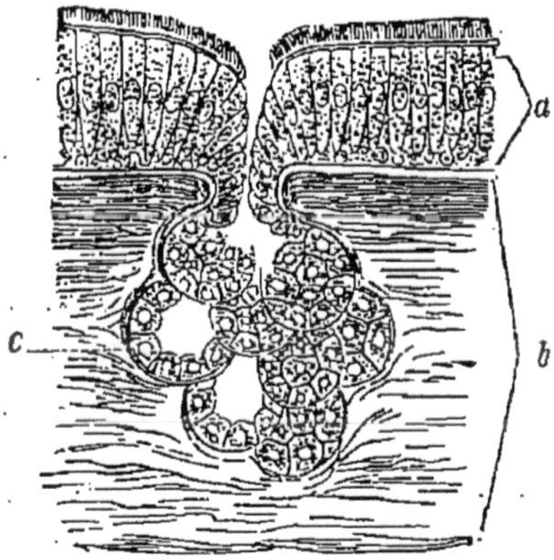

les poussières de l'air, qui peuvent renfermer le Bacille de la tuberculose (p. 111), ainsi que celui de la pneumonie ou fluxion de poitrine.

Par son propre poids, le mucus tend à descendre dans les poumons et à obstruer les ramifications bronchiques : il doit donc être évacué. A cet effet, les cellules épithéliales de la muqueuse sont garnies de nombreux *cils vibratiles* (fig. 86),

Fig. 86. — Muqueuse précédente grossie.

qui, par leurs mouvements de bas en haut, balayent en quelque sorte les bronches et la trachée et déversent le mucus, avec toutes ses poussières, dans l'œsophage.

Dans le cas d'inflammation ou *bronchite*, le mucus, sécrété en excès, est expectoré au dehors par le crachement (toux) ; les cils ne peuvent alors empêcher une partie de ce liquide de descendre et d'obstruer plus ou moins les bronches ; d'où une gêne dans la respiration, qui se traduit par des râles et des crépitements.

**2° Poumons**. — Les poumons (fig. 83) sont deux volumineux viscères, placés dans le thorax, de part et d'autre du cœur.

Amincis de bas en haut, les poumons sont convexes

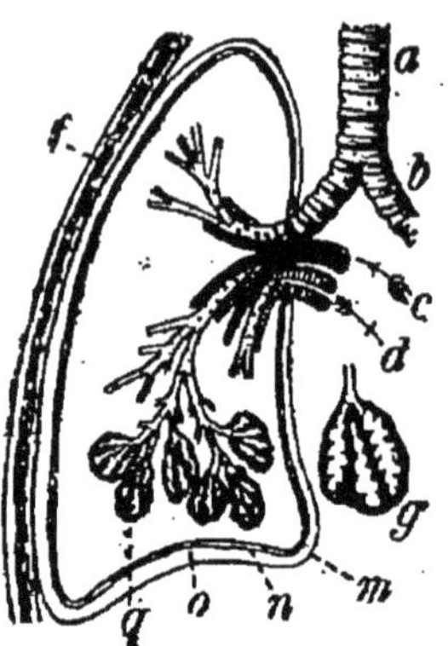

Fig. 87. — Coupe schématique du poumon. — *a*, trachée ; — *b*, bronches ; — *c, d*, artère et veines pulm. ; — *f*, paroi thoracique ; — *q*, alvéoles ; — *g*, alvéole grossi ; — *mn*, plèvre ; — *o*, liquide pleural.

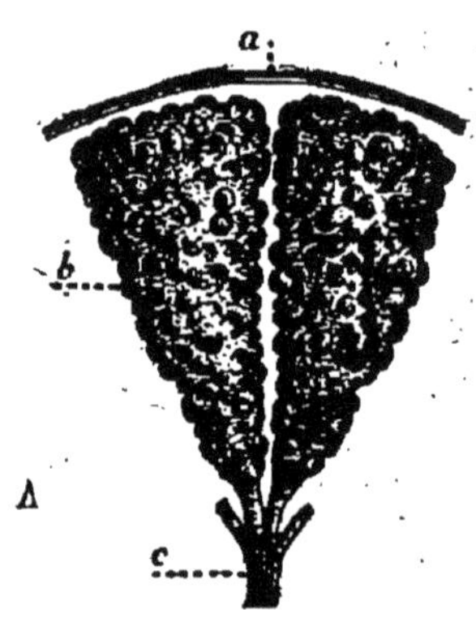

Fig. 88. — Deux lobules pulm. et leurs nombreuses vésicules (*b*) ; — *c*, bronchioles ; — *a*, plèvre (feuillet int.).

en dehors, où ils se moulent sur la poitrine ; concaves en dedans, pour recevoir le cœur ; concaves également en dessous, en quoi ils se prêtent à la voussure du diaphragme.

Le poumon droit est divisé en trois *lobes* par deux sillons obliques, et chaque lobe se subdivise à son tour en nombreux *lobules*, dont le contour polygonal est visible à la surface même de l'organe. Le poumon gauche, sensiblement plus étroit que l'autre, à cause de l'inclinaison du cœur à gauche, n'a que deux lobes.

A la face interne des poumons, on voit pénétrer côte à côte (fig. 87) : la *bronche* (*b*), qui donne passage à l'air ; l'*artère pulmonaire* (*c*), issue du ventricule droit du cœur, qui apporte aux poumons le sang noir, chargé d'acide carbonique ; enfin les deux *veines pulmonaires* (*d*), qui ramènent à l'oreillette gauche le sang hématosé, c'est-à-dire débarrassé de son acide carbonique et revivifié par l'oxygène.

**Plèvre.** — Chaque poumon est enveloppé d'une membrane close, la *plèvre* (*m*, *n*), sorte de sac fermé, aplati autour de l'organe et dont une moitié ou feuillet intérieur (*n*) est soudée au poumon, tandis que le feuillet extérieur (*m*), séparé du précédent par une petite quantité de liquide (*o*), est soudé en dehors à la cage thoracique, en dedans au péricarde, membrane d'enveloppe du cœur, et en bas revêt le diaphragme.

La plèvre et le péricarde sont deux *membranes séreuses*, comparables au péritoine (p. 30), mais de conformation beaucoup plus simple, en ce qu'elles n'entourent qu'un seul organe.

Le liquide ou sérosité pleurale a pour but de **permettre** aux poumons d'effectuer librement leurs mouvements, sans qu'il se produise aucun frottement contre les organes adjacents.

Dans la *pleurésie* ou inflammation de la plèvre, il y a excès, parfois considérable (un à deux litres), de sérosité, qui devient alors une gène pour les mouvements des poumons. La résorption de ce liquide est facilitée par les vaisseaux lymphatiques pulmonaires, qui offrent ce caractère de s'ouvrir à plein orifice dans la plèvre, au lieu de naître, comme dans les autres organes, par des capillaires clos.

**Alvéoles pulmonaires.** — A l'intérieur des poumons, les bronches se subdivisent en autant de branches principales qu'il y a de lobes aux poumons, puis, par des bifurcations répétées, se résolvent en une

arborescence de bronches de plus en plus fines (fig. 87).
Arrivées dans les lobules, les bronchioles ultimes, d'environ un dixième de millimètre de diamètre, se terminent chacune par une ampoule aérifère ou *alvéole pulmonaire* (*q*), elle-même subdivisée par des replis intérieurs en nombreuses *vésicules pulmonaires* (fig. 88), dont la surface totale est considérable. Cette structure, on le voit, est tout à fait celle des glandes en grappe (p. 56).

Les alvéoles et vésicules pulmonaires sont tapissées, non plus d'un épithélium vibratile, qui n'a plus de raison d'être dans ces cavités étroites où ne peuvent arriver les mucosités bronchiques, mais d'un simple épithélium à cellules aplaties (fig. 89, *d*).

Dans le tissu élastique, sousjacent à l'épithélium, serpentent les innombrables vaisseaux capillaires (*f*), interposés entre l'artère et les veines pulmonaires (*b*, *c*), et c'est au travers de l'épithélium que s'effectue l'absorption de l'oxygène de l'air et le dégagement de l'acide carbonique du sang noir.

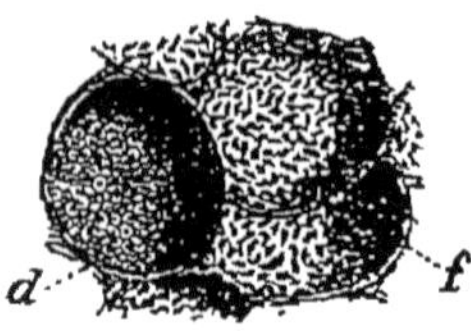

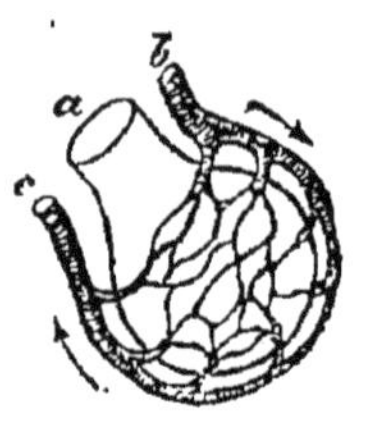

Fig. 89. — *a*, vésicule pulmonaire; — *bc*, artériole, veinule et réseau capillaire; — *d*, vésicule de face, montrant l'épithélium; — *f*, les vaisseaux capillaires sous-jacents.

On a une idée de la puissance de l'échange gazeux respiratoire que l'organisme humain est à même d'effectuer, en remarquant que la surface totale des alvéoles pulmonaires équivaut à environ 200 mètres carrés et que le réseau capillaire recouvre près des trois quarts de cette surface, soit une nappe sanguine de 150 mètres carrés, incessamment parcourue par le sang noir.

# CHAPITRE VII

## LA RESPIRATION

*Définition.* — Les phénomènes de la respiration sont de deux ordres : les *phénomènes pulmonaires* et les *phénomènes généraux*.

1° Les phénomènes propres aux poumons sont : d'une part, l'*inspiration* ou entrée de l'air pur dans les alvéoles pulmonaires, et l'*expiration* ou sortie de l'air chargé d'acide carbonique et de vapeur d'eau ; d'autre part, l'*absorption d'oxygène*, seul gaz utile de l'air atmosphérique, que le sang transporte aux organes, et le *dégagement de l'acide carbonique* du sang noir, en provenance des organes.

On qualifie d'*hématose* cet échange gazeux par lequel le sang noir redevient sang rouge ou sang vivifiant.

2° Les phénomènes généraux de la respiration sont ceux, d'ordre purement chimique, que réalise l'oxygène au sein de chaque cellule vivante de l'organisme. Ils consistent en *oxydations* ou *combustions* d'aliments, d'où résulte, d'une part, l'acide carbonique, gaz inassimilable, excrété par les poumons, d'autre part, l'*énergie organique*, raison d'être des combustions.

**1° Inspiration et expiration**. — Les poumons, n'étant pas des organes musculaires, ne peuvent, comme le cœur, se contracter et se relâcher périodiquement pour effectuer le renouvellement de l'air ; leur trame ne consiste qu'en tissu conjonctif élastique.

Une inspiration a lieu chaque fois que les poumons

augmentent de volume : cette dilatation est provoquée par l'élargissement de la cage thoracique, et ce dernier à son tour résulte des contractions de divers muscles, dits *muscles inspirateurs,* dont les mouvements automatiques sont assurés par le bulbe rachidien (fig. 194, *g*),

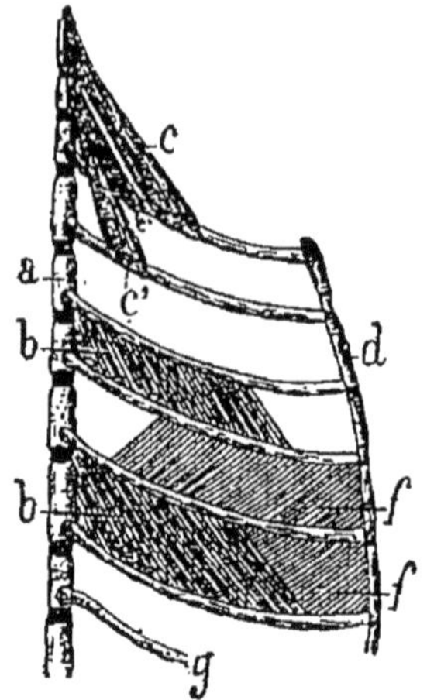

Fig. 90. — Muscles intercostaux (fig. sch.). — *a*, colonne vertébrale; — *g*, côtes; — *d*, sternum ; — *b*, muscles intercostaux externes seuls; — *f*, interc. internes seuls; — *bf*, (en bas) les deux à la fois; — *c*, muscle scalène antérieur; — *c'c'*, muscle scalène postérieur.

centre nerveux qui précède immédiatement la moelle épinière. Une simple piqûre du bulbe, pratiquée au niveau de la nuque, dans la région dite *nœud vital* (*d*), entraîne la mort par arrêt de la respiration (p. 238).

L'expiration se produit lors du retour élastique des poumons, qui a lieu dès que cessent les actions inspiratrices, et sans qu'aucune action musculaire intervienne, du moins dans l'expiration calme ou normale.

L'Homme adulte inspire de 1/2 litre à un litre d'air, selon le développement de la poitrine, pendant la respiration normale; ce volume s'élève à 3 et 4 litres pendant une inspiration prolongée ou *inspiration forcée.*

**Mécanisme de la respiration**. — On qualifie de *mécanisme de la respiration* l'ensemble des organes qui assurent les mouvements des poumons.

Ce sont : d'une part, le *diaphragme* (fig. 15, *i*), muscle en forme de voûte, dont le bord circulaire s'insère sur la cage thoracique, séparant de la sorte la cavité thoracique de la cavité abdominale ; d'autre part, les *muscles*, ainsi que le *squelette de la cage thoracique* (colonne vertébrale, côtes et sternum, fig. 90).

Parmi les muscles thoraciques inspirateurs, les plus importants sont :

1° Les *muscles scalènes* antérieurs et postérieurs (fig. 90, *c, c'*), insérés en haut aux vertèbres du cou et en bas aux deux premières côtes ;

2° Les *muscles surcostaux*, qui vont de la partie postérieure de chaque côte à l'apophyse transverse de la vertèbre située immédiatement au-dessus d'elle ;

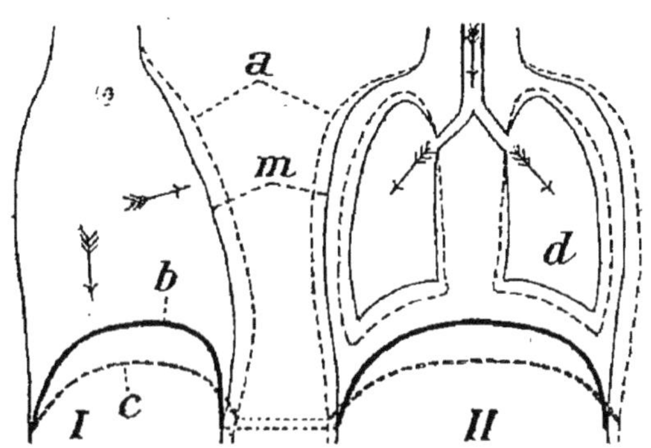


Fig. 91. — Mouvements respiratoires (trait plein : expiration ; pointillé : inspiration). — I, de profil ; — II, de face. — *a*, poitrine dilatée ; — *m*, au repos ; *b*, diaphragme au repos ; — *c*, contracté ; — *d*, poumons.

3° Enfin les *muscles intercostaux* (fig. 90, *b, f*), qui relient les côtes les unes aux autres.

Ces muscles, en se contractant, provoquent le soulèvement des côtes. Or, au repos, ces dernières sont inclinées de haut en bas, à la fois d'arrière en avant et de dedans en dehors ; d'où résulte que leur soulèvement reporte le sternum plus en avant (fig. 91, I, *a*), et la partie latérale des côtes plus en dehors (II, *m*), ce qui accroît simultanément le diamètre antéro-postérieur et le diamètre latéral de la poitrine.

La plèvre suit nécessairement les côtes, puisqu'elle est soudée à la paroi de la poitrine (fig. 87).

**Marche de l'inspiration et de l'expiration.** — *a*) Ceci dit, quand doit se produire une inspiration, non seule-

ment les côtes sont soulevées par les muscles scalènes,
les intercostaux, etc., mais encore le diaphragme se
contracte et, en abaissant sa voûte (fig. 91, *c*), augmente
le diamètre vertical de la poitrine, non sans comprimer les organes de l'abdomen, qui alors se dilate.

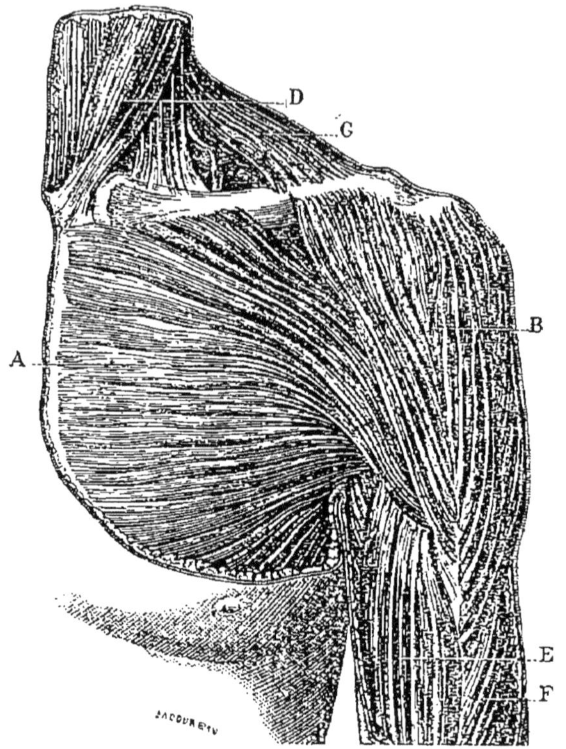


Fig. 92. — A, muscle grand pectoral ; — B, deltoïde ; — C, bord du trapèze ; —
D, muscle sterno-cléido-mastoïdien (va à l'os temporal) ; E, biceps ; — F, triceps.

De cette augmentation de volume de la cage thoracique
résulte une diminution de pression des gaz qui y sont
inclus : dès lors, l'air des alvéoles, dont la pression
devient de ce fait prépondérante, dilate ces derniers et
augmente le volume des poumons (*d*). Mais alors la
pression de l'air des alvéoles devient à son tour inférieure à la pression atmosphérique extérieure, d'où

résulte en définitive un appel d'air du dehors dans les poumons. Tel est le mécanisme de l'inspiration ; mais il est évident qu'une minime partie seulement de cet air pur inspiré arrive aux alvéoles, tout le reste subsistant inutilisé dans la trachée et les bronches.

Il résulte de ce qui précède qu'une perforation de la cage thoracique, produite par exemple par une arme à feu, laisserait sans effet les mouvements du diaphragme et de la cage thoracique : les poumons resteraient forcément inertes, puisque la pression serait toujours égale à leur surface et dans leurs alvéoles.

*b)* Quand les actions musculaires inspiratrices cessent, le diaphragme se relâche et reprend sa voussure première (fig. 91, *b*), tandis que les côtes redescendent à leur position de repos (*m*) : le volume de la poitrine diminuant, la pression intrathoracique augmente, et les poumons distendus reviennent peu à peu sur eux-mêmes, en chassant au dehors, avec l'air pur de la trachée et des bronches, une partie de l'air très vicié que contiennent toujours les alvéoles.

Telle est l'expiration normale, pure conséquence de la cessation des actions inspiratrices.

**Inspiration et expiration forcées.** — Dans l'*inspiration forcée*, divers muscles, tels que les grands pectoraux (fig. 92, *A*), ajoutent leur action à celle des muscles inspirateurs normaux; pour donner au mouvement d'ampliation de la cage thoracique le maximum de développement : dans ce cas, plusieurs litres d'air pénètrent dans les poumons à chaque inspiration.

De même, dans l'*expiration forcée*, les muscles de la paroi antérieure de l'abdomen, qui s'étendent des côtes inférieures au bassin (fig. 235, *3*), provoquent un abaissement de la cage thoracique plus marqué que dans l'expiration normale et par suite un rejet plus abondant d'air vicié. Toutefois, même après une expiration forcée, les poumons sont loin d'être vidés d'air : il subsiste tout au moins dans ces organes 1 litre et jusqu'à 1 litre et demi d'un air beaucoup plus riche en acide carbonique que l'air expiré, ce dernier n'étant qu'un mélange d'air pur de la trachée et des bronches avec une partie de l'air vicié des alvéoles.

Le volume maximum d'air expiré, qui correspond au passage des poumons de l'état d'inspiration forcée à celui d'expiration forcée varie, selon le développement de la poitrine, de 3 à 4 litres ; on le nomme *capacité pulmonaire*.

Pour le déterminer, on a recours à des *spiromètres* (fig. 93).

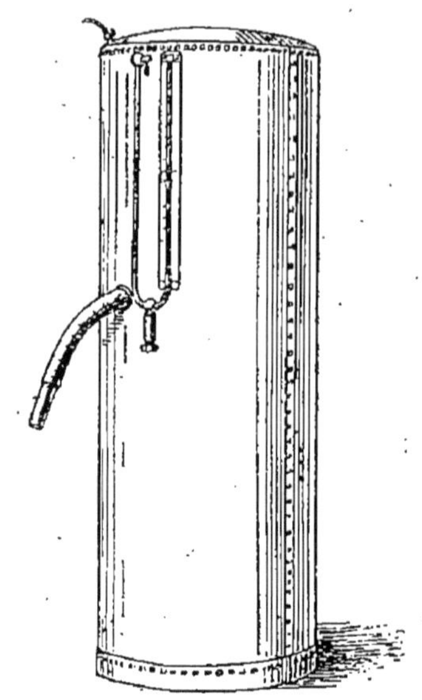

Fig. 93. — Spiromètre, récipient métallique d'env. 300 lit. de capacité. — En insufflant l'air expiré par le tube de gauche, le mercure du manomètre s'élève d'une certaine hauteur ; une graduation indique le volume correspondant d'air expiré.

## 2° Respiration intracellulaire : production de l'énergie.

— Dans l'intimité de chacune de nos cellules, l'oxygène atmosphérique, incessamment introduit dans le corps par l'acte de la respiration, est employé par la matière vivante à effectuer des *combustions*. L'activité de ces oxydations intracellulaires se mesure à la différence de composition entre l'air inspiré et l'air expiré : ce dernier renferme d'autant plus d'acide carbonique, principal produit de combustion, que le corps consomme plus d'oxygène.

**Différence entre l'air inspiré et expiré.** — L'air inspiré, qui est de l'air pur, renferme environ 21 p. 100 d'oxygène, 79 p. 100 d'azote, et des traces négligeables d'acide carbonique (quatre dix-millièmes).

L'air expiré, outre que sa température est devenue voisine de celle du corps, ne renferme plus que 16 p. 100 d'oxygène : le quart environ de ce gaz a donc été absorbé par les poumons. Par contre, l'air expiré est chargé de 3 à 4 p. 100 d'acide carbonique ($CO_2$), et de plus saturé de vapeur d'eau.

En soufflant dans de l'eau de chaux avec un tube de verre, on obtient un précipité blanc de carbonate de calcium, indice de la présence de l'acide carbonique dans l'air expiré : ce précipité fait effervescence en présence des acides.

D'autre part, on condense facilement la vapeur d'eau exhalée, en dirigeant l'air expiré sur une surface froide, une glace par exemple.

Pour recueillir l'air expiré et procéder à son analyse, on expire l'air par la bouche, dans un récipient rempli d'eau ou de mercure, au moyen d'une pipette courbe (fig. 94), en maintenant le nez fermé.

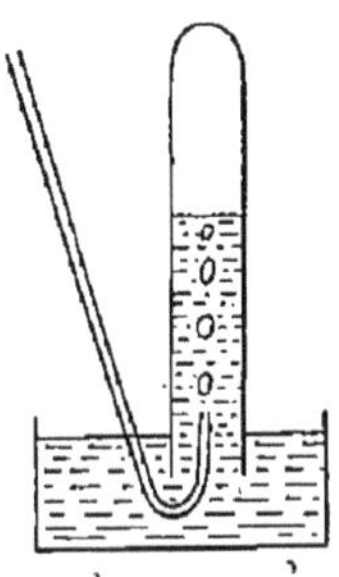

Fig. 94. — Pipette pour faire passer l'air expiré dans l'éprouvette.

Le gaz carbonique, principal produit de combustion, provient de nos divers tissus. Il naît dans les éléments cellulaires mêmes du corps tout entier, ce que prouve le sang veineux ou sang efférent des organes, qui est toujours plus chargé d'acide carbonique que le sang artériel ou sang nourricier entrant.

D'autre part, en plaçant dans une atmosphère limitée d'air ou d'oxygène pur des organes ou portions d'organes, prélevés immédiatement sur un animal qui vient d'être sacrifié, ces derniers, non encore abandonnés par la vie, continuent pendant quelque temps à absorber de l'oxygène et à dégager de l'acide carbonique, et on constate que cet échange atteint sa plus grande activité, à poids égal, dans les muscles.

**Intensité de la respiration.** — Déterminons maintenant, en vue de préciser ensuite la nature des combustions intracellulaires, les volumes d'oxygène et d'acide carbonique, mis en jeu dans l'organisme humain pendant une période de vingt-quatre heures.

A raison de 15 inspirations par minute, de $\frac{1}{2}$ à $\frac{4}{5}$ de litre chacune, l'Homme au repos inspire environ 10 000 litres d'air en vingt-quatre heures, soit 2 000 litres d'oxygène et 8 000 litres d'azote, si l'on néglige les 4 litres d'acide carbonique.

Il absorbe donc $\frac{2\,000}{4} = 500$ litres d'oxygène pur et exhale, au taux de $\frac{4}{100}$, 400 litres d'acide carbonique.

Il importe de remarquer que le volume de ce dernier gaz est, à l'état normal, sensiblement *inférieur au volume d'oxygène absorbé*.

**Théorie de la respiration**. — Le gaz carbonique ($CO^2$) est formé de carbone, emprunté à nos tissus et en provenance des aliments, et d'oxygène, introduit dans l'organisme par l'acte de la respiration.

Or, on sait que ce gaz contient son propre volume d'oxygène, 5 litres d'acide carbonique, par exemple, renfermant 5 litres d'oxygène. Il résulte de là, puisque les 400 litres d'acide carbonique exhalé ne renferment que 400 litres d'oxygène, que 500 — 400 ou 100 litres d'oxygène servent à autre chose qu'à une combustion de carbone : on va voir qu'ils interviennent principalement dans la combustion de l'hydrogène des corps gras.

Toujours est-il que les combustions portent en prépondérance sur le carbone, puisque, à lui seul, il prélève les quatre cinquièmes de l'oxygène absorbé.

Quel est maintenant le *combustible organique*, dont le carbone, en brûlant, fournit l'énergie physiologique?

Excluons dès l'abord les albuminoïdes (gluten, viande), puisque, après un travail musculaire très actif, pendant lequel la respiration peut être trois ou quatre fois plus intense qu'au repos, la quantité de déchets azotés (urée de l'urine,...) n'augmente pas sensiblement, tandis qu'il se dégage trois ou quatre fois plus d'acide carbonique.

Ce dernier résidu ne peut donc provenir que des aliments non azotés (sucres et corps gras).

Or, la combustion complète d'une molécule de glucose donne un volume d'acide carbonique égal au volume d'oxygène employé à cette combustion, l'oxygène servant du reste uniquement à brûler le carbone, puisque l'hydrogène des sucres est à l'état d'eau et par suite brûlé :

$$C^6(H^2O)^6 + 12O = 6CO^2 + (6H^2O).$$

Glucose.   12 vol.   12 vol.

Mais on a vu que le volume d'acide carbonique exhalé est inférieur au volume d'oxygène absorbé : il est donc certain que les combustions respiratoires ne se réduisent pas à une combustion de carbone. En conséquence, une partie de l'oxygène sert à brûler le seul élément combustible autre que le carbone, savoir, l'hydrogène des corps gras, que ces composés renferment en proportion considérable par rapport à l'oxygène (p. 38).

**Résumé.** — En définitive, la respiration consiste :

1° Essentiellement en une *combustion de carbone*, à savoir, d'abord le carbone du glucose, puis seulement le carbone des corps gras ;

2° Accessoirement en une *combustion d'hydrogène* des corps gras.

Le glucose, aliment énergétique par excellence, ne fournit que du carbone à la combustion ; les corps gras, eux, donnent à la fois du carbone et de l'hydrogène.

Les produits de la combustion sont :

1° L'*acide carbonique*, produit principal, qui se dégage et que l'on peut par suite doser ;

2° L'*eau*, qui, aussitôt constituée, se mêle à celle des tissus et dont il n'est pas possible de préciser expérimentalement la quantité.

De ces combustions résultent :

6.

1° L'énergie vitale, nécessaire à l'entretien de la vie cellulaire, c'est-à-dire du *travail d'assimilation* des aliments (p. 5);

2° L'énergie nécessaire au *travail musculaire* (p. 286) et au *travail mental*;

3° Enfin l'énergie mise en liberté à l'état de *chaleur*, qui maintient au degré nécessaire (38 degrés) la température de notre corps (p. 163).

**L'alcool n'est pas un combustible utilisable.** — L'alcool ($C^2H^6O$), absorbé en minime quantité, comme celle qui entre dans la dose ordinaire de vin d'un repas, après avoir agi comme stimulant général du corps, paraît être brûlé dans les tissus, à la manière des aliments proprement énergétiques (sucres, graisse), et converti ainsi, comme eux, en acide carbonique et eau. *Théoriquement*, il est donc possible de soutenir que l'alcool est un aliment respiratoire.

Mais comme la quantité utile de ce composé, tolérée par l'organisme, ne peut engendrer qu'une partie négligeable de l'énergie que nous avons à créer quotidiennement par combustion; comme, en outre, l'action stimulante de l'alcool est promptement suivie d'une action paralysante, dès que ce corps séjourne en excès au contact des tissus — sans préjudice à la longue des lésions organiques qui caractérisent l'alcoolisme (p. 70, 250). — le simple bon sens indique que l'alcool ne saurait être considéré un seul instant, *pratiquement*, comme un combustible organique, et que tout, au contraire, engage à proscrire ce composé de la consommation quotidienne, autrement que sous forme de doses modérées de boissons fermentées, c'est-à-dire de vin, de cidre ou de bière.

Tous ceux qui ont à déployer une grande activité musculaire (cyclistes, alpinistes,...) savent le danger des alcools forts et les remplacent avantageusement, comme stimulants du système **nerveux**, par le café, le thé, la kola (p. 245).

# CHAPITRE VIII

## HYGIÈNE DE LA RESPIRATION

**Nécessité d'une large oxygénation du corps**. — Les combustions intracellulaires étant la source de l'énergie organique, il importe que la respiration s'exerce toujours librement, pour assurer non seulement l'arrivée aux organes de la quantité d'oxygène nécessaire, mais encore pour les débarrasser au fur et à mesure de l'acide carbonique, gaz toxique, issu des combustions.

Or, une grande capacité pulmonaire ne suffit pas à alimenter pleinement les tissus en oxygène : il faut encore un sang riche en globules ; car c'est l'hémoglobine, principe colorant du sang, qui véhicule l'oxygène jusqu'aux organes. C'est précisément faute de globules que les anémiques sont frappés de faiblesse.

**Inconvénients de l'air confiné**. — Le mieux serait de pouvoir toujours respirer l'air libre, chose difficile dans les appartements, même fréquemment ouverts et balayés de temps à autre par un courant d'air ; les meubles et les tentures font obstacle à une ventilation complète.

En quelques heures, une pièce de dimension ordinaire, habitée par plusieurs personnes, est non seulement viciée par l'acide carbonique, mais encore par les poussières et les émanations des appareils de chauffage. De plus, les particules organiques imperceptibles, émanées des voies respiratoires et de la peau, contribuent, en se décomposant, à donner à l'air d'une chambre l'odeur plus ou moins fétide de renfermé.

A la dose de 4/1000, soit 4 litres par mètre cube d'air, l'acide carbonique entrave déjà suffisamment, par sa propre pression, le dégagement du gaz carbonique du sang pour exercer à la longue une action affaiblissante sur l'organisme. Aussi bien, le séjour prolongé dans une atmosphère confinée prédispose-t-il grandement aux maladies contagieuses (tuberculose,...), pour peu que le régime alimentaire y aide par son insuffisance.

Or, en une heure, l'Homme adulte au repos exhale $\frac{400}{24}$, c'est-à-dire au delà de 16 litres d'acide carbonique (p. 100), de quoi vicier profondément 4 mètres cubes d'air. C'est donc, étant données les autres causes de viciation de l'atmosphère, un volume d'air pur beaucoup plus élevé qui doit être mis à la disposition de chaque personne par heure, si l'on veut que la respiration s'exerce pleinement ; on estime ce volume à 10 mètres cubes.

Il n'est pas rare que plusieurs personnes séjournent dans une pièce pendant toute une après-midi, sans même ouvrir les fenêtres. Or, dans une chambre spacieuse, mesurant par exemple 5 mètres de long, 4 de large et 3 de haut, soit 60 mètres cubes d'air, trois personnes exigent pour un séjour de quatre heures, sans nouvelle aération, $10 \times 3 \times 4 = 120$ mètres cubes d'air, c'est-à-dire précisément le double du volume dans lequel elles se tiennent confinées.

A plus forte raison, l'air est-il profondément vicié et alourdi dans les locaux où séjournent quotidiennement des agglomérations (écoles, salles de cours, théâtres). En particulier, on ne saurait trop fréquemment aérer les salles de classe : au bout de quelques heures, elles renferment plusieurs millièmes et jusqu'à un centième d'acide carbonique, au lieu des 3 ou 4 dix millièmes de l'air pur.

*L'asphyxie* qui survient du fait du séjour prolongé d'un animal dans une atmosphère limitée d'air est due à la fois à la raréfaction de l'oxygène et à l'accumula-

tion de l'acide carbonique ; mais c'est ce dernier gaz
qui exerce l'action prépondérante. Si en effet on absorbe
l'acide carbonique du récipient au moyen de la potasse,
la vie d'un Vertébré se prolonge, en s'affaiblissant,
jusqu'à presque épuisement complet de l'oxygène.

Quand la mort est sur le point de survenir dans l'air
confiné, la pression propre de l'acide carbonique équivaut à celle d'une colonne de mercure d'environ 19 centimètres, soit 1/4 d'atmosphère, c'est-à-dire que l'air
renferme alors 25 p. 100 d'acide carbonique, proportion
extrême pour les Mammifères et les Oiseaux.

**Influence de la concentration de l'oxygène.** — Dans
l'air atmosphérique, l'oxygène n'entre que pour 1/5
du volume, et l'azote, gaz inutile à l'organisme, pour
4/5 ; en d'autres termes, la pression propre de l'oxygène n'est que le cinquième de la pression atmosphérique totale.

Or, quand la pression de l'oxygène augmente et devient
par exemple double, ce que l'on réalise en comprimant
l'air à deux atmosphères, c'est-à-dire en réduisant son
volume de moitié, l'intensité de la respiration (p. 100),
chez l'Homme et chez les Vertébrés supérieurs, reste
sensiblement la même que dans l'air atmosphérique.
Il en est de même encore pour une pression d'oxygène
moitié moindre que celle de l'air.

Lorsqu'on respire de l'oxygène pur à la pression
atmosphérique, c'est-à-dire à une pression cinq fois
plus grande que celle de l'oxygène de l'air, ou, ce qui
revient au même, de l'air comprimé à cinq atmosphères,
il y a augmentation notable de la quantité d'oxygène
absorbé et d'acide carbonique dégagé, et cette accéléra-
tion des combustions donne lieu à une sensation de
bien-être, comparable à celle qu'on éprouve, lorsqu'on
passe d'une atmosphère viciée à l'air libre du dehors.
Mais il faut remarquer que la production supplémentaire d'acide carbonique, loin d'être proportionnée à
l'absorption supplémentaire d'oxygène, reste relati-

vement minime ; d'où résulte qu'une partie de l'oxygène, absorbé en excès du fait de l'augmentation de pression, n'est pas employée aux combustions.

Quand la pression de l'oxygène pur atteint 3 ou 3,5 atmosphères, ce qui équivaut à une pression d'air cinq fois plus grande, soit 15 ou 17,5 atmosphères, la partie non consommée de l'oxygène absorbé, qui reste simplement dissoute dans les liquides intérieurs (plasma sanguin et suc cellulaire), devient telle que la vie protoplasmique en éprouve une grave atteinte. Et en effet, les animaux soumis à ces hautes pressions faiblissent vite : leur intensité respiratoire, momentanément exaltée, va ensuite en fléchissant ; leur température s'abaisse, et ils ne tardent pas à succomber.

L'*oxygène en excès*, libre dans les tissus, exerce donc une *action toxique*, comparable en quelque manière à celle d'un excès d'anesthésique (éther) ; car, contrairement à ce qu'on pourrait croire au premier abord, la mort n'est pas imputable à une extrême suractivité des combustions dans les cellules.

**Influence de l'oxygène raréfié.** — Lorsqu'on s'élève sur les hautes montagnes, la quantité d'oxygène absorbée va en diminuant avec la pression de l'air.

Or, malgré cette raréfaction de l'oxygène dans l'organisme, et cela même à plusieurs milliers de mètres d'altitude, les combustions s'exercent encore sensiblement avec la même activité que dans les stations inférieures à pression normale, ce dont témoigne le dégagement d'acide carbonique, qui garde la même intensité.

A la longue, l'organisme compense d'une manière remarquable la raréfaction de l'air des hautes altitudes, en *multipliant le nombre des globules du sang* : de 5 millions par millimètre cube de sang, comme dans l'organisme normal, ce nombre peut s'élever en quelques mois à 7 et 8 millions, ce qui accroît d'autant la capacité d'absorption de l'organisme pour l'oxygène et compense la perte provenant de la diminution de pression de l'air.

Cette multiplication des globules rouges explique le bienfait qu'éprouvent les anémiques, à la suite d'un séjour prolongé dans les stations de montagne.

**Danger de l'oxyde de carbone.** — Parmi les gaz toxiques qui émanent des appareils de chauffage et peuvent se répandre dans les appartements, quand le tirage est insuffisant, le plus redoutable est l'oxyde de carbone (CO), gaz inodore, qui ne diffère de l'acide carbonique que par sa proportion moitié moindre d'oxygène.

Dans les poêles en fonte, où l'on brûle du coke ou de l'anthracite, ce gaz toxique résulte de la réduction de l'acide carbonique, qui prend naissance dans le foyer, lorsqu'il vient au contact des couches supérieures de charbon incandescent.

L'oxyde de carbone, cause de l'asphyxie dans les empoisonnements par les charbons ardents, quand ces derniers brûlent à découvert dans une pièce close, a la propriété de former avec l'hémoglobine une combinaison stable (*carboxyhémoglobine*), qui empêche les globules, ainsi altérés, d'absorber encore dans les poumons l'oxygène dont ils sont les véhicules. De là résulte un ralentissement de l'oxygénation du corps, qui se traduit par des maux de tête, des vertiges et entraîne finalement l'asphyxie complète.

L'exposition à l'air libre et la respiration artificielle (p. 109) sont les seuls moyens dont on dispose pour combattre un commencement d'empoisonnement par l'oxyde de carbone.

**Gymnastique respiratoire.** — On sait que tout travail musculaire est corrélatif d'un accroissement d'intensité de la respiration.

Or, le surcroît d'oxygène absorbé, loin d'être entièrement consommé par les muscles, est distribué par le sang à l'organisme tout entier, au grand bénéfice de la vie générale.

De là le bien-être que procure une promenade au

grand air à la campagne, après un travail sédentaire ;
de là aussi l'excellente santé dont jouissent d'ordinaire
les travailleurs de la terre, comparativement à ceux des
usines, qui respirent un air confiné.

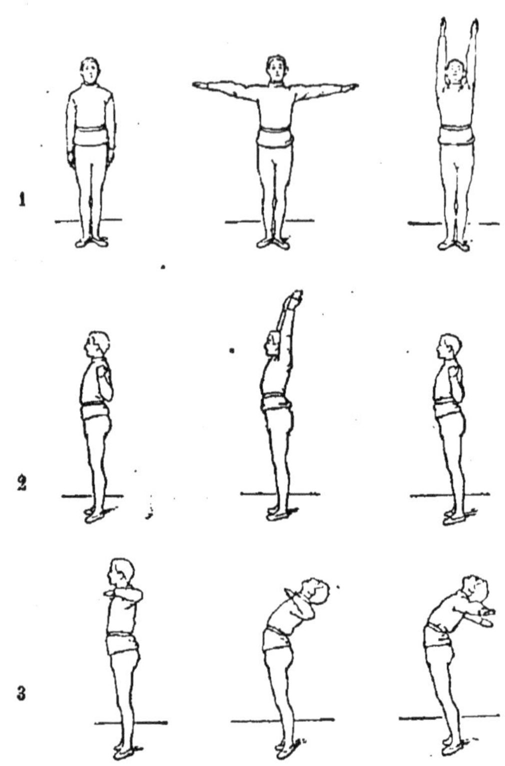

Fig. 95. — Exercices respiratoires. — Inspirer : 1. en élevant les bras horizontalement, ou verticalement en avant; — 2, en élevant les bras verticalement de côté ; — 3, en fléchissant le corps en arrière et étendant simultanément les bras dans la même direction.]

Un exercice favorable à l'ampliation de la cage thoracique et par suite à l'augmentation de la capacité pulmonaire consiste à faire de longues inspirations par le
nez, à retenir pendant quelque temps l'air dans les
poumons, puis à expirer l'air vicié par la voie plus
large de la bouche.

La *gymnastique des bras et du tronc* (fig. 95), rationnellement conduite, favorise de même les mouvements respiratoires. Ainsi, le mouvement horizontal et le mouvement vertical des bras doivent coïncider avec une inspiration, puisqu'ils tendent à soulever les côtes et par conséquent à dilater la poitrine; l'abaissement des bras devra coïncider au contraire avec l'expiration.

Dans le mouvement de circumduction des bras (fig. 96), la période ascendante doit correspondre avec une longue inspiration, et la descente avec une expiration. De même pour la flexion du tronc en arrière (inspiration prolongée) et en avant (expiration).

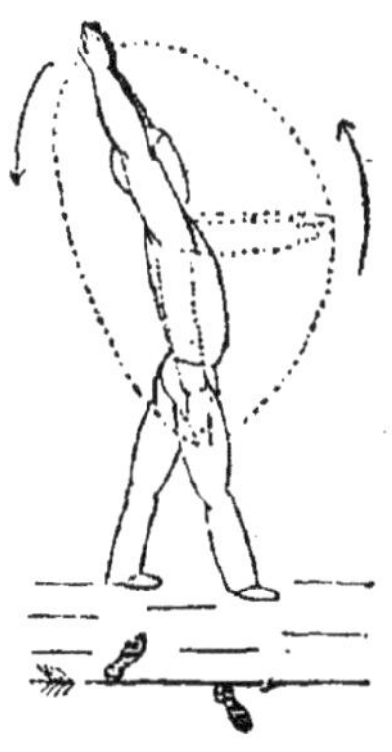

Fig. 96. — Mouvement lent de circumduction des bras; inspiration pendant la montée.

Des exercices de ce genre constituent la *gymnastique respiratoire*; ils doivent être exécutés lentement, longuement, sans efforts excessifs.

Fig. 97. — Manœuvre de la respiration artificielle chez un noyé, par élévation passive des bras.

Pour rappeler à la vie les noyés, on pratique la *respiration artificielle* (fig. 97), en effectuant un simple mouvement de va-et-vient des bras; les *tractions rythmées de la langue* sont aussi d'un grand secours, en ce qu'elles provoquent le réflexe respiratoire, action nerveuse qui émane du bulbe rachidien (p. 238).

### LES BACTÉRIES DE L'AIR : MALADIES DE L'APPAREIL RESPIRATOIRE

**Nombre de Bactéries de l'air.** — Les organes de la respiration sont sujets à diverses affections graves, engendrées par les Bactéries qui y sont introduites avec les poussières de l'air et retenues par les mucosités de la trachée et des bronches.

Dans les villes, une circulation active soulève sans cesse les poussières des rues, qui sont forcément contaminées par des germes morbides de toute sorte, notamment ceux que véhiculent les crachats des tuberculeux.

Le nombre des germes atmosphériques est d'autant plus grand que l'air est plus humide et que sa température se rapproche davantage de 35 degrés, température à laquelle les Bactéries se multiplient le plus rapidement : ce nombre varie, à Paris, de 4 000 *par mètre cube* en hiver à 10 000 et au delà en été. Par exception, après une forte pluie, l'atmosphère se trouve comme filtrée et alors momentanément exempte de poussières.

On voit d'après cela que les Bactéries de l'air sont incomparablement moins nombreuses que celles de l'eau, puisqu'une eau de rivière claire, qui véhicule 100 000 ou 200 000 Bactéries *par litre,* ne compte pas au nombre des plus souillées.

A mesure qu'on s'éloigne des lieux habités, le nombre des Bactéries de l'air va vite en diminuant : dans les montagnes, à partir de l'altitude d'environ 1 000 mètres, de même qu'en pleine mer, l'air peut être considéré comme d'une pureté physique à peu près absolue. C'est ce qu'on vérifie facilement au moyen de ballons à long col, tels que celui de la figure 98, renfermant un bouillon nutritif stérilisé par la chaleur. Ces ballons, fermés à la lampe pendant la dernière période de chauffe, sont exempts de germes, si l'opération a été bien conduite : dans ce cas, le bouillon se conserve indéfiniment clair. Pendant le refroidissement, la vapeur d'eau intérieure se condense et réalise un vide dans le ballon.

Il suffit dès lors de briser la pointe du col, non sans l'avoir préalablement stérilisée, en la passant dans la flamme d'une lampe à alcool, pour que l'air extérieur se précipite en sifflant dans le ballon et ensemence le bouillon, s'il contient des germes ; le col est aussitôt refermé à la lampe. Or, le bouillon, traité de la sorte, reste limpide dans les hautes stations, preuve de la grande pureté de l'air.

Si, au lieu de bouillon, le ballon renferme de la gélatine nutritive, chaque germe introduit avec l'air forme à la surface, en se multipliant, une colonie, qui apparaît sous forme d'une petite tache. En comptant le nombre de ces dernières, on a approximativement le *nombre de Bactéries*, contenues dans le volume d'air qui a pénétré dans le ballon.

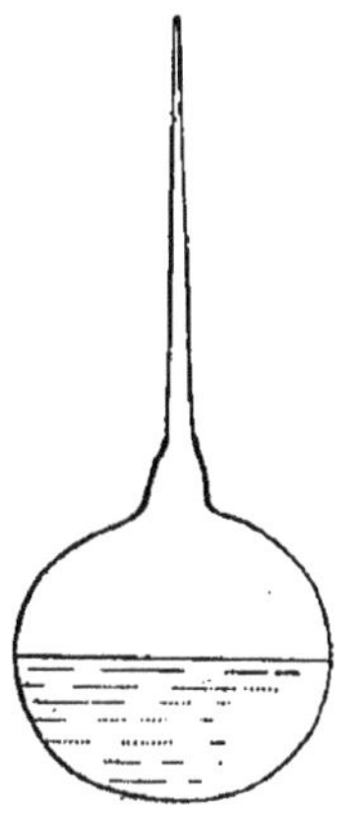

Fig. 98. — Ballon de verre, avec bouillon nutritif. Il a été stérilisé par la chaleur, puis fermé à la lampe; le liquide y demeure intact.

**La tuberculose.** — Les Bactéries nuisibles qui pénètrent quotidiennement dans nos voies respiratoires n'ont heureusement chance de s'y développer que si elles rencontrent un terrain favorable, c'est-à-dire un organisme anémié, incapable de résister à l'assaut des parasites. L'affaiblissement organique, qui prédispose ainsi aux maladies de l'appareil respiratoire, résulte d'ordinaire d'une hygiène défectueuse (alimentation insuffisante, manque d'air et de lumière, alcoolisme,...); dans d'autres cas, il est imputable à l'hérédité.

La plus redoutable des affections pulmonaires est la tuberculose ou phtysie, qui fait en France chaque année environ 140.000 victimes. L'abus de l'alcool sous toutes ses formes (eaux-de-vie, apéritifs, absinthe), en anémiant les tissus, y prédispose singulièrement : de fait, les tuberculeux alcooliques forment la grande majorité (130.00 alcooliques sur 170.000 tuberculeux).

L'agent de la maladie, le Bacille de la tuberculose (fig. 99), donne lieu autour des bronchioles, dans le tissu élastique du poumon, à de petites nodosités, dites *tubercules*, dont les cellules sont envahies par le parasite; ce dernier abonde dans les crachats des malades.

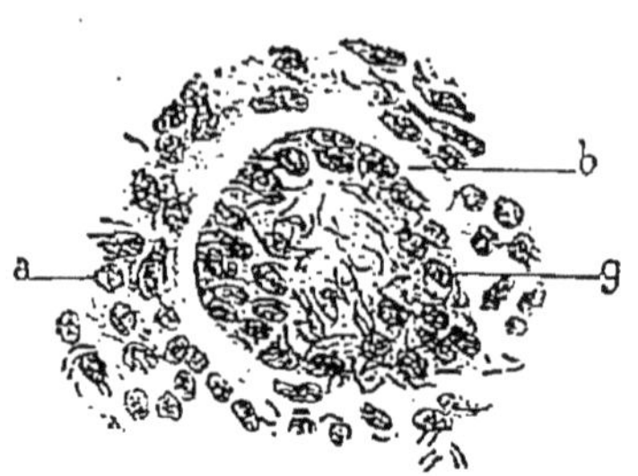


Fig. 99. — *b*, cellule géante d'une lésion pulmonaire tuberculeuse, envahie par les Bacilles; — *g*, ses nombreux noyaux; — *a*, noyaux des cellules périphériques du tubercule, à protoplasme plus ou moins fusionné.

La tuberculose, prise à temps, est une maladie guérissable, dont le traitement relève de la simple hygiène, puisqu'il consiste à vivre au grand air, à se suralimenter (viande, graisse et œufs surtout, avec le lait comme boisson) et à prendre beaucoup de repos, coupé seulement par des promenades ou d'autres distractions.

Pour être rationnelle, l'alimentation des malades doit compenser pleinement les pertes surélevées de l'organisme en voie de consomption, et, de ce fait, être d'environ un tiers plus abondante qu'à l'état normal.

L'air extérieur doit avoir libre accès dans les chambres pendant la nuit, même par les grands froids.

Enfin les crachats doivent être expectorés, non à terre, mais dans des crachoirs, qui sont périodiquement stérilisés par la chaleur.

Dans ces conditions, les tubercules naissants se cicatrisent, et le malade revient progressivement à la santé. En vue de ce traitement, divers sanatoriums ont été installés en pleine campagne, dans des endroits isolés et de préférence sur des points élevés; mais ils sont encore bien insuffisants pour recevoir le grand nombre de malades qui manquent des ressources indispensables pour se soigner eux-mêmes convenablement à la campagne, quand même ils ne sont pas entièrement indigents.

La *tuberculose bovine* peut se transmettre à l'Homme par le lait, en provenance de Vaches contaminées; il est donc prudent de ne boire le lait que stérilisé, tout au moins par une courte ébullition (p. 72).

Malgré diverses recherches encourageantes, le vaccin antituberculeux n'a pas encore pu être obtenu.

**La diphtérie.** — La diphtérie (*croup, angine laryngienne*) est une maladie éminemment contagieuse, qui sévit surtout chez les enfants et dont l'agent actif, le

Fig. 100. — Bacille diphtérique, cultivé en sérum (gross. : 1.000).

Bacille diphtérique (fig. 100), siège à l'entrée des voies respiratoires, dans le larynx.

Une forme atténuée de cette affection est la *diphtérie pharyngienne*, dite encore *angine couenneuse*.

La muqueuse malade se couvre d'une sorte de fausse membrane, qui consiste en une agglomération de Bacilles infectieux, unis entre eux par une substance gélatineuse, exsudée de la muqueuse enflammée.

La *toxine diphtérique*, sécrétée par les Bacilles, se répand du point d'origine dans le sang et exerce une action paralysante sur les muscles respirateurs : de là des crises d'étouffement, qui vont vite en s'aggravant et ne tardent pas à emporter le malade. On peut heureusement combattre aujourd'hui cette terrible maladie par l'inoculation d'un vaccin curatif.

On cultive le Bacille diphtérique en matras (fig. 123), en déposant à la surface du bouillon préalablement stérilisé un fragment de fausse membrane : le liquide se charge peu à peu de toxine.

*Vaccination antidiphtérique.* — La diphtérie est le type des maladies dont le traitement relève de l'intervention des *sérums*.

Le sérum antidiphtérique est fourni par le sang du Cheval, soumis préalablement au traitement suivant.

Chaque jour, pendant environ un mois, on inocule sous la peau de l'animal une quantité déterminée de toxine diphtérique, qui n'est autre qu'une culture virulente du Bacille, préalablement filtrée sur porcelaine, ce qui la débarrasse de tout germe : l'organisme du Cheval offre l'avantage de supporter sans inconvénient de fortes doses de ce poison.

Or, la toxine inoculée provoque une réaction remarquable. Sous son excitation, les tissus sécrètent une sorte de contre-poison, nommé *antitoxine*, qui non seulement empêche la toxine inoculée d'exercer ultérieurement son action nuisible, mais encore confère au plasma sanguin dans lequel il est en dissolution des propriétés vaccinales contre le croup. Le Cheval est alors, comme l'on dit, immunisé.

Il suffit dès lors de prélever périodiquement par la veine jugulaire de petites quantités de sang, un litre par exemple, qu'on abandonne à la coagulation dans des conserves stérilisées spéciales (fig. 101), qui le reçoivent au sortir même de la veine. Les globules gagnent peu à peu le fond ; la fibrine, dont la coagulation est tardive chez le Cheval, forme une couche grise à la surface, au lieu d'être entraînée avec les globules à l'état de caillot. Quant au liquide intermédiaire jaunâtre, il n'est autre que le vaccin ou *sérum antidiphtérique*, que l'on transvase par le siphon *dd'* dans de petits flacons.

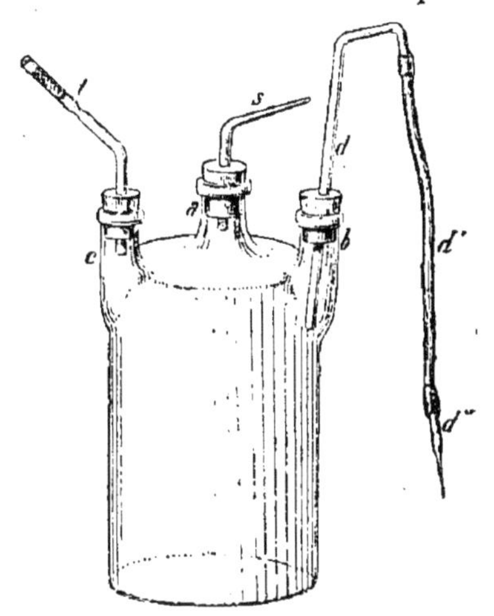

Fig. 101. — Conserve à trois tubulures pour le sérum sanguin. — *t*, tube ouvert, avec tampon d'ouate ; — *s*, tube dont la pointe est brisée, puis plongée dans le vaisseau ; — *dd'*, siphon, fermé par le tube *d"*.

Une inoculation de vingt centimètres cubes de ce sérum antitoxique, pratiquée dans la peau du ventre chez l'enfant atteint de croup, se traduit vite par un abaissement de la température de fièvre, en même temps que la respiration devient plus régulière. Peu de temps après, les fausses membranes se détachent et sont expectorées, et la guérison s'achève régulièrement.

Parfois une seconde inoculation de vaccin est nécessaire. Il importe surtout de pratiquer le traitement, dès après que le croup s'est déclaré.

*Autres sérums.* — Par une méthode analogue à la précédente, et de même par l'intermédiaire de l'organisme très résistant du Cheval, on a pu obtenir le *sérum antityphoïque*, vaccin de la fièvre typhoïde.

On connaît aussi le *sérum antivenimeux*, efficace contre les morsures des Vipères et autres Serpents venimeux : dans ce cas, c'est l'inoculation graduée de venin au Cobaye qui charge son sang d'antitoxine.

# CHAPITRE IX

## APPAREIL CIRCULATOIRE

***Définition.*** — Les organes de la circulation forment
tous ensemble un appareil clos, dans lequel circule
incessamment le sang (sang rouge et lymphe), liquide
nourricier de l'organisme.

C'est le sang qui transporte les produits de la digestion, ainsi que l'oxygène atmosphérique, aux diverses
cellules de notre corps, comme il véhicule aux glandes
excrétrices (poumons, reins, ...) les produits de désassimilation (acide carbonique, urée, ...), élaborés par
ces mêmes cellules et destinés à être éliminés.

I. — L'appareil circulatoire comprend (fig. 102) :

1° Le *cœur*, muscle creux, dont les contractions
rythmiques assurent la progression du sang ;

2° Les *artères* (*a*), vaisseaux qui conduisent aux
organes le sang rouge ou sang artériel, vivifié par son
passage dans les poumons ;

3° Les *vaisseaux capillaires* (*o*), réseau complexe de
vaisseaux microscopiques, provenant de la ramification répétée des artères au sein des organes ; dans les
capillaires, le sang rouge, en nourrissant les tissus,
se change en sang noir, appauvri en aliments et en
oxygène et chargé d'acide carbonique et autres déchets ;

4° Enfin les *veines* (*v*), vaisseaux qui ramènent le sang
noir des organes au cœur, d'où une impulsion nouvelle
le lance dans les capillaires pulmonaires, aux fins
d'hématose ou échange gazeux.

II. — Au système veineux se rattache le *système lym-*

*phatique*, ensemble de vaisseaux à sang incolore, la *lymphe*, qui prennent naissance, sous forme de capillaires indépendants, dans tous les organes (fig. 117, *h*) et déversent en définitive leur contenu dans le système veineux (fig. 110, *o*), comme il a déjà été dit pour les chylifères (*g*) ou lymphatiques de l'intestin (p. 85.)

**1° Cœur.** — Le cœur, organe essentiel de l'appareil circulatoire, est placé dans la poitrine entre les poumons. Sa forme générale est celle d'un cône renversé, dont l'axe est dirigé obliquement, de haut en bas, vers la gauche et en avant; sa pointe confine à la paroi thoracique, dans l'espace intercostal compris entre la cinquième et la sixième côtes, un peu en dedans du mamelon gauche. Sa longueur est d'environ 10 centimètres; son poids moyen de 270 grammes.

A la surface du cœur rampent les vaisseaux nourriciers propres de l'organe, savoir, les *artères* et les *veines coronaires*.

Fig. 102.— Schéma de l'appareil circulatoire. — *o, o'*, oreillettes; — *vg, vd*, ventricules; — *a*, artères; — *v*, veines; — *ap*, artère pulmonaire; — *vp*, veines pulmonaires; — O, capillaires des organes; — P, capillaires des poumons. — Les flèches indiquent le cours du sang.

Une membrane close, le *péricarde* (fig. 104, *bd*), de
même conformation que les plèvres, enveloppe le
cœur : la sérosité qu'elle renferme empêche le frottement du cœur contre les organes adjacents, pendant
ses mouvements de contraction et de dilatation. Sur

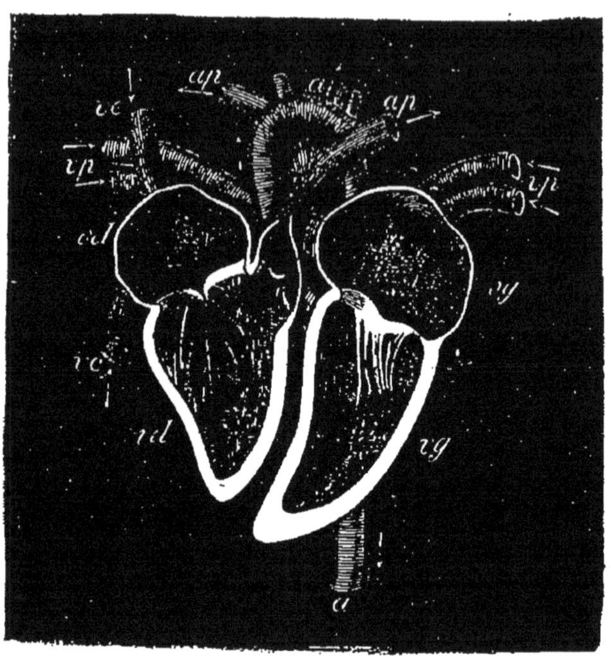


Fig. 103. — Cœur (ses deux moitiés séparées) et vaisseaux adjacents. — *od*,
*og*, oreillettes, droite et gauche ; — *vd*, *vg*, ventricules ; — *vp*, veines pulmonaires ; — *vc*, veines caves ; — *ap*, artère pulmonaire ; — *a*, aorte. — A
droite, on voit, de face, l'une des deux lames de la valvule mitrale, avec
ses filaments tendineux d'attache au ventricule.

les côtés, le feuillet extérieur du péricarde est uni au
feuillet extérieur des plèvres ; en bas, il confine au
diaphragme. Grâce à leurs membranes séreuses, les
poumons et le cœur exécutent leurs mouvements aussi
librement que s'ils étaient entièrement isolés.

Le cœur (fig. 103) est subdivisé par une cloison longitudinale complète en deux parties sensiblement égales,
dites *cœur droit* et *cœur gauche*. Le cœur droit reçoit le

sang noir des organes et le transmet aux poumons ; le cœur gauche reçoit le sang rouge ou sang hématosé, retour des poumons et le lance dans les organes.

A son tour, chaque moitié du cœur comprend une *oreillette* ou *auricule* en haut et un *ventricule*, dont la paroi est surtout épaisse à la pointe du cœur ; ces deux parties communiquent entre elles par un large orifice. La surface intérieure du cœur, surtout celle des ventricules, est relevée de nombreuses saillies irrégulières, dites *colonnes charnues*.

*Valvules*. — Chaque orifice auriculo-ventriculaire est bordé de lames blanchâtres élasti-ques, qui pendent dans le ventricule (fig. 105, *a*) et y sont retenues par de nombreux filaments, eux-mêmes tendineux, qui s'insèrent aux colonnes charnues. Ensemble ces lames constituent une *valvule* : la valvule de gauche n'est formée que de deux lames, qui se font face (*valvule mitrale*); celle de droite en comprend trois (*valvule tricuspide*).

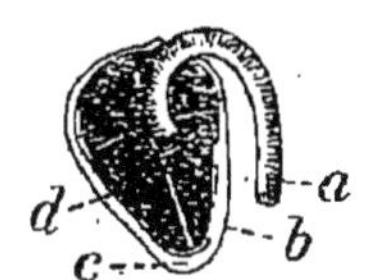

Fig. 104. — Cœur et aorte (*a*). — *b*, *d*, les deux feuillets du péricarde; — *c*, liquide péricardique.

Ces dispositifs servent à empêcher le sang des ventricules de remonter dans les oreillettes, quand se produit la contraction des ventricules. A ce moment, les lames valvulaires se joignent bord à bord sous la poussée du sang, tout en restant retenues par les filaments élastiques, et toute communication avec les oreillettes est interceptée ; le sang n'a alors d'issue que par les artères.

**Vaisseaux en rapport avec le cœur.** — On nomme *artères* les vaisseaux sortant des ventricules, et *veines* ceux aboutissant aux oreillettes.

Les veines (sang noir à droite, sang rouge à gauche) déversent le sang dans les oreillettes ; celles-ci le transmettent aux ventricules, qui, à leur tour, le lancent dans les artères. Une fois dans les artères, il ne peut plus refluer vers le cœur : une valvule, dite *sigmoïde* (fig. 103, à l'origine de *ap*), formée de trois replis en forme de goussets (comme fig. 111), garnit l'entrée de l'artère et l'oblitère, par gonflement et juxtaposition des lames, dès que le sang tend à refluer vers les ventricules.

Du ventricule gauche part l'*artère aorte* (fig. 103, *a*), dont les ramifications constituent les artères nourricières de tous les organes sans exception ; du ventricule droit part l'*artère pulmonaire* (*ap*), qui porte aux capillaires des poumons le sang noir, chargé d'acide carbonique.

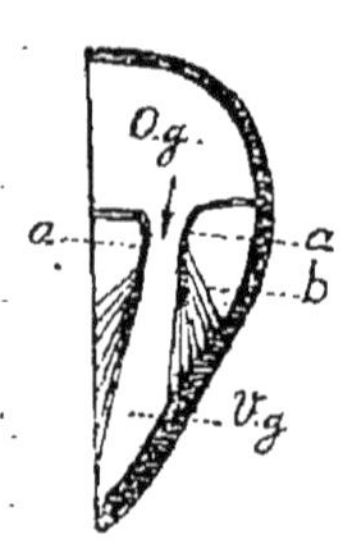

Fig. 103. — Cœur gauche. — *Og*, *Vg*, oreillette et ventricule ; — *aa*, coupe des lames de la valvule mitrale ; — *b*, leurs filaments tendineux.

A l'oreillette droite aboutissent les deux *veines caves* (*vc*), confluents de toutes les veines nourricières des organes, qui transportent le sang noir ; dans l'oreillette gauche débouchent les quatre *veines pulmonaires* (*vp*), qui y déversent le sang hématosé, issu des poumons.

On voit que le sang ne peut passer du cœur droit dans le cœur gauche (fig. 102) que par l'intermédiaire du *système de la circulation pulmonaire* [artère pulmonaire, capillaires pulmonaires (*P*) et veines pulmonaires] : dans ce système, l'artère, par exception, charrie du sang noir, et les veines du sang rouge.

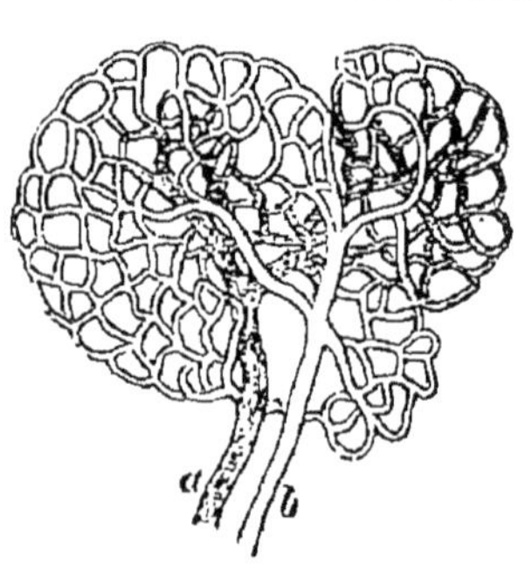

Fig. 106. — *a*, *b*, artériole et veinule, reliées par un réseau de capillaires.

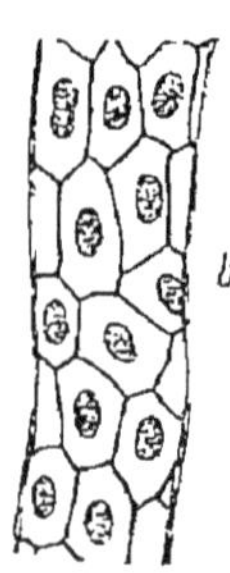

Fig. 107. — Vaisseau capillaire très grossi : on voit les cellules aplaties formant sa paroi.

De même, le sang ne passe du cœur gauche au cœur droit qu'après avoir parcouru le *système de la grande circulation* (*aOv*) ou système nourricier des organes (aorte, capillaires généraux et veines caves) : dans ce système, les artères sont normales, c'est-à-dire conduisent le sang rouge, et les veines le sang noir.

*Paroi musculaire du cœur.* — Les *fibres musculaires* dont se compose la paroi du cœur (*muscle cardiaque*) rappellent les fibres des muscles locomoteurs (fibres striées, p. 280); mais elles sont entièrement involontaires. De plus, au lieu d'être disposées parallèlement, elles sont associées en un réseau complexe et très résistant (fig. 108).

Ajoutons que certaines traînées de fibres sont communes aux deux ventricules, qu'elles contournent par la pointe du cœur, et d'autres aux deux oreillettes; ces *fibres unitives* expliquent pourquoi la contraction des deux ventricules est simultanée, de même que celle des deux oreillettes.

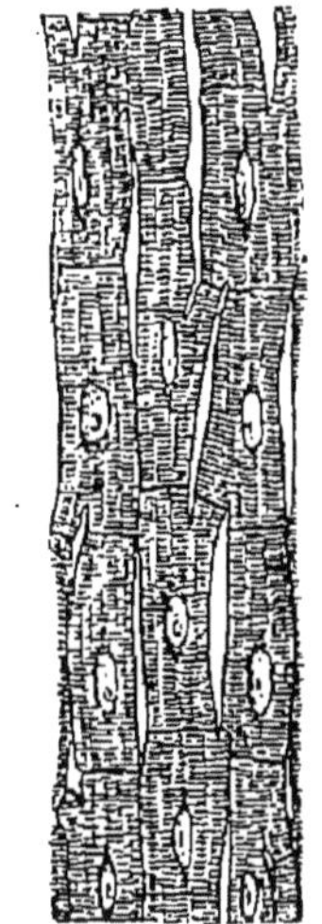

Fig. 108. — Fibres musculaires striées du cœur, associées en réseau.

**2° Artères et veines.** — Tout organe est desservi par une branche de l'aorte (fig. 205), qui est son *artère nourricière*. Dans les artères, la paroi est remarquable par sa grande élasticité ; comme telle, elle exerce une action efficace sur le cours du sang (p. 136).

Sur la crosse de l'aorte, on remarque les deux *artères sous-clavières*, destinées aux bras, et les deux *artères carotides*, qui alimentent la tête et le cou.

L'aorte descendante (fig. 109, *A*) donne les *artères bronchiques*, qui nourrissent les poumons; les nombreuses *artères intercostales ;* puis les *artères stomachique* (estomac), *hépatique* (foie) et *splénique* (rate), issues toutes trois d'un tronc très court de l'aorte, le *tronc cœliaque* (*c*); les *artères rénales* (*p*) ; les *artères mésentériques* (*Mi*), nourricières de l'intestin.

Au niveau du bassin, l'aorte se bifurque en les deux *artères iliaques*, qui se distribuent aux membres inférieurs.

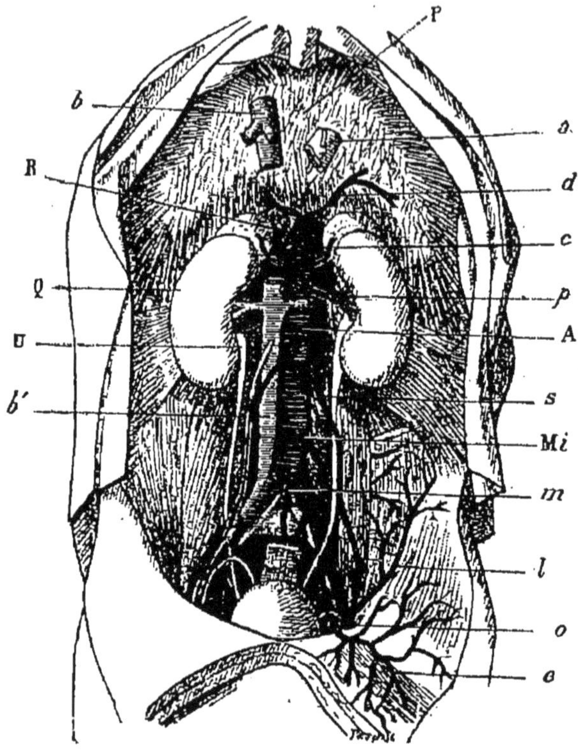

Fig. 109. — Branches de l'aorte descendante sous-diaphragmatique. — P, diaphragme, vu en dessous ; — *b*, *b'*, veine cave inférieure ; — R, réservoir lymphatique de Pecquet ; — Q, rein ; — U, uretère ; — *e*, artère épigastrique, branche de l'artère iliaque, ramifiée dans la paroi de l'abdomen ; — *o*, orifice interne du canal inguinal ; — *l*, artère circonflexe iliaque ; — *m*, artère sacrée moyenne ; — Mi, artère mésentérique inférieure ; — A, aorte abdominale ; — *p*, artère rénale ; — *c*, tronc cœliaque ; — *d*, artère diaphragmatique inférieure ; — *a*, œsophage avec les deux nerfs pneumogastriques.

Les artères cheminent dans la profondeur des organes ; celles des membres sont appliquées contre les os. Par exception, l'artère radiale, branche de la sous-clavière, passe au poignet à proximité de la peau, ce qui permet de percevoir à ce niveau les pulsations ou dilatations artérielles.

Les *veines* sont des vaisseaux flasques, et non plus élastiques comme les artères; elles suivent les artères correspondantes dans la profondeur des organes (fig. 129, *a*, *vc*) et portent d'ordinaire le même nom. Outre le réseau des *veines profondes* (veines iliaques ou des membres inférieurs; veines sous-clavières ou des bras; veines jugulaires ou du cou; ...), il existe un *réseau veineux sous-cutané*, qui se dessine à travers la peau sous forme de cordons bleuâtres, très apparents sur le dos de la main. Ces veines superficielles, une fois rassemblées, se jettent dans les veines profondes voisines.

Les veines s'unissent entre elles de proche en proche et aboutissent en définitive aux deux grands collecteurs de la veine cave inférieure (pour les veines sous-diaphragmatiques) et de la

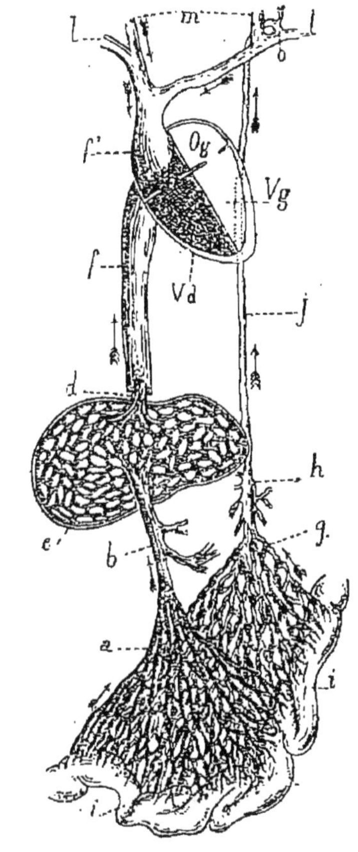

Fig. 110. — Veines et vaisseaux lymphatiques. — *i*, intestin grêle; — *a*, veines intest.; — *b*, veine porte; — *c*, capillaires dans le foie; — *d*, veine hépatique; — *f*, veine cave inf.; — *g*, vaisseaux chylifères; — *h*, citerne de Pecquet; — *j*, canal thoracique; — *o*, son débouché dans *l*, veine sous-clavière gauche; — *m*, veines jugulaires; — *l*, veines sous-clavières; — *f'*, veine cave sup.; — *Og*, oreillette gauche; — *Vg*, *Vd*, ventricules.

veine cave supérieure (pour les veines de la tête, du cou, des bras), qui déversent le sang noir dans l'oreillette droite (fig. 110, *f*, *f'*).

Par exception, les veines intestinales (fig. 110, *a*), au lieu de rejoindre directement la veine cave inférieure, pénètrent dans le foie (au même point que l'artère hépatique), sous la forme d'un tronc unique, nommé *veine porte* (*b*). En se capillarisant dans le foie, la veine porte assure l'exercice de la *fonction glycogénique* (p. 66) ; après quoi seulement, le sang qu'elle véhicule est déversé dans la veine cave inférieure (*f*).

Le système veineux a une capacité sensiblement double de celle du système artériel, ce qui explique que tout le sang du corps puisse se loger dans les veines après la mort, d'autant mieux que ces vaisseaux sont flasques et extensibles.

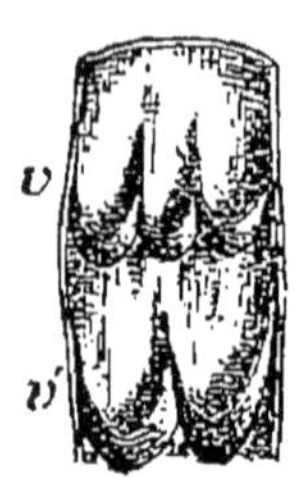

Fig. 111. — Veine ouverte. — *v*, valvule à trois replis; — *v'*, valvule à deux replis, figurés gonflés par le sang, qui ne peut circuler que de bas en haut.

*Pression artérielle et veineuse.* — Pendant l'état de vie, les artères contiennent en tout temps une quantité de sang supérieure à celle qui correspond à leur calibre de repos, en sorte qu'elles sont toujours plus ou moins distendues. Etant très élastiques, elles exercent sur le sang une notable pression, qui ne peut que favoriser la progression du liquide nourricier, tandis que dans les veines la pression de la paroi est négligeable.

Pour obvier à l'inconvénient du manque de pression dans le système veineux, principalement dans la veine cave inférieure, où le sang, cheminant de bas en haut, a une tendance à refluer vers les capillaires, la paroi des veines offre de distance en distance une *valvule sigmoïde* (fig. 111), à deux ou trois replis en forme de gousset, qui se gonflent et s'adossent les uns contre les autres, lorsque le sang vient à stagner momentanément, ce qui interdit le retour en arrière.

La tendance au reflux vers les capillaires est surtout marquée lors d'une expiration prolongée; car alors la pression de l'air contenu dans la poitrine augmente notablement. Au contraire, une inspiration prolongée, en diminuant la pression intrathoracique, facilite le retour du sang noir dans l'oreillette droite.

Les artères ne renferment pas de valvules, exception faite de la valvule sigmoïde, qui borde l'orifice de l'aorte et celui de l'artère pulmonaire (p. 119).

**3° Vaisseaux capillaires.** — Les capillaires forment un réseau extrêmement complexe, répandu dans les espaces intercellulaires des organes (fig. 106). Seuls, l'épiderme et les épithéliums en sont dépourvus; d'où résulte que la nutrition de ces tissus est assurée par les capillaires du derme-adjacent.

Le diamètre des vaisseaux capillaires varie de un à deux centièmes de millimètre. Leur paroi se réduit à une simple assise de cellules aplaties, intimement unies entre elles (fig. 107); cette assise fait suite à celle qui tapisse intérieurement les artères et les veines, ainsi que le cœur.

C'est cette mince paroi des capillaires que doivent traverser les principes nutritifs, ainsi que l'oxygène, pour pénétrer dans l'intérieur des cellules qui les mettent en œuvre, comme les déchets élaborés par ces mêmes éléments la franchissent pour passer dans le sang.

**4° Système lymphatique.** — Les *vaisseaux lymphatiques* (fig. 112) naissent dans tous les organes

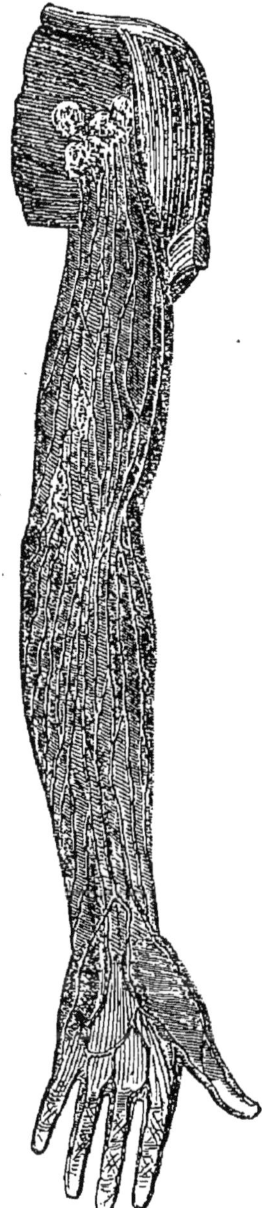

Fig. 112. — Ganglions axillaires et vaisseaux lymphatiques superficiels du membre supérieur gauche.

par des capillaires clos, distincts de ceux des artères et des veines; ils sont peu apparents, en raison de la transparence de la *lymphe* ou sang incolore qu'ils contiennent.

Leur surface est irrégulière, et non unie comme celle des vaisseaux à sang rouge; en outre, de distance en distance, ils offrent des nodosités de texture spongieuse, dites *ganglions lymphatiques*, dans lesquels s'opère la *multiplication des globules blancs*, que la lymphe charrie incessamment dans les veines.

Des valvules sigmoïdes semblables à celles des veines (fig. 111) s'opposent au reflux de la lymphe vers les capillaires : ce reflux tend, par exemple, à se produire, lors d'une contraction musculaire; car cette dernière donne lieu à une compression des vaisseaux.

Comme les veines, qu'ils accompagnent, les lymphatiques se subdivisent en *lymphatiques superficiels* ou sous-cutanés, qui portent de volumineux ganglions, reconnaissables, à la simple pression du doigt, à l'aîne, à l'aisselle (fig. 112), au cou, etc., et en *lymphatiques profonds* (fig. 113).

Les lymphatiques de l'intestin (fig. 110, *g*) ont pour fonction spéciale, outre leur rôle de lymphatiques, de transporter dans l'économie les produits de la digestion, absorbés par les villosités, en particulier les graisses émulsionnées. Le mélange blanchâtre de lymphe et de graisse a reçu le nom de *chyle* ; d'où l'autre nom de *chylifères*, donné aux lymphatiques intestinaux.

**Débouchés du système lymphatique**. — Les lymphatiques de l'abdomen et des membres inférieurs, ceux de la moitié gauche de la poitrine, du cou et de la tête, ainsi que ceux du bras gauche, se jettent tous dans un tronc unique très étendu, le *canal thoracique* (fig. 110, *j*). Ce collecteur qui commence au-dessous du diaphragme par une sorte de sac lymphatique (*h*), longe la colonne vertébrale (fig. 113, *1*) et se jette dans la veine sous-clavière gauche, au point (2) où cette veine reçoit la veine du cou ou veine jugulaire.

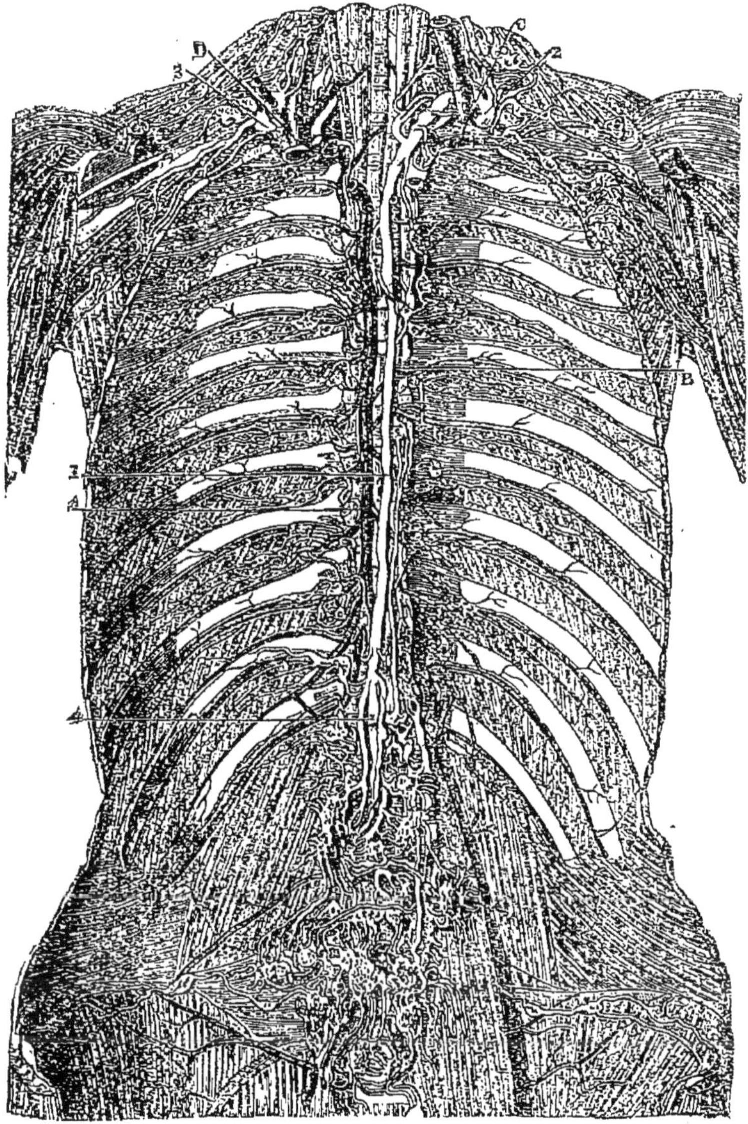

Fig. 113. — Débouchés du système lymphatique. — 1, canal thoracique ; — 2, son embouchure dans la veine sous-clavière gauche C ; — 4, citerne de Pecquet et ganglions abdominaux ; — 3, grande veine lymphatique, débouchant en D, veine sous-clavière droite ; — A, veine azygos, confluent des veines lombaires et intercostales.

Les lymphatiques des autres parties du corps (bras droit,...) se réunissent en un tronc gros et court, nommé *grande veine lymphatique*. qui déverse la lymphe dans la veine sous-clavière droite (fig. 113, *3*.)

En définitive, donc, la lymphe tout entière, avec ses globules blancs multipliés dans les ganglions et ses déchets organiques, se trouve ainsi déversée dans le système veineux (fig. 117, *o*). Les globules blancs paraissent destinés à se métamorphoser ultérieurement en globules rouges, qui remplacent ceux usés, détruits dans le foie (p. 64).

# CHAPITRE X

## LE SANG. — CIRCULATION DU SANG

### I. — Composition du sang

**Globules et plasma**. — Le sang peut être considéré comme un tissu, dont les cellules flottent librement
dans un liquide. Les cellules se nomment *globules* du
sang ; le liquide, *plasma*. Un Homme adulte renferme environ cinq litres de sang.

Les globules sont de deux sortes : les *hématies* ou
globules rouges et les *leucocytes* ou globules blancs.
Ces derniers existent seuls dans la lymphe ; ils sont très
nombreux aussi dans la rate, qui est comme un gros
ganglion lymphatique. Dans le sang, au contraire, les
globules blancs sont très clairsemés, du moins chez les
personnes en état de santé.

I. **Globules rouges**. — Chez l'Homme, les globules
rouges (fig. 114, *a-d*) sont de *petits disques circulaires
biconcaves*, de 7 à 8 millièmes de millimètre de diamètre ; leur contenu protoplasmique, d'aspect homogène, paraît uniformément imprégné *d'hémoglobine*,
principe rouge du sang. Le noyau manque aux globules adultes des Mammifères ; mais il existe dans les
globules jeunes, tels que ceux de la rate, organe élaborateur de globules rouges.

Pour observer au microscope des globules du sang,
il faut délayer une goutte de sang pur (où les globules
se touchent) dans quelques centimètres cubes d'eau

légèrement salée (7 gr. 5 par litre); dans ce liquide, les globules se trouvent en équilibre osmotique, comme dans le plasma. Selon la mise au point, le centre paraît clair (*a*) ou obscur (*c*). L'eau pure, trop fortement absorbée, altère rapidement les globules : leur contour y devient crénelé ; après quoi leur substance difflue.

L'*hémoglobine*, principe essentiel du sang, est un composé de l'ordre des albuminoïdes, remarquable par la présence du *fer*. Elle est soluble dans l'eau, dans l'éther; insoluble dans l'alcool concentré.

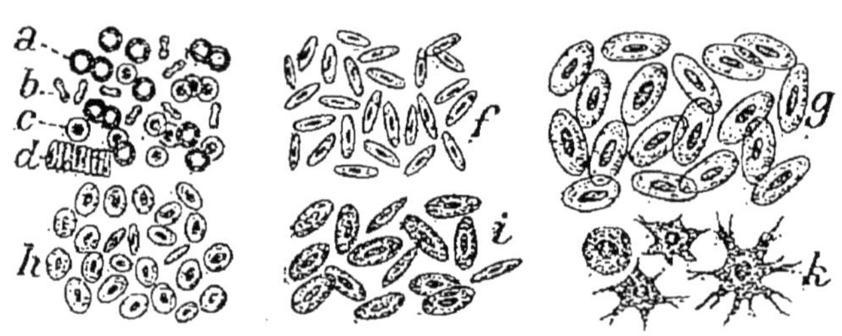

Fig. 114. — *a-i*, globules rouges du sang; — *a*, globules rouges de l'Homme, de face, le microscope étant mis au point pour le centre (bord obscur); — *c*, les mêmes, mis au point pour le bord (centre obscur; pas de noyau); — *bd*, profil. — *f*, Pigeon; — *i*, Lézard; — *g*, Grenouille ; — *h*, Carpe; — *k*, globules blancs, dont un au repos et trois en mouvement (gross. : 250). — Les globules d'Ovipares (*f* à *i*) ont toujours un noyau net.

En agitant vivement dans un ballon un mélange de sang et d'éther, et en plongeant ensuite le tout dans la glace, on obtient de petits cristaux d'hémoglobine, sous forme de tablettes ou d'aiguilles.

La propriété caractéristique de l'hémoglobine est sa *grande avidité pour l'oxygène atmosphérique* : dans les capillaires pulmonaires, elle absorbe ce gaz énergiquement, en formant avec lui un composé instable, dit *oxyhémoglobine*, que les globules transportent aux organes par la voie des artères. Dans les capillaires des tissus, l'oxyhémoglobine se décompose en oxygène, incessamment aspiré et consommé par les cellules, et en hémoglobine, qui se charge à nouveau d'oxygène, lors de son prochain passage dans les poumons.

Grâce à l'hémoglobine, la puissance d'absorption de l'organisme pour l'oxygène est considérable, par rapport à celle d'un être à sang incolore, c'est-à-dire d'un Invertébré : aussi les combustions énergétiques sont-elles très intenses dans nos tissus.

L'*oxyde de carbone* est un poison violent pour les globules rouges (p. 107).

A l'état normal, le sang humain renferme environ 5 millions de globules rouges par millimètre cube ; ce nombre peut descendre à 3 et même à 2 millions chez les anémiques, ce qui entraîne la pâleur, des vertiges, des palpitations, etc. On favorise la reconstitution des globules rouges par une nourriture substantielle et des médicaments ferrugineux, le fer entrant dans la composition de l'hémoglobine ; parmi ces derniers, l'un des plus efficaces est l'hémoglobine elle-même, extraite du sang de Bœuf et administrée sous forme de dragées.

Le séjour sur les hautes montagnes est aussi de nature à provoquer une multiplication notable des globules rouges (p. 106).

II. **Globules blancs : phagocytose.** — Les leucocytes (fig. 115) sont des cellules incolores à structure normale,

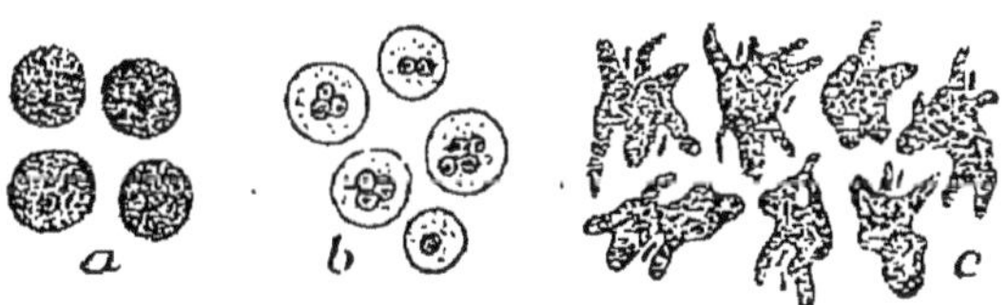

Fig. 115. — *a*, globules blancs au repos ; — *b*, leurs noyaux rendus apparents par une coloration appropriée ; — *c*, leurs mouvements amiboïdes avec englobement de microbes.

c'est-à-dire à protoplasme granuleux et à noyau apparent. Ils existent non seulement dans le sang, mais dans les interstices du tissu conjonctif, par exemple dans le derme de la peau. Leur diamètre ($0^{mm}$,009) est à peine supérieur à celui des globules rouges.

Les globules blancs naissent dans les ganglions lymphatiques (fig. 112) et dans la rate. Mêlés à la lymphe, ils sont déversés dans le sang, où ils paraissent évoluer en globules rouges. Lorsqu'ils subsistent en excès dans le sang, il y a *leucémie*, affection distincte de l'anémie, mais entraînant comme elle la pâleur, et de plus un affaiblissement général.

Les leucocytes sont remarquables par leur déformabilité (fig. 115, *c*) : ils émettent tout autour d'eux des prolongements irréguliers, à la manière des Amibes (Protozoaires). A la faveur de leurs mouvements amiboïdes, ils peuvent, en rapprochant leurs pseudopodes, englober des corpuscules étrangers, notamment des Bactéries (fig. 116), et les détruire par attaque chimique; en cela, ils préservent efficacement le corps contre les atteintes de certains germes contagieux.

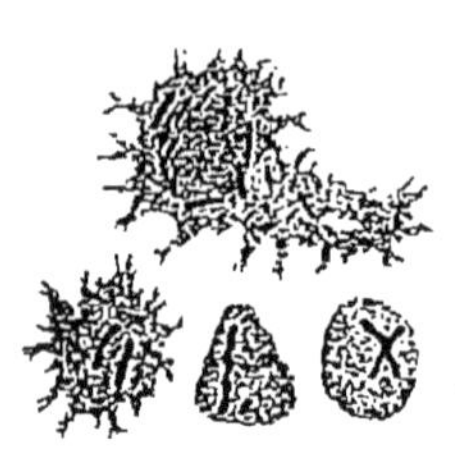

Fig. 116. — Bacilles d'un foyer gangréneux, englobés par des phagocytes (globules du pus).

Ainsi, lorsqu'on injecte dans la peau du Chien quelques gouttes d'une culture virulente du Bacille du charbon (p. 141), les globules blancs qui circulent dans le derme se rassemblent au point lésé, englobent et détruisent les Bacilles et confèrent ainsi à l'animal une précieuse immunité contre le charbon.

En tant que *destructeurs de microbes* et par suite agents *préservateurs de l'organisme*, les globules blancs portent le nom de *phagocytes*.

Toutefois, la fonction de *phagocytose* n'est pas générale. C'est ainsi que, chez le Mouton, le Bacille du charbon, inoculé dans la peau, se développe d'ordinaire librement et provoque promptement l'infection et la mort (p. 140).

III. **Plasma**. — Le plasma sanguin représente une dissolution d'albumine et de sels minéraux alcalins (chlorure, phosphate et carbonate de sodium). Il a pour fonction de véhiculer les aliments, ainsi que les produits de désassimilation (urée, ...).

Les gaz du plasma sont : l'acide carbonique, très soluble dans l'eau, et l'azote, qui l'est au contraire fort peu ; ce dernier gaz, inutilisable à l'état libre par les tissus, subsiste en permanence dans le sang, mais en minime proportion.

Outre l'albumine, très abondante, le plasma sanguin renferme une petite proportion d'un autre principe azoté, le *fibrinogène*, qui se transforme hors du corps en fibrine, composé insoluble de consistance gélatineuse et qui, mêlé aux globules, forme le *caillot* : c'est là le phénomène de la *coagulation du sang*.

Le liquide jaunâtre qui se sépare du caillot et surnage est le *sérum*, qui ne diffère du plasma que par le fibrinogène en moins. Chauffé, le sérum se transforme en gelée, par suite de la coagulation de l'albumine.

**Sang rouge ; sang noir.** — Le sang noir ou sang veineux diffère du sang rouge ou sang artériel par sa plus grande teneur en déchets organiques (acide carbonique, urée,...) et par son appauvrissement en principes nutritifs et en oxygène.

Par exception, la veine rénale renferme moins d'urée que l'artère, puisque les reins éliminent ce déchet azoté ; de même, les veines intestinales sont beaucoup plus riches en principes alimentaires que les artères au moment de l'absorption des aliments, puisque ce sont elles qui sont chargées, avec les chylifères (fig. 110), de transporter dans l'économie les produits de la digestion.

La différence la plus générale entre le sang rouge et le sang noir réside dans leur teneur relative en oxygène et en acide carbonique : il y a en effet constamment *moins d'oxygène et plus d'acide carbonique dans le sang veineux que dans le sang artériel*, ce que montre l'analyse du sang entrant et du sang sortant d'un organe quelconque, hormi les poumons.

Remarquons à ce propos que le sang rouge ne cède guère aux tissus, en circulant dans les capillaires généraux, que la moitié de son oxygène, de même que le sang noir ne se débarrasse que partiellement de son acide carbonique, en passant dans le réseau des capillaires pulmonaires, cela malgré la grande lenteur de la circulation.

## II. — Circulation du sang

Ce sont les contractions rythmiques du cœur qui assurent la circulation incessante de la nappe sanguine dans le réseau vasculaire des organes.

On nomme *systole* la contraction simultanée des oreillettes ou des ventricules, et *diastole* le relâchement de ces organes. Ces mouvements du muscle cardiaque s'effectuent automatiquement, grâce à des actions nerveuses réflexes (p. 240), dont le centre directeur siège dans la partie supérieure de la moelle épinière (*centre réflexe cardiaque*).

**I. Circulation dans le cœur.** — Lorsque les oreillettes, relâchées, se sont remplies du sang que leur apportent les veines caves (fig. 117, *n*) et les veines pulmonaires (*b*), elles se contractent toutes deux ensemble pour se vider dans les ventricules, qui sont alors en diastole. La systole auriculaire est peu énergique et de courte durée ; la diastole est beaucoup plus longue.

Dès après la systole auriculaire survient la systole ventriculaire, très énergique, et provoquée par l'excitation que produit le choc du sang contre la paroi des ventricules : ceux-ci refoulent alors respectivement leur contenu dans l'aorte (*c*) et dans l'artère pulmonaire (*p*).

Au dehors, la systole ventriculaire se traduit par le *choc* ou *battement* du cœur, dû à un rebondissement de la pointe du cœur contre la paroi de la poitrine, sous le sein gauche. Au même moment que le choc se produit le *premier bruit* du cœur, dû aux vibrations des lames des valvules auriculo-ventriculaires (fig. 105), projetées les unes contre les autres par le sang qui tend à remonter dans les oreillettes. Un instant après, on perçoit à l'auscultation de la poitrine un *second*

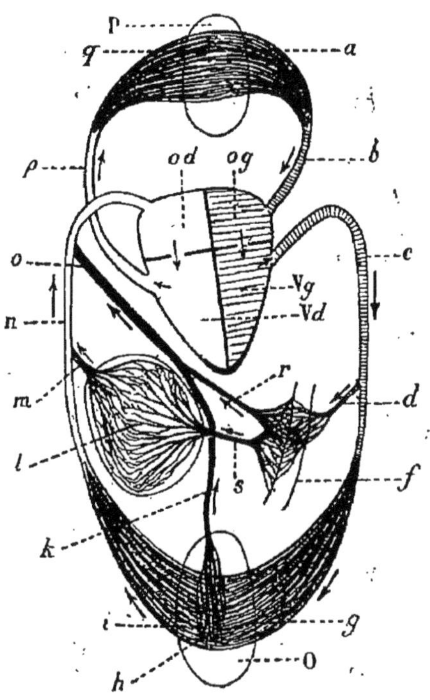


Fig. 117. — Schéma de la circulation du sang. — P, poumons ; — O, un organe ; — *od, og*, oreillettes droite et gauche ; — *Vd, Vg*, ventricules ; — *ag*, capillaires pulmonaires ; — *b*, veines pulmonaires ; — *c*, aorte ; — *d*, artère intestinale ; — *f*, intestin ; — *gi*, capillaires des organes ; — *hk*, vaisseaux lymphatiques ; — *s*, veine porte ; — *l*, foie ; — *m*, veine hépatique ; — *r*, vaisseaux chylifères ; — *o*, canal lymphatique thoracique ; — *n*, veine cave ; — *p*, artère pulmonaire. — Le cours du sang et de la lymphe est indiqué par les flèches.

*bruit*, plus clair, résultant du claquement des lames des valvules sigmoïdes de l'aorte et de l'artère pulmonaire, sous la poussée du sang, qui, de ces vaisseaux, tend alors à refluer vers les ventricules.

Une fois les ventricules vidés, ils reviennent sur eux-mêmes en diastole, et ce n'est qu'un instant après leur complet relâchement que survient une nouvelle systole auriculaire (fig. 119).

On qualifie de *révolution cardiaque* l'ensemble des phases comprises entre deux systoles auriculaires ou deux systoles ventriculaires consécutives ; sa durée est donc la même que celle qui sépare deux battements de cœur consécutifs, soit *trois quarts de seconde*, à raison de 80 battements par minute.

**II. Circulation dans les artères et les veines.** — 1° Lorsque l'ondée sanguine est lancée du ventricule gauche dans l'aorte (fig. 117, *c*), la paroi très élastique de cette dernière se distend et augmente le calibre de l'artère, ce qui facilite la réception du sang et par là même allège le travail du cœur; mais presque aussitôt elle revient sur elle-même, en donnant lieu un peu plus loin à une nouvelle dilatation de la paroi artérielle.

Les choses se répétant de la sorte, c'est un mouvement d'ondulation qui se propage tout le long de l'aorte et de ses ramifications; mais ce mouvement va en s'atténuant graduellement, puisqu'il se communique à une surface vasculaire de plus en plus grande, à mesure que les ramifications artérielles deviennent plus nombreuses. C'est cette ondulation que l'on perçoit au toucher dans les artères superficielles (poignet) : chaque soulèvement de la paroi artérielle se traduit par une *pulsation*.

Il résulte de là que le mouvement du sang, forcément saccadé dans l'aorte, où les ondées sanguines sont séparées les unes des autres par l'instant de fermeture de la valvule sigmoïde, va en se régularisant peu à peu dans les artères, si bien que le cours du sang devient continu dans les artérioles, et à plus forte raison dans les capillaires, condition favorable au bon accomplissement de l'échange nutritif entre le sang et les tissus. Cette régularisation du cours du sang est, on le voit, une conséquence de l'élasticité des parois artérielles.

2° Dans les veines, qui, faute d'élasticité, n'exercent

qu'une médiocre pression sur le sang, d'autant plus que la capacité du système veineux est à peu près double de celle du système artériel, la circulation du sang est une pure conséquence de la poussée artérielle.

Dans la veine cave inférieure et ses affluents, où le sang chemine contrairement à la pesanteur, ce qui entraîne une tendance à la stagnation, le reflux vers les capillaires est empêché par les nombreuses valvules sigmoïdes qui garnissent leur paroi (fig. 111); dans la veine cave supérieure, au contraire, le sang tombe en quelque sorte naturellement, par son propre poids, dans l'oreillette, et les valvules manquent.

*Influence de la respiration sur la circulation.* — Pendant l'inspiration, la pression de l'air inclus dans la poitrine diminue, puisqu'il augmente de volume, ce qui facilite l'afflux du sang noir vers l'oreillette droite.

Les poumons, qui, à cette phase, sont eux aussi dilatés, sont alors traversés par une plus grande quantité de sang, et une inspiration prolongée peut même congestionner ces organes. Et comme le ventricule droit éprouve plus de peine à lancer dans les poumons le sang noir qu'il reçoit en excès, il en résulte un ralentissement des battements du cœur.

Lors de l'expiration, la pression intrathoracique augmente, et l'afflux de sang diminue dans le cœur droit. Les poumons, qui reviennent alors sur eux-mêmes, tendent à se vider dans le cœur gauche de l'excès de sang qu'ils avaient emmagasiné pendant l'inspiration; en sorte que, pour un instant, c'est la circulation artérielle qui se trouve activée.

**Cardiographe**. — On nomme ainsi un appareil destiné à enregistrer les mouvements du cœur, à faire connaître leur amplitude, leur énergie, leur durée, leur rythme.

Pour étudier par exemple le *choc* ou *battement* du cœur, ou encore les *pulsations* artérielles, on peut utiliser le dispositif de la figure 118.

8.

Un *tambour* métallique (*a*) est fermé sur l'une de ses faces par une membrane de caoutchouc, munie d'un bouton que l'on applique sur la poitrine, entre la cinquième et la sixième côtes, ou sur le poignet, en arrière du pouce. Ce *tambour explorateur* communique avec un *récepteur* semblable (*d*), dont la membrane est reliée par une petite tige métallique à une aiguille indicatrice (*of*); la pointe de cette dernière est

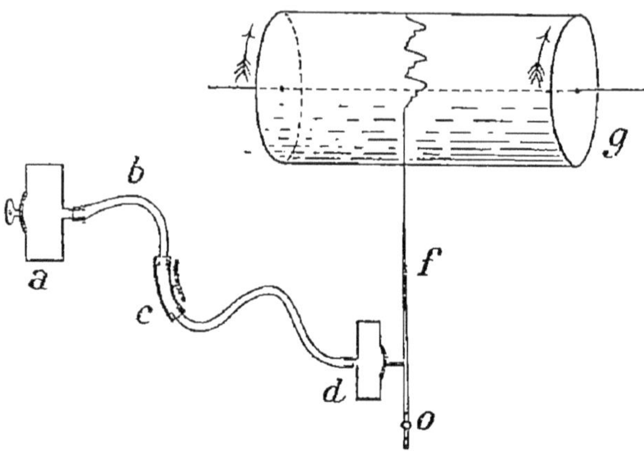


Fig. 118. — Cardiographe (fig. schématique). — *a*, tambour explorateur; — *b*, tube de caoutchouc; — *c*, soupape, permettant de faire, selon le cas, entrer ou sortir de l'air; — *d*, récepteur; — *of*, aiguille inscriptrice; — *g*, cylindre enregistreur (on y a enregistré la pulsation artérielle).

amenée au contact d'un cylindre (*g*), recouvert d'un papier noirci au noir de fumée et qu'un système d'horlogerie fait tourner d'un mouvement de rotation uniforme.

L'aiguille et le cylindre constituent l'*appareil enregistreur*.

A chaque battement du cœur, la membrane de l'explorateur se trouve déprimée par la paroi thoracique soulevée, tandis que celle du récepteur est repoussée en dehors; ce mouvement, amplifié par la pointe de l'aiguille, est inscrit par elle sur le cylindre. Quand on a inscrit un certain nombre de battements, on développe le papier, pour mieux étudier le détail des tracés obtenus (fig. 119, *c*).

La figure 119 donne en outre les tracés des mouve-

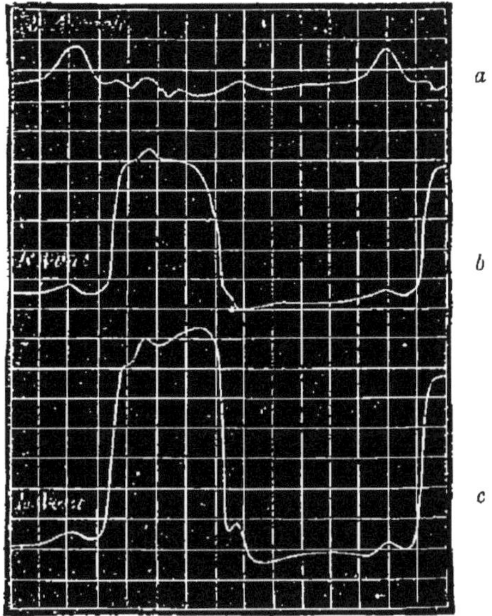

Fig. 119. — Tracés cardiographiques simultanés : *a*, de l'oreillette droite (deux systoles sont représentées); — *b*, du ventricule droit; — *c*, du ventricule gauche (battement).

ments de l'oreillette (*a*) et du ventricule droits (*b*), obtenus en introduisant dans l'intérieur même du cœur

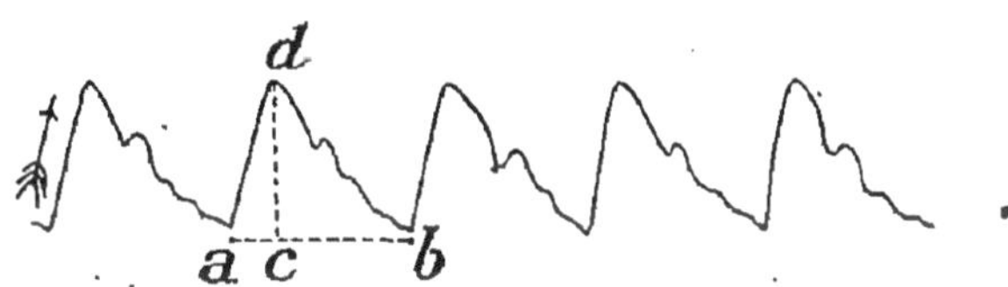


Fig. 120. — Tracé de la pulsation (voir fig. 118). — *ad*, soulèvement de l'artère, s'effectuant sans soubresauts; — *db*, retour élastique irrégulier; — *ac*, *cb*, durées relatives des deux phases.

droit du Mouton, par la veine jugulaire, une *sonde flexible à double ampoule*, reliée à deux appareils récepteurs distincts; l'une des ampoules plonge dans l'oreillette, l'autre dans le ventricule droit.

On voit, en comparant les trois tracés, que le choc précordial (*c*) se produit bien au moment de la systole des ventricules (*b*), dont il est une conséquence, et qu'il dure autant qu'elle ; la systole de l'oreillette (*a*) est comparativement de courte durée et peu énergique.

Le tracé de la pulsation (fig. 120), pris au poignet sur l'artère radiale, montre que le mouvement de dilatation artérielle (*ad*) est brusque et uniforme, tandis que le retour élastique (*db*) est de plus longue durée et en outre marqué de légers soubresauts.

<h3 style="text-align:center">III. — Principaux parasites du sang</h3>

Au nombre des maladies dont les agents actifs siègent dans le sang, on peut citer notamment le *charbon*, maladie bactérienne, et le *paludisme* ou *malaria,* due à un Protozoaire.

**I. Charbon.** — La maladie du *charbon* sévit surtout sur le Mouton, plus rarement sur le Bœuf et le Cheval, et ses ravages, jadis redoutables dans les grands centres d'élevage, sont aujourd'hui à peu près abolis, grâce à la *vaccination anticharbonneuse,* découverte par Pasteur. Le charbon est du reste la première affection épidémique dont l'Homme se soit rendu maître, par l'étude scientifique du microorganisme qui l'engendre.

*Bacille du charbon.* — Le *Bacille du charbon* (fig. 122, *b*), cause de la maladie, siège dans le sang, dans la rate, et il s'y multiplie avec une extraordinaire rapidité, en sécrétant un poison spécial ou toxine, qui, dans les cas extrêmes, peut provoquer la mort déjà quelques heures après l'apparition des premiers symptômes de l'envahissement. Le sang des animaux frappés acquiert une teinte noirâtre, qui a précisément fait donner à la maladie le nom de *charbon.*

Au microscope, le Bacille se présente sous forme de baguettes unicellulaires incolores, de trois à cinq millièmes de millimètre de longueur. Parfois, deux ou trois cellules, issues d'un cloisonnement transversal récent, restent temporairement unies entre elles (fig. 121), puis seulement se dissocient.

Le Bacille du charbon, pour végéter activement, exige la présence de l'oxygène libre : il est, en un mot, *aérobie*. Or, le sang lui fournit ce gaz en abondance.

En inoculant une gouttelette de sang infectieux à un

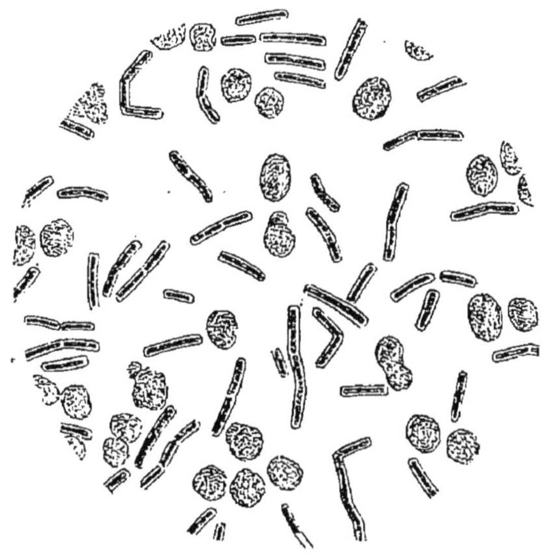

Fig. 121. — Bacilles du charbon, mêlés aux globules du sang, chez le Mouton atteint de la maladie (gross. : 700).

Mouton sain, la maladie ne tarde pas à se déclarer, à moins d'une résistance organique très grande, et la mort survient au bout d'un ou deux jours.

*Culture*. — Pour prouver que le Bacille ou virus charbonneux est bien la cause de la maladie, on en prépare une *culture pure*, en matras, dans du bouillon de Levure de bière.

Pour cela, on dépose à la surface du bouillon d'un matras (fig. 123), préalablement stérilisé à l'autoclave, une gouttelette de sang virulent, et on expose le tout à l'étuve à 35 degrés ; les Bacilles se multiplient activement, ce dont témoigne le trouble qui survient dans le liquide. Mais, dans ce nouveau milieu, les Bacilles, au lieu de se séparer les uns des autres, à mesure qu'ils se multiplient, restent unis en filaments cylindriques (fig. 122, *a*), enchevêtrés les uns dans les autres et pouvant atteindre plusieurs centimètres de longueur.

En ensemençant un nouveau matras, chargé de bouillon frais, avec une goutte de cette première culture, et en répétant l'expérience de la sorte à plusieurs reprises, on obtient finalement ce qu'on appelle une culture pure, c'est-à-dire une culture qui ne renferme, outre les principes inertes du bouillon, que les Bacilles prodigieusement multipliés, sans trace du sang originel, tant la dilution de ce dernier est grande. Or, l'inoculation de cette culture pure au Mouton lui donne la maladie, comme le sang charbonneux lui-même : c'est donc que le *Bacille est bien la cause de la maladie.*

*Cadavres charbonneux.* — Dans les cadavres charbonneux enterrés, les Bacilles infectieux engendrent des *spores* (fig. 122, *d, f*), et ces germes se conservent intacts, à la faveur de leur membrane protectrice, dans les tissus en voie de décomposition. Or, ces spores peuvent être ramenées au dehors par les Vers de terre : ceux-ci, en effet, les ingèrent avec les matières cadavériques dont ils se nourrissent, puis les rejettent intactes à la surface, mêlées aux tortillons de terre que contient toujours leur intestin. Le Ver n'en éprouve aucune atteinte; les spores ne sont en effet dangereuses que lorsqu'elles viennent à être introduites dans le sang.

Il suffit dès lors d'un coup de vent pour transporter ces spores de tous côtés, notamment dans les pâturages, et rendre possible la propagation de la maladie. Les Moutons qui mangent l'herbe contaminée auront d'autant plus de chance de s'infester que cette dernière renfermera plus de piquants (Chardons, ...) ou d'arêtes (Graminées); car les écorchures de la muqueuse buccale permettront aux spores de pénétrer dans le sang.

La viande des animaux morts du charbon est inter-

dite à la consommation ; les cadavres doivent être
enfouis, avec la peau tailladée, à moins qu'ils ne soient
utilisés industriellement (peau, os, cornes) dans les
ateliers spéciaux, prévus par le *Règlement* sur la police
sanitaire et où ils subissent une désinfection.

*Vaccin anticharbonneux.* — Dans la préparation du
vaccin anticharbon-
neux, on part d'une
culture pure et viru-
lente du Bacille du
charbon, faite en ma-
tras, et *on atténue les
propriétés toxiques du
Bacille par l'action*

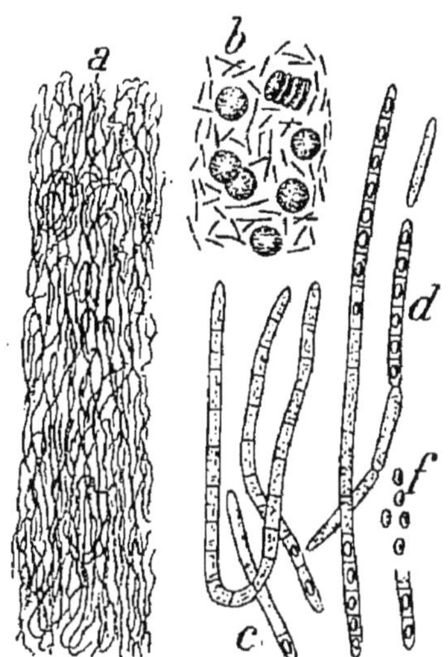

Fig. 122. — *a*, Bacille du charbon, à l'état
filamenteux (dans une culture); — *b*,
Bacilles unicellulaires mêlés aux globules
du sang (gross. : 400); — *c*, *d*, filaments
grossis, renfermant des spores; — *f*, spores libres.

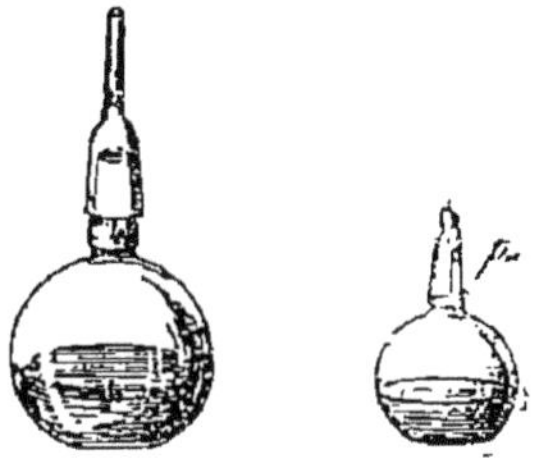

Fig. 123 et 124. — Matras de
verre pour la culture des Bactéries; celui de droite est
fermé par un simple capu-
chon de papier.

*prolongée de la chaleur et de l'oxygène atmosphé-
rique.* Le vaccin est précisément constitué par la culture atténuée, bien qu'elle renferme encore des Bacilles
vivants.

Ainsi, prémunir l'organisme contre une maladie contagieuse, à l'aide du germe même de cette maladie, préalablement atténué, tel est le principe de la vaccination.

Dans le cas du charbon, on abandonne la culture
pure et active à l'étuve, à la *température de 42°5* : au
bout de huit jours, tant du fait de la température rela-

tivement élevée que du renouvellement imparfait de l'air au travers du tampon d'ouate de la tubulure, la *virulence du Bacille a diminué,* au point qu'on peut inoculer désormais la culture au Mouton sans lui donner la maladie. Bien mieux, cette inoculation inoffensive prépare l'organisme à recevoir impunément une culture moins ancienne et par suite plus active, et que seuls les individus les plus résistants pourraient supporter directement sans dommage.

En d'autres termes, la culture vieille de huit jours représente un *vaccin faible;* une culture moins ancienne, de quatre jours par exemple, variable avec la résistance de l'espèce à inoculer, constitue un *vaccin fort.*

Pour vacciner un Mouton, on procède à l'inoculation de ces deux seuls vaccins, à huit jours d'intervalle; les inoculations se font à la base de la cuisse, au moyen d'une seringue à injection. Ce traitement confère une solide immunité, puisqu'on peut ensuite inoculer l'animal avec du sang charbonneux frais, sans lui communiquer la maladie. Toutefois, il est nécessaire de renouveler l'opération au bout de quelque temps, l'immunité acquise du fait des deux vaccins n'étant que temporaire.

La vaccination anticharbonneuse, en prévenant les épidémies jadis si meurtrières dans les troupeaux, a constitué pour l'agriculture un bienfait considérable.

II. **Paludisme.** — Le paludisme est une affection propre aux régions marécageuses des pays chauds, et elle est engendrée par des microorganismes du groupe des Hématozoaires, qui vivent dans l'intérieur même des globules rouges du sang (fig. 125, *a*).

La maladie se traduit par des fièvres intermittentes, parfois aiguës (fièvre bilieuse des pays chauds), d'où son autre nom de *fièvre paludéenne.*

Les Hématozoaires sont voisins des Amibes (Protozoaires) et mobiles comme eux. En s'accroissant (fig. 125, *b*), ils finissent par se substituer aux globules sanguins, qui se trouvent ainsi progressivement

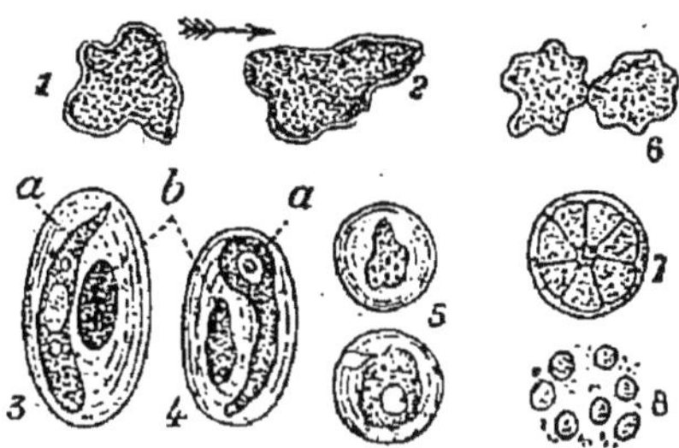

Fig. 125. — 1, 2, Amibe en mouvement; — 6, en voie de multiplication; — 3, globule de Grenouille avec un Hématozoaire parasite *a*; — 4, globule de Lézard; — *b*, noyau du globule; — 5, globule de l'Homme, avec un parasite amiboïde; — 7, formation des germes; — 8, leur isolement par destruction du globule.

détruits; après quoi, le parasite se subdivise en un

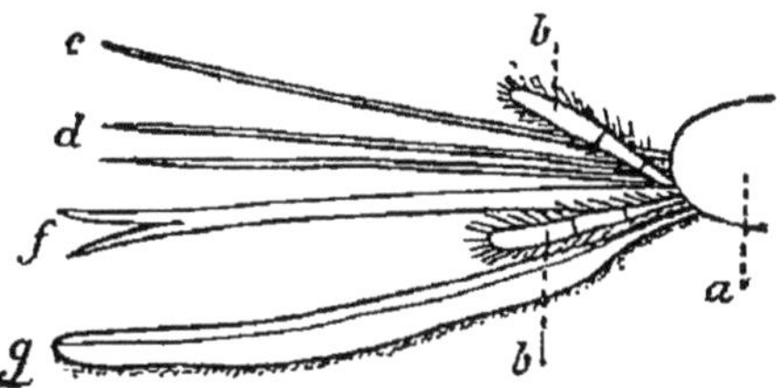

Fig. 126. — Pièces buccales du Cousin. — *a*, tête; — *cdf*, stylets perforants; — *b*, palpes; — *g*, gouttière, recevant les lancettes au repos.

groupe de germes arrondis (*7, 8*), capables de se développer en autant de nouveaux adultes dans d'autres globules.

A la longue, l'infection paludéenne entraîne une extrême anémie; elle sévit grandement dans les régions marécageuses de la campagne romaine, dans l'Afrique occidentale, etc.

Il est établi aujourd'hui que le paludisme se pro-

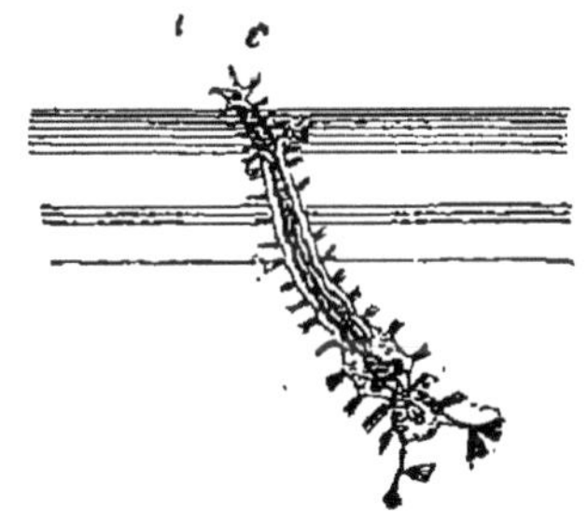

Fig. 127. — Larve aquatique du Cousin, soulevant hors de l'eau ses deux stigmates abdominaux *c* pour respirer (6 mill.).

page, non par des germes contenus dans l'air, comme le

donne à penser l'ancien nom de *malaria* (mauvais air), mais par les piqûres des Moustiques (fig. 126), qui ont aspiré du sang de malariaques et dont les lancettes buccales sont chargées du parasite.

L'expérience a prouvé en effet que, même dans les régions les plus insalubres, il suffit d'éviter les piqûres de ces Insectes pour rester indemme : pour cela, il faut s'interdire de sortir le soir, les Moustiques étant noctambules, et en outre entourer les lits d'une moustiquaire, c'est-à-dire d'un rideau de gaze fine.

Mais le remède vraiment radical consiste dans la suppression des Moustiques eux-mêmes. Pour arriver à ce résultat, il est nécessaire d'assécher les marécages, de proscrire toute eau stagnante à proximité des habitations, de bien fermer les puits, etc. ; car c'est dans l'eau que ces Insectes déposent leurs œufs et passent nécessairement leur phase larvaire (fig. 127).

Ces mesures d'hygiène sont d'autant plus urgentes dans les pays chauds que les Cousins et Moustiques interviennent encore dans la propagation d'autres maladies graves, notamment de la fièvre jaune et de la maladie du sommeil.

# CHAPITRE XI

## APPAREIL EXCRÉTEUR ET EXCRÉTION

*Définition de la sécrétion.* — D'une manière générale, la sécrétion s'entend de l'élaboration des produits d'ordinaire complexes et en dissolution dans l'eau, qu'émettent les *glandes*; par extension, on désigne quelquefois du même nom ces produits eux-mêmes.

Parmi les produits de sécrétion, les uns renferment des composés spéciaux, issus du travail original de la glande et qui sont nécessaires à l'accomplissement d'une fonction organique : tels sont les *sucs digestifs*, qui, par leurs *diastases* (p. 54), effectuent la digestion des aliments.

Les autres produits de sécrétion sont constitués essentiellement par des produits de désassimilation, inutiles ou même nuisibles à l'organisme et qui, à ce titre, sont rejetés au dehors : dans ce cas, la sécrétion prend le nom spécial d'*excrétion*.

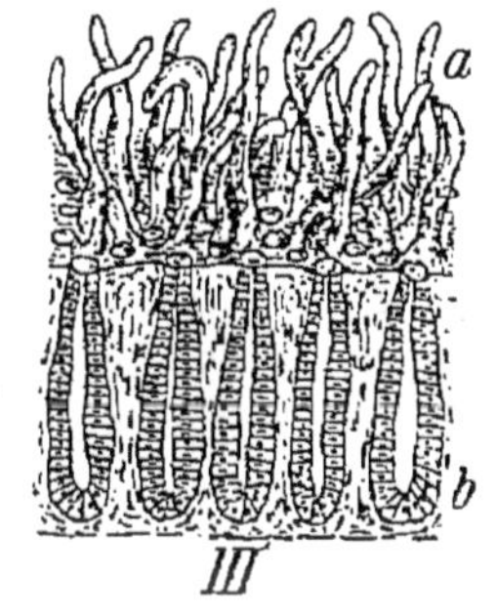

Fig. 128. — Coupe de la muqueuse de l'intestin grêle. — *a*, villosités; — *b*, glandes en tube du derme.

Les produits d'excrétion sont : l'*urine*, éliminée par les reins; la *bile*, par le foie; la *sueur*, par les glandes sudoripares. On peut y ajouter le gaz *acide carbonique*, excrétion gazeuse, éliminée par les poumons, qui, à cet égard, jouent le rôle de véritables *glandes à gaz*.

Par l'urine et la bile sont éliminés les déchets azotés des tissus ; par les poumons, l'acide carbonique, produit de combustion des aliments non azotés (sucres, corps gras). La bile offre ce caractère qu'au lieu d'être directement rejetée au dehors comme l'urine, elle parcourt au préalable le tube intestinal, où elle joue un rôle utile (p. 64) : c'est un exemple de produit de sécrétion à la fois utile et nuisible.

Tandis que les diastases des sucs digestifs sont élaborées par les glandes mêmes qui les émettent, aux dépens d'une matière première apportée par le sang, au contraire, les produits d'excrétion préexistent tous dans le sang, puisqu'ils proviennent des tissus de l'organisme, et les glandes correspondantes (reins, poumons,...) se bornent à éliminer ces déchets.

**Conformation des glandes**. — Sous des formes extérieures diverses, les glandes se ramènent à deux types principaux de structure :

1° Les *glandes en tube* (fig. 128, *b*), tantôt réduites à un simple doigt de gant (glandes sudoripares), tantôt rameuses (glandes gastriques) ; on ne les trouve que dans les muqueuses ou dans la peau (fig. 151), et leur dimension est donc minime ;

2° Les *glandes en grappe* (fig. 55), dont la conformation rappelle une grappe de raisin (glandes salivaires, p. 56 ; pancréas, p. 60 ; poumons, p. 92).

Les cavités des glandes sont tapissées par une assise de cellules ou *épithélium* (fig. 55, *m*), qui est la partie essentielle de ces organes, seule active dans la sécrétion.

Les sécrétions digestives, les excrétions biliaire et pulmonaire ayant déjà été étudiées p. 55, 64 et 100, il ne nous reste à parler ici que de l'excrétion urinaire.

## APPAREIL URINAIRE

*Définition*. — Les *reins* (fig. 129, *R*), organes excréteurs de l'urine, sont placés dans l'abdomen (fig. 109), de part et d'autre des corps des vertèbres lombaires. De leur concavité ou hile émerge l'*uretère* (fig. 129, *u*), canal vecteur de l'urine, qui aboutit à la *vessie* (*V*), réservoir de cette excrétion.

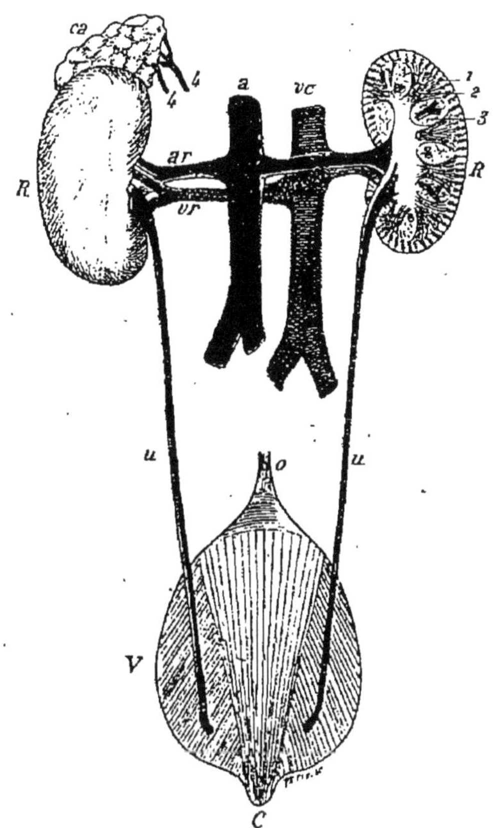

Fig. 129. — Appareil urinaire (face postérieure). — R, reins ; — *ar*, *vr*, artère et veine rénales ; — *a*, aorte ; — *vc*, veine cave inférieure ; — *u*, uretères ; — V, vessie ; — C, origine du canal de l'urèthre ; — *o*, ligament ; — *ca*, capsules surrénales ; — 4, leurs vaisseaux sanguins.

*Reins*, *uretères* et *vessie* forment ensemble l'appareil urinaire.

Au hile, on remarque, outre l'uretère, l'*artère rénale*, issue de l'aorte, et la *veine rénale*, tributaire de la veine cave inférieure : ces deux vaisseaux sont de large calibre.

*Capsules surrénales.* — Les reins sont coiffés de deux organes gandulaires grisâtres, les *capsules surrénales (ca)*, pourvues, comme la rate, d'une artère, d'une veine et de vaisseaux lymphatiques, mais privées de canal excréteur, ce qui les fait qualifier de *glandes vasculaires sanguines.* Cette conformation oblige les produits sécrétés à prendre la voie des veines et des lymphatiques, qui les répandent dans l'organisme.

Ces produits sont encore peu connus; on sait seulement que l'ablation des capsules surrénales, pratiquée sur le Chien, entraîne le dépérissement et finalement la mort; mais ces organes ne jouent aucun rôle dans la sécrétion urinaire. De même, la rate exerce une influence sur la sécrétion pancréatique (p. 60).

**1° Reins.** — Sur une section du rein, on remarque, sous la membrane d'enveloppe, une substance compacte

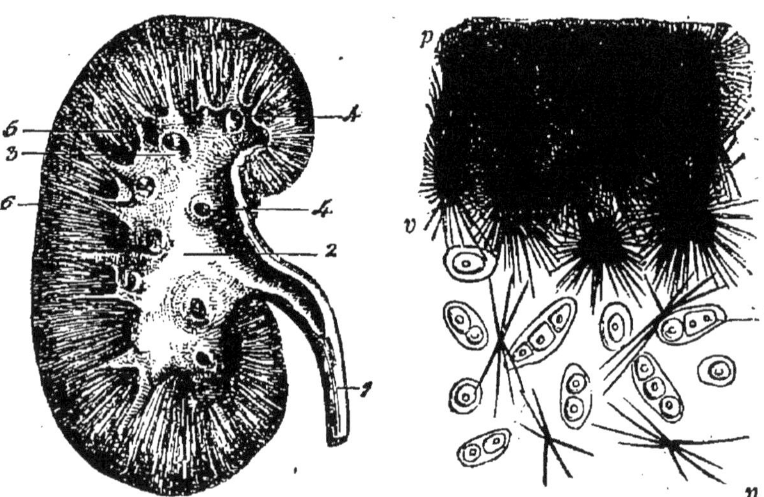


Fig. 130. — Coupe du rein. — 1, uretère; — 2, bassinet; — 3, ses calices, recevant le sommet des pyramides 4; — 5, substance tubuleuse; — 6, substance corticale.

Fig. 131. — Cartilage articulaire, envahi par l'urate de soude (v, n) chez un goutteux; — o, cellules du cartilage; — p, surface articulaire.

(fig. 130, *5-6*), divisée du côté du hile en mamelons (*4*), dits *pyramides* du rein (fig. 134, c) : c'est là la substance essentielle de l'organe. Elle se résume en une agglomération de tubes glandulaires, filiformes et rameux, les *tubes urinifères*, qui élaborent l'urine.

De plus, dans la région du hile, une petite poche aplatie, le *bassinet* (fig. 130,2), simple expansion de l'uretère, reçoit l'urine qui exsude du sommet des pyramides. A cet effet, elle offre de courtes ramifications (fig. 132), terminées chacune par une concavité ou *calice*, et ce sont ces calices qui embrassent les *papilles* ou sommets des pyramides (fig. 130, *3*).

Les *tubes urinifères* (fig. 134) sont rectilignes et placés côte à côte dans les pyramides (*b*), au sommet desquelles ils s'ouvrent; dans la région extérieure ou écorce du rein (*a*), ils se ramifient et leur parcours devient très sinueux (fig. 133, *4-7*). Chaque rameau aboutit à un renflement sphérique, le *corpuscule de Malpighi* (*8*), qui est l'origine du tube sécréteur.

L'artère rénale forme un réseau de capillaires tout le long de la paroi des tubes urinifères, et c'est

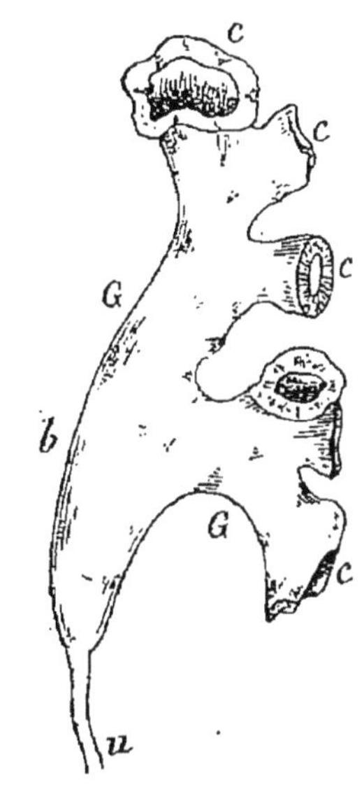

Fig. 132. — Bassinet. — *u*, uretère; — *b*, bassinet; — G, G, grands calices; — *cc*, petits calices, destinés à embrasser les papilles du rein.

l'épithélium intérieur de ces derniers qui extrait du sang l'urée, l'acide urique et les autres substances de l'urine.

De plus, disposition toute spéciale aux reins, chaque corpuscule de Malpighi (*8*), replié sur lui-même en manière de calotte, a sa concavité remplie par un peloton de vaisseaux sanguins : le rôle spécial de ces corpuscules est d'*éliminer rapidement l'excès d'eau* que renferme le sang, notamment après le repas, quand toute la masse alimentaire a été absorbée par l'intestin, ou encore après l'ingestion d'une boisson.

Quand, par suite de lésions des reins, le fonctionnement des tubes urinifères est entravé, les déchets azotés
s'accumulent dans le sang, et l'intoxication croissante

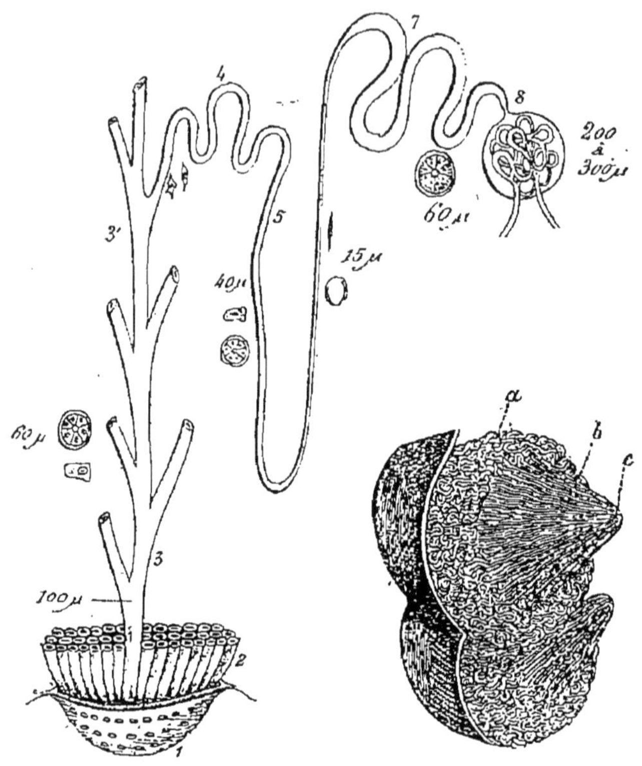

Fig. 133. — Tube urinifère, s'ouvrant dans la papille 1 ou sommet de la pyramide. — 8, corpuscule de Malpighi avec glomérule vasculaire; — 7, tube
sinueux; — 5, anse; — 4, tube d'union avec 3, tube rameux de Bellini. —
($\mu = 0^{mm}001$).

Fig. 134. — Deux lobules de rein de Mammifère. — a, partie sinueuse des
tubes urinifères; — b, partie rectiligne; — c, sommet de pyramide.

qui en résulte se traduit par des convulsions (*urémie*),
prélude d'un dénouement fatal.

**2° Urine**. — L'urine de l'Homme et des Carnivores
est un liquide acide, essentiellement caractérisé par des
*déchets organiques azotés*, savoir, l'*urée* et l'*acide*

*urique*, qui proviennent de la décomposition des aliments albuminoïdes (viande, gluten) dans les tissus. Nos aliments non azotés ou énergétiques sont au contraire transformés par combustion en acide carbonique, qui est éliminé par les poumons.

Le régime à la viande augmente la quantité de déchets azotés; le régime végétal la diminue. L'excrétion d'urée et d'acide urique est réduite au minimum pendant le jeûne : le corps prélève alors pour son entretien une partie des réserves azotées de ses organes, comme il utilise pour les combustions le glycogène, réserve hydrocarbonée élaborée par le foie (p. 66).

Un travail nerveux assidu est de nature à augmenter l'excrétion d'urée, ce qui atteste que l'activité mentale est corrélative d'une consommation d'aliments azotés; le travail musculaire, au contraire, accélère la production d'acide carbonique (p. 286).

L'urée $[CO Az^2H^4$ ou $CO(AzH^2)^2]$, de beaucoup le plus abondant des déchets azotés, est excrétée normalement à la dose d'environ 20 grammes par litre d'urine, soit 30 grammes par jour pour un adulte. C'est un corps très soluble dans l'eau.

L'acide urique ($C^5H^4Az^4O^3$) existe dans l'urine à l'état libre ou à l'état d'urates (urate de sodium,...), à la dose d'environ un gramme par jour. Ce composé est fort peu soluble dans l'eau, et, pour peu qu'il se produise en excès, comme dans le cas d'une alimentation trop riche en viande, surtout si elle se complique d'un travail sédentaire, il se dépose sous forme d'aiguilles dans les cartilages articulaires (fig. 131) et engendre le rhumatisme et la goutte.

Outre les composés azotés précédents, l'urine renferme divers sels minéraux (phosphates, sulfates, chlorures), qui se déposent parfois dans la vessie pour former, avec les urates, les *calculs urinaires* (maladie de la *pierre*).

***Produits anormaux de l'urine.*** — Anormalement, l'urine se charge de *glucose*. Cette élimination d'un

9.

aliment est la marque d'un affaiblissement général de la nutrition du corps : les tissus ne consommant plus le sucre qui leur arrive, ce dernier est éliminé par les reins ; il y a alors *diabète*. Les diabétiques ne doivent manger ni féculents ni sucres et faire beaucoup d'exercice, pour brûler l'excès de sucre du sang.

Une maladie propre aux reins eux-mêmes est *l'albuminurie*, caractérisée par la présence de l'albumine dans l'urine, ce que l'on reconnaît en chauffant cette dernière avec quelques gouttes d'acide azotique : l'albumine se coagule en filaments ou flocons blancs.

**Fermentation de l'urine.** — Abandonnée à elle-même ou déversée dans la terre, l'urine éprouve la *fermentation ammoniacale* : l'urée est transformée par fixation

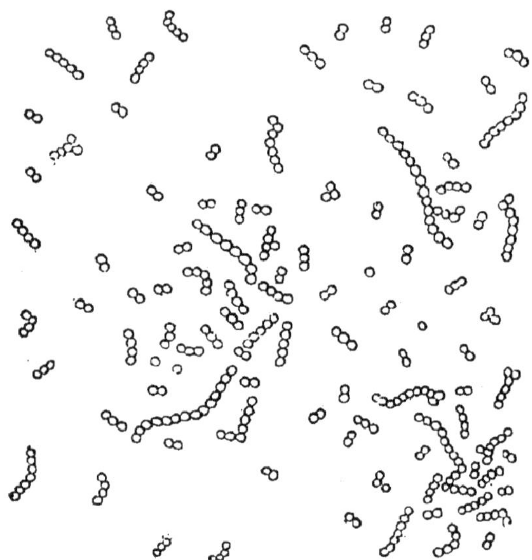

Fig. 135. — Microcoque de l'urine, ferment ammoniacal (gross. : 1.000).

d'eau en *carbonate d'ammonium*, dont la décomposition lente entraîne un dégagement d'ammoniaque libre. De ce fait, l'urine, primitivement acide et claire, devient alcaline et trouble ; les principes qui se précipitent consistent en sels minéraux et en matières organiques, et ils ne sont maintenus en dissolution dans l'urine fraîche que grâce à son acidité.

La fermentation ammoniacale, qui se produit dans toute matière organique azotée abandonnée à elle-même, est due à une Bactériacée à cellules arrondies, le Microcoque de l'urine (fig. 135), espèce très répandue, dont les germes existent dans la terre, ainsi que dans les poussières de l'air.

Stérilisée par la chaleur dans un ballon à long col (fig. 98), que l'on ferme à la lampe pendant la dernière période de chauffe, l'urine se conserve indéfiniment limpide et inaltérée ; mais il suffit d'ouvrir le ballon pour la voir au bout de quelques jours se décomposer, par suite de la pénétration des germes ambiants.

Dans le sol arable, la fermentation ammoniacale des engrais organiques (fumier, urine, eaux d'égoût) est suivie de la *fermentation nitrique*, elle aussi accomplie par une Bactérie (fig. 23). Grâce à l'intervention de ce nouveau ferment, les sels ammoniacaux sont convertis par oxydation en azotates ou nitrates, qui sont les aliments azotés par excellence des végétaux : la nitrification, étant une oxydation, exige, pour s'effectuer activement, un sol poreux.

L'épuration des eaux d'égout des villes, par déversement sur des terres cultivées, à Gennevilliers près Paris, par exemple, est précisément assurée par ces ferments de la terre arable, qui minéralisent graduellement les composés organiques, en même temps qu'ils annihilent les germes putrides. Les nitrates qui prennent ainsi naissance dans les terres d'épandage hâtent singulièrement la croissance des légumes qui y sont cultivés ; mais il est prudent de ne consommer ces derniers que cuits.

# RÉSUMÉ DES CHAPITRES PRÉCÉDENTS



**Les fonctions de nutrition, condition de la vie cellulaire**. — Les fonctions spéciales de nutrition qui viennent d'être étudiées (*digestion, absorption, respiration, circulation, sécrétion*) et qui sont accomplies par nos divers appareils organiques, ont pour but d'assurer la *nutrition cellulaire générale*, c'est-à-dire la vie propre de chacune des cellules de l'organisme.

*a)* La vie cellulaire ou vie élémentaire se résume (p. 5) en un incessant travail de création de nouvelle matière vivante par *assimilation des aliments* et en un travail corrélatif de décomposition ou *désassimilation*, d'où naît l'*énergie organique* et qui s'opère surtout par voie d'oxydations ou combustions.

L'assimilation est la manifestation du principe de *vie pure*, c'est-à-dire de vie créatrice; la désassimilation, celle du principe de *mort* ou de dissociation. Et la cellule ne meurt à tout instant que pour libérer de sa matière l'énergie nécessaire à l'action créatrice de l'instant suivant. Antagonistes en apparence, les deux actions intracellulaires fondamentales sont donc en réalité pleinement harmoniques.

*b)* La continuité de la vie cellulaire est assurée par les fonctions organiques.

En effet, par les fonctions de digestion, d'absorption et de circulation, les aliments, destinés à être assimilés, sont mis à la portée des tissus, sous une forme appropriée, dans le réseau des vaisseaux capillaires.

Par la respiration se trouve assuré l'échange gazeux, c'est-à-dire l'absorption d'oxygène, gaz comburant, et le dégagement d'acide carbonique, principal produit de combustion.

Par la sécrétion excrémentitielle ou excrétion, enfin, les produits de désassimilation, autres que l'acide carbonique, sont éliminés, sous forme d'urine, de bile, de sueur, etc.

**Bilan organique.** — Quand l'assimilation de l'aliment est exactement compensée par la désassimilation, autrement dit quand la recette des tissus est égale à leur dépense, la masse du corps reste stationnaire. C'est vers cet état d'équilibre que doit tendre l'organisme adulte, par une hygiène alimentaire et corporelle bien comprises.

Quand l'assimilation surpasse la décomposition, l'excès des matériaux assimilés est utilisé à la croissance, ce qui est notoirement le cas du jeune âge, ou mis en réserve, sous forme de glycogène, de graisse, de composés azotés, ce qui est le cas de l'adulte, en particulier dans le foie. Le corps va alors en s'alourdissant, et un exercice actif devient indispensable à éliminer par combustion l'excès des matériaux incorporés.

Quand, enfin, la masse alimentaire est insuffisante et que la désassimilation devient prépondérante, l'organisme, pour assurer pleinement l'exercice de la vie cellulaire, prélève sur ses réserves, et la masse du corps va en diminuant : l'être dépérit. Le dépérissement devient maximum pendant le jeûne; car alors les réserves sont seules à alimenter le corps : quand il se prolonge au delà d'une certaine durée, marquée par l'épuisement de l'un au moins des composés alimentaires indispensables à la vie, la température fléchit, et la mort par inanition est proche.

Le dépérissement du corps se produit aussi avec l'âge, par loi de Nature, à cause du fléchissement graduel des forces créatrices.

# CHAPITRE XII

## LA CHALEUR ANIMALE

**Généralité du phénomène de calorification.** — Les combustions qui s'effectuent dans toute cellule de l'organisme animal ou humain produisent non seulement l'*énergie organique* (p. 101), mais encore de la *chaleur*, forme libre d'énergie, qui élève plus ou moins la température du corps au-dessus de la température ambiante.

Toutefois, la calorification n'acquiert une réelle intensité que dans les deux classes les plus élevées de Vertébrés, qui sont aussi les dernières apparues au cours des âges géologiques, savoir : les *Mammifères,* dont la température oscille d'ordinaire entre 37 et 38 degrés, et les *Oiseaux,* où elle s'élève à 42 et jusqu'à 44 degrés.

Dans ces deux groupes d'animaux, on constate de plus que la température reste sensiblement constante, c'est-à-dire indépendante des oscillations de la température extérieure aux diverses saisons, ce qui implique que l'organisme régénère au fur et à mesure la chaleur qu'il cède au milieu environnant, presque toujours moins chaud que lui. De là le nom d'*animaux à sang chaud* ou mieux *à température constante* (animaux *homéothermes*), appliqué aux Mammifères et aux Oiseaux.

Au contraire, chez les Vertébrés inférieurs (Reptiles, Batraciens, Poissons) et chez tous les Invertébrés (Insectes, Mollusques,...), la température du corps est à peine supérieure à celle du milieu ambiant (une fraction de degré seulement d'ordinaire) et, de plus, elle varie avec la température ambiante. De là leur nom d'*animaux à sang froid*, mieux *à température varia-ble* (animaux *hétérothermes*).

Par exception, la calorification peut acquérir momentanément une grande intensité chez diverses espèces hétérothermes, par exemple chez le Python, grand Serpent non venimeux, lors de l'incubation des œufs, et aussi chez les Abeilles, dans les ruches, pendant la période de grande activité de ces Insectes.

D'une manière générale, la calorification est d'autant plus intense que la respiration de l'être considéré est plus active.

**Variation de température des divers organes**. — Chez l'Homme, la température normale est en moyenne de 37 degrés. Les différences en plus ou en moins, observées dans les divers organes, tiennent à leur plus ou moins grande activité vitale, et aussi à leur situation plus ou moins profonde dans le corps.

Ainsi, la température rectale est toujours supérieure d'un demi ou un degré à la température moyenne du corps. Mais c'est dans le *foie*, organe dont les fonctions sont multiples, siège en particulier de décompositions actives (p. 64), que la température est la plus élevée : une partie de la chaleur créée par cet organe est distribuée au reste de l'organisme par le sang sortant des veines hépatiques.

D'une manière générale, le sang des veines profondes est porté à une température un peu plus élevée que celui des artères, ce qui prouve que tous les organes créent de la chaleur : la circulation du sang intervient ensuite pour uniformiser la distribution de la chaleur dans le corps. Mais cette uniformisation est à tout instant troublée par les pertes qu'éprouve le sang au niveau de la peau et de la muqueuse pulmonaire ; on constate effectivement que le sang des veines pulmonaires et de l'oreillette gauche est toujours un peu plus froid que celui du ventricule droit et de l'artère pulmonaire.

La production de chaleur la plus remarquable est celle qui accompagne le *travail musculaire*. C'est qu'en effet la contraction musculaire est corrélative d'une suractivité des combustions telle, que l'échange gazeux respiratoire peut devenir trois et quatre fois plus actif qu'au repos. Or, ces combustions supplémentaires, qui s'exercent sur le glucose (p. 100), produisent une quantité d'énergie, qui, non seulement suffit à alimenter le travail musculaire, mais encore se trouve en notable excédent, et c'est cet excès d'énergie, en somme inutile à l'organisme, qui est mis en liberté et élève la température des muscles d'environ un degré au-dessus du degré normal (p. 287).

*Animaux hibernants*. — Par exception, chez les animaux homéothermes hibernants, comme le Hérisson, les Chauves-souris, divers Rongeurs (Marmotte, Loir), quelques Carnivores (Blaireau), qui s'endorment dans leur retraite à l'approche des grands froids, la respiration se ralentit singulièrement pendant le sommeil hibernal, et la température baisse souvent de plus de moitié; elle peut même fléchir jusqu'à 10 degrés dans cet état de vie latente.

Pendant l'hibernation, les combustions énergétiques s'exercent sur les réserves nutritives (graisse), accumulées dans les organes pendant la saison active précédente : aussi les animaux hibernants se réveillent-ils fort amaigris au printemps.

*Variations fébriles*. — Notons enfin que, dans divers états de maladie, la calorification est sujette à de notables fluctuations, qui peuvent aller jusqu'à compromettre la vie.

Ainsi, il y a élévation de température ou *hyperthermie* dans la fièvre, par suite de suractivité des combustions : dans la fièvre jaune, par exemple, la température monte à 42 et même à 43 degrés, limite extrême compatible avec la vie et à laquelle l'Homme succombe rapidement. Ailleurs, il y a, au contraire, abaissement de température ou *hypothermie (algidité)*:

c'est ainsi que, dans le choléra, la température de l'aisselle tombe à 28 ou 30 degrés.

Un refroidissement notable de l'organisme, dangereux surtout par les complications pulmonaires qu'il provoque, se produit aussi, à la température ambiante ordinaire, lorsque la sueur est soumise à une évaporation trop active, comme il arrive lorsqu'on s'expose, en pleine transpiration, dans un courant d'air.

**Lutte contre le froid et la chaleur.** — La constance de la température du corps humain dans les régions froides, comme sous les climats tropicaux, est assurée par une action organique régulatrice, qui augmente ou diminue, selon le cas, la production de chaleur : dans cette régulation, la peau, avec ses glandes sudoripares, joue un rôle important.

*a*) Quand la température extérieure est notablement inférieure à la température ambiante normale, la perte plus active de chaleur qui se produit au niveau du tégument est compensée par un relèvement de l'intensité de la respiration : plus il fait froid, et plus les combustions intérieures deviennent actives. Ainsi, dans un bain froid à 18 degrés, un Homme dégage environ trois fois plus d'acide carbonique qu'il n'en émet, à l'air libre, à la chaleur de l'été; de plus, sa nappe sanguine périphérique est diminuée, par suite du resserrement nerveux des vaisseaux du tégument.

Chez diverses espèces marines (Phoque, Cétacés), la graisse accumulée sous la peau forme au corps un véritable manchon isolant.

*b*) Quand, au contraire, la température s'élève momentanément au-dessus du degré normal, à 40 degrés par exemple, les *glandes sudoripares* entrent en jeu, et la sudation est largement favorisée par la dilatation des vaisseaux périphériques. Or, *l'évaporation de la sueur* ainsi excrétée absorbe assez de chaleur pour maintenir la température du corps au degré normal.

L'Homme résiste mieux, d'une manière générale,

aux chaleurs sèches qu'aux chaleurs humides, parce que, dans le premier cas, l'évaporation de la sueur s'opère librement.

**Sondes thermoélectriques.** — On détermine les différences locales de température : 1° à la surface, par exemple à l'aisselle, au moyen de *thermomètres* très sensibles ; 2° dans l'intérieur du corps, au moyen de *sondes thermoélectriques*.

Une sonde thermoélectrique (fig. 136) consiste en un assemblage de deux fines aiguilles métalliques de nature

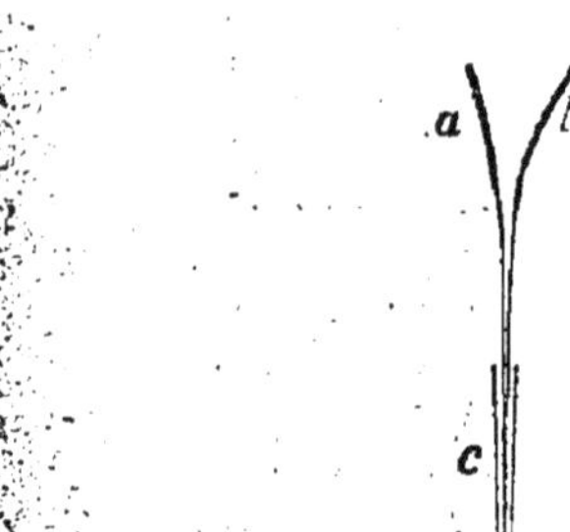


Fig. 136. — Sonde thermoélectrique. — *a*, fil de fer ; — *b*, de cuivre ; — *c*, gaine isolante de gomme laque.

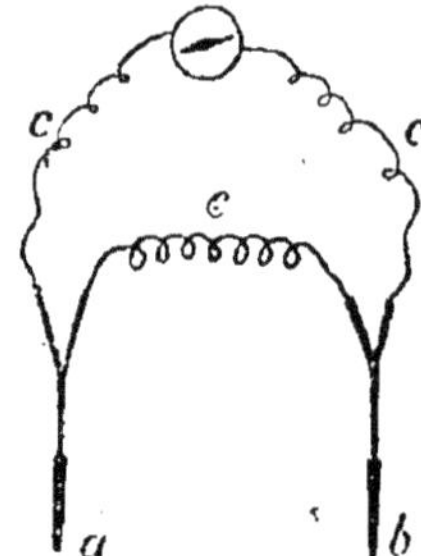


Fig. 137. — *a*, *b*, sondes thermoélectriques ; — *c*, circuit fer-cuivre, renfermant le galvanomètre.

différente, cuivre et fer par exemple, soudées l'une à l'autre et entourées à leur pointe d'un revêtement de vernis, qui isole les aiguilles des sucs organiques dans lesquels la sonde pourra être plongée.

Pour déterminer les différences de température entre deux points *a* et *b* (fig. 137), on enfonce dans les organes correspondants deux sondes thermoélectriques, dont les aiguilles de même métal sont reliées entre elles par un fil gros et court, les aiguilles de fer par un fil de fer, les aiguilles de cuivre par un fil de cuivre. Sur le parcours de ce circuit fer-cuivre se trouve intercalé un galvanomètre.

Si la température des deux régions explorées est la

même, l'aiguille du galvanomètre reste au repos ; si au contraire il y a une différence de température, elle est attestée par une déviation de l'aiguille, due à un courant électrique, qui, dans la soudure la plus chaude, chemine du cuivre au fer, et le sens même de la déviation de l'aiguille indique quelle est la soudure la plus chaude. Or, l'intensité du courant thermoélectrique, et par suite la déviation angulaire de l'aiguille, sont, dans une certaine mesure, proportionnelles aux différences de température.

Dans l'expérience de la figure 138, on a mis en évidence la différence entre la température d'un muscle, qui est maintenu en contraction par un poids tracteur, et celle du même muscle au repos : la température du premier, siège de combustions plus actives, est sensiblement plus élevée (p. 286).

**Origine de la chaleur ; quantité produite.** — La production de la chaleur organique est une conséquence directe de la respiration : chaque fois que l'échange gazeux respiratoire augmente d'intensité, la température elle aussi s'élève.

Effectivement, ce sont les combustions intracellulaires qui sont de beaucoup la source la plus importante de la chaleur, et plus généralement de l'énergie organique (p. 101) ; car la chaleur (énergie calorifique) n'est qu'une forme de l'énergie.

Or, si l'on remarque que les muscles sont, de tous nos organes, ceux dont la respiration est la plus active (p. 99), c'est-à-dire ceux qui brûlent le plus de glucose, et que, de plus, ces organes forment la moitié environ de la masse totale du corps, il apparaîtra que le système musculaire, surtout dans l'état de travail, constitue la source calorifiante essentielle.

On a déjà fait remarquer qu'à l'inverse des sucres et des corps gras, l'alcool est à tous égards un très mauvais combustible physiologique (p. 102).

Pour *évaluer la quantité de chaleur* que produit l'organisme pendant un temps donné, on peut faire séjourner un Homme au repos dans une atmosphère limitée, telle que celle d'une guérite close : la température de l'air, donnée par des thermomètres, s'élève progressivement et finit par rester stationnaire. A partir de ce moment d'équilibre thermique, la quantité de chaleur, fournie par le corps à l'air intérieur et régénérée au fur et à mesure par les combustions, est égale à celle que communique la guérite à l'air extérieur.

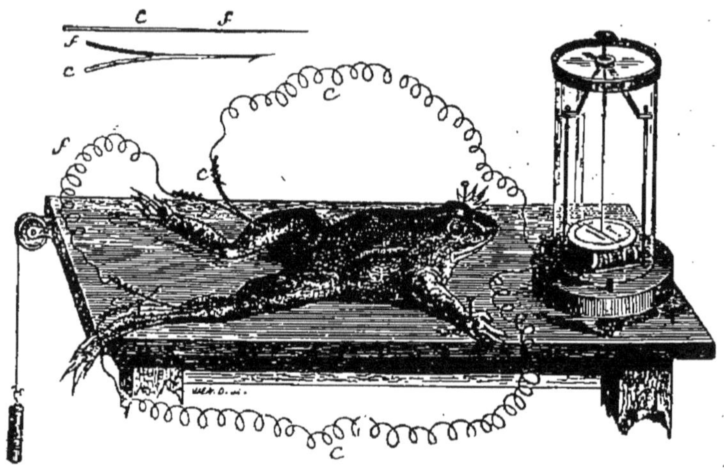


Fig. 138. — Détermination de la différence de température entre un muscle en contraction statique, c'est-à-dire sans travail, et le même muscle au repos ; à droite, galvanomètre. — c, f, aiguilles thermoélectriques cuivre-fer.

Dès lors, on remplace le corps de l'Homme, qui est un foyer calorifique naturel, par une flamme, celle du gaz par exemple, que l'on règle de manière à obtenir en définitive dans la guérite la même température constante que celle observée tout à l'heure. Ce résultat obtenu, il ne reste plus qu'à déterminer, à l'aide des calorimètres employés en pareil cas, le nombre d'unités de chaleur ou calories dégagé par la flamme pendant un temps donné : ce nombre sera précisément celui que produit l'organisme pendant le même temps.

On a trouvé de la sorte qu'un Homme au repos, qui

absorbe par exemple 30 grammes d'oxygène par heure, produit pendant ce temps environ 150 calories, qu'il cède tout entières au milieu extérieur, puisque la température de son corps reste stationnaire. Pour une période de vingt-quatre heures, la quantité totale de chaleur produite s'élève à environ 3 000 calories, qui sont contenues en puissance dans la ration alimentaire.

Si l'Homme exécute un travail musculaire, le nombre de calories libérées passe, par exemple, de 150 à 250 par heure. Il naît donc en plus, du fait de la suractivité des combustions, 250—150 ou 100 calories, énergie à laquelle il faut ajouter celle, beaucoup plus considérable, dépensée en travail musculaire.

**Conservation de la chaleur**. — Les pertes de chaleur qui se produisent au niveau du tégument sont atténuées chez les Mammifères par le pelage, chez les Oiseaux par le plumage. Les plumes surtout, par la grande quantité d'air qu'elles emprisonnent, s'opposent efficacement au refroidissement ; car l'air est mauvais conducteur de la chaleur.

Poils et plumes interviennent largement dans la confection des vêtements de l'Homme, qu'ils soient employés tels quels (fourrures) ou au préalable manufacturés en tissus (laine,...).

Comme textiles d'origine animale, on n'utilise guère, avec la *laine* et exceptionnellement le poil de Chameau, que la *soie* ; comme textiles d'origine végétale, le *coton*, qui forme le duvet protecteur de la graine du Cotonnier ; puis le *lin*, le *chanvre* et la *ramie*, qui consistent en fibres intérieures.

**I. Fourrures**. — Les fourrures les plus estimées sont fournies par les Carnivores des régions froides (Sibérie, Amérique septentrionale), notamment par divers Vermiformes, comme la Martre, la Zibeline, le Vison et la Loutre.

Parmi les Rongeurs, le Castor tient la première

place ; sa fourrure est surtout belle à l'entrée de l'hiver.

Certaines espèces de grand prix devenant de plus en plus rares, par suite de la chasse intensive qui leur est faite, des essais d'élevage ont été tentés depuis quelques années (p. 332). C'est ainsi que des fermes à Castors ont été installées aux Etats-Unis, et d'autres à Renard bleu ou Isatis dans les îles septentrionales, proches de l'Alaska ; le pelage de cette dernière espèce varie du gris bleu au blanc pur (Renard blanc).

Dans ces mêmes parages se rencontre la Loutre de

Fig. 139. — Martre fouine.

mer ou Loutre d'Alaska, qui se tient à petite distance des côtes : sa fourrure, très soyeuse, est d'un beau noir brillant. Au repos, l'animal se laisse flotter sur l'eau à la dérive, ce qui facilite sa capture.

II. Laine. — La laine est fournie en majeure partie par le Mouton. On utilise en outre la toison de la Chèvre (Chèvre de Cachemire) et celle de plusieurs Caméliens, notamment la Vigogne et l'Alpaca, qui vivent en troupeaux nombreux sur les hauts plateaux de l'Amérique méridionale.

Le poil ou brin de laine est cylindrique, et tantôt droit, tantôt ondulé ou frisé : ce dernier est plus extensible et plus élastique. Il peut atteindre, chez le Mouton, selon les races, jusqu'à 30 centimètres de longueur.

La valeur industrielle de la laine varie avec la région du corps qui la produit. La laine de premier choix ou

laine prime est celle du dos et du dessus du cou ; la laine
seconde, celle des flancs ; la laine tierce, celle du ventre ;
la laine basse, celle à brins plus courts qui couvre le
devant du cou.

L'espèce de laine la plus estimée est celle du Mouton
mérinos, originaire d'Afrique et depuis longtemps
élevé en Espagne. Son introduction en France date de

Fig. 140. — Mouton à longue laine.

la fin du xviie siècle : depuis lors, l'espèce s'y est très
répandue et a donné naissance à plusieurs variétés,
dont celles de Bourgogne et de Champagne comptent
au nombre des meilleures.

Avant d'être filée, puis tissée, la laine est l'objet d'une
épuration, qui a pour but de la débarrasser du *suint*
qui l'imprègne. Le suint est un produit oléagineux,
sécrété par les glandes sébacées de la peau ; il se compose de diverses matières grasses, de sels de potasse, etc.
L'une des matières grasses du suint, la *lanoline*,
est employée aujourd'hui à imperméabiliser les vête-

ments de pluie : des étoffes imperméabilisées de la sorte offrent sur les tissus caoutchoutés l'avantage de se laisser traverser par l'air, ce qui les rend plus hygiéniques, en permettant l'évaporation de la sueur.

Le désuintage des laines s'opère par immersion dans une lessive alcaline chaude (solution de potasse).

La laine est la base du drap, du molleton, de la flanelle.

**III. Soie.** — La soie employée dans l'industrie textile est à peu près exclusivement celle du Bombyx du Mûrier

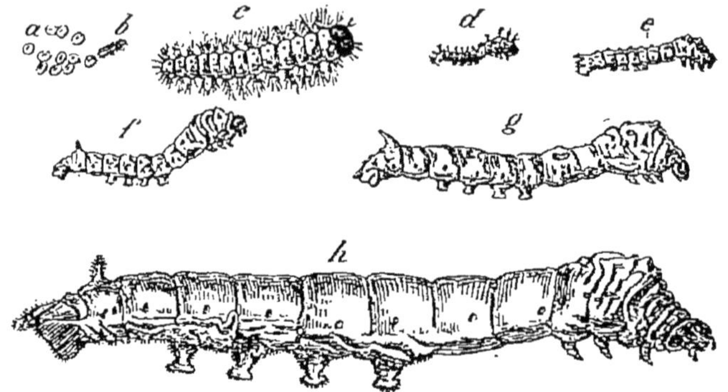

Fig. 141. — *a*, œufs de Bombyx du Mûrier (grand. natur.); — *b-g*, divers états du Ver à soie, — *h*, Ver adulte.

(fig. 141, 142). Au moment de sa transformation en chrysalide, la chenille de ce papillon, dite Ver à soie ou magnan, sécrète, par deux longues glandes tubuleuses latérales, une substance visqueuse, qui s'écoule au dehors par une filière unique, située sur la lèvre inférieure, et qui, à mesure qu'elle est étirée en fil, se solidifie.

Le cocon de soie, achevé en quelques jours, est formé d'un fil unique, blanc ou jaune, dont les nombreux tours sont plus ou moins agglutinés entre eux; le Bombyx (fig. 142, *k*) en sort au bout de quelques semaines, pond ses œufs (*graine*), puis meurt.

La sériciculture est une industrie très active en Chine

et au Japon. Elle a été introduite en France avec le
Mûrier, arbre nourricier du Ver à soie, vers la fin du
xv^e siècle ; les magnaneries sont aujourd'hui nombreuses et importantes en Provence, dans le Dauphiné
et le Vivarais.

On a créé, il y a quelques années, une École de sériciculture, ainsi que plusieurs filatures de soie perfectionnées, dans nos colonies de l'Annam et du Tonkin ;
les soies qu'elles produisent peuvent rivaliser avec les
meilleures de Chine et du Japon.

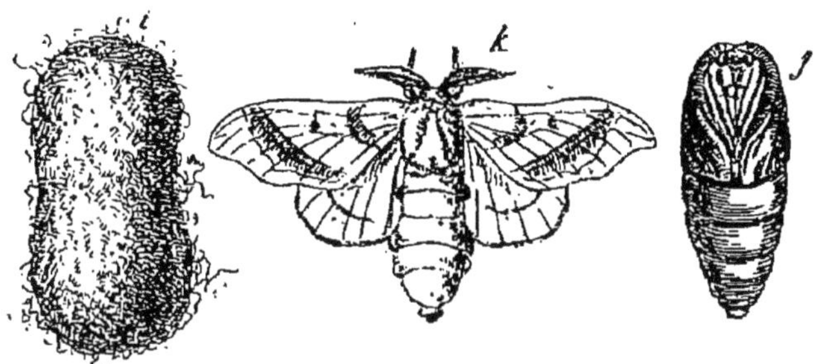

Fig. 142. — i, cocon de soie; — k, Bombyx du Mûrier, à antennes plumeuses;
— j, chrysalide extraite du cocon.

Avant d'être dévidés, puis filés, les cocons de soie sont
immergés dans de l'eau bouillante, qui désagglutine
le fil. Telle qu'elle passe du cocon sur le dévidoir, la
soie est dite soie brute ou *soie grège ;* pour constituer
des fils susceptibles d'être tissés, plusieurs brins de
soie, diversement colorés par la teinture, sont associés
et en outre tordus (*soie torse*). La torsion donne à la
soie une grande solidité.

Les tissus de soie serrés sont le taffetas, le satin, le
brocard, etc. ; les soies légères comprennent la mousseline et la ouate de soie, le foulard ; citons enfin les
velours de soie.

La chenille de l'Attacus, grand Bombyx également
originaire d'Extrême-Orient et qui vit sur l'Ailante, produit un cocon, comme le Bombyx du Mûrier ; mais le
brin en est trop grossier pour pouvoir être avantageu-

sement utilisé. L'Ailante, improprement nommé Vernis du Japon, est un arbre à feuilles composées, pennées, luisantes, qui se répand de plus en plus dans les plantations des villes européennes : le papillon s'y acclimate parfaitement dans nos pays.

**IV. Soie artificielle.** — La soie artificielle dérive de la cellulose, principe constitutif des membranes cellulaires végétales (fig. 2, *d*) et qui, à lui seul, forme le coton, le lin, le chanvre, la moelle de Sureau et la majeure partie du bois.

En dissolvant de la nitrocellulose (combinaison de cellulose et d'acide nitrique) dans un mélange d'alcool et d'éther, on obtient un liquide de consistance gommeuse, le *collodion,* dans lequel la cellulose se régénère par addition de chlorure de fer. Ce mélange passe sous pression à travers une filière conique, dont les trous sont microscopiques ; il est reçu à la sortie dans de l'eau acidulée par l'acide azotique, qui le coagule, ce qui en fait un fil rappelant la soie et susceptible, comme elle, d'être teint et tissé. Le grand inconvénient de la soie végétale est sa grande inflammabilité.

Dans le procédé récent, dit à la *viscose,* on traite d'abord la cellulose par la soude caustique, puis, d'une façon prolongée, par le sulfure de carbone, ce qui donne le produit épais, nommé viscose. On le clarifie au moyen de filtres-bougies, dans lesquels il est refoulé par une pompe ; puis il passe à la filière. Le fil ainsi obtenu est extrêmement fin et souple et presque aussi résistant que la soie naturelle ; on le soumet à plusieurs lavages, avant de le tisser. Les tissus obtenus avec cette soie artificielle sont d'un fort beau reflet.

**V. Coton.** — Ce textile est constitué par les poils épidermiques unicellulaires qui forment le duvet blanc de la graine du Cotonnier (Malvacée) (fig. 144) ; ces poils, coniques dans la graine non encore mûre, s'aplatissent et se tordent plus ou moins en mûrissant, par l'effet de la dessiccation.

La membrane (fig. 145), de nature cellulosique, est épaisse et résistante ; la cavité intérieure, primitivement occupée par le protoplasme et le noyau, est fort réduite, le contenu s'étant résorbé pendant la maturation, ce qui réduit le brin de coton mûr à la membrane cellulosique.

La longueur des brins peut atteindre et même dépasser 4 centimètres (*cotons longue soie*) ; les cotons *courte soie* ne dépassent guère 2 centimètres et demi.

Fig. 143. — Rameau de Cotonnier, avec fleurs et fruits (capsules).

Les Cotonniers (fig. 143) sont, selon les espèces, des arbustes de quelques mètres de hauteur (Cotonniers *arborescents*) ou des plantes herbacées d'un à deux mètres (Cotonniers *herbacés*). Ces végétaux sont cultivés dans l'Inde et en Egypte depuis la plus haute antiquité.

Les États-Unis tiennent aujourd'hui le premier rang pour la production du coton ; l'introduction du Cotonnier dans cette région date de la seconde moitié du xviiie siècle.

La culture du Cotonnier prend aussi depuis quelques années un grand développement dans les vastes plaines de l'Asie centrale (Turkestan), où les Russes ont importé le Cotonnier américain.

Les colonies françaises ne produisent encore qu'une quantité insignifiante de coton. Des essais encourageants ont été récemment tentés au Soudan, notamment dans le bassin du Niger, dont divers districts remplissent les conditions nécessaires à une bonne production de ce textile.

Par une série

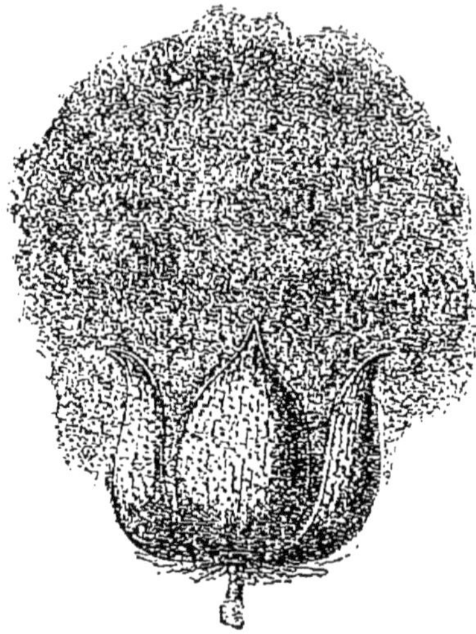

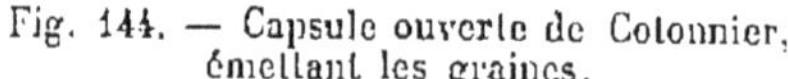

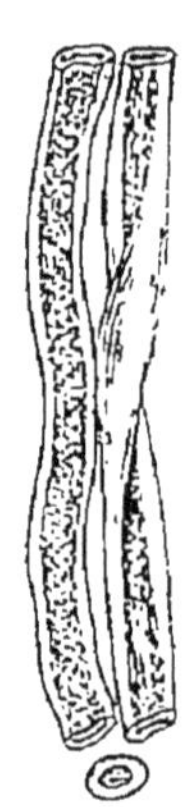

Fig. 144. — Capsule ouverte de Cotonnier, émettant les graines.

Fig. 145. — Deux brins de coton.

d'opérations industrielles, on transforme le coton brut en coton filé. Ce dernier est passé à la teinture, tantôt avant, tantôt seulement après le tissage : les cotonnades de la première sorte sont qualifiées de *rouennerie* ; les secondes d'*indiennes*.

La toile épaisse de coton forme le calicot, la cretonne, etc. ; plus serrée et plus fine, elle prend le nom de percale ; légère, souple et transparente, c'est la mousseline de coton. On fabrique aussi de la ouate de coton pour pansements (ouate hydrophile), pour doublure de vêtements, etc.

**VI. Lin**. — Le Lin cultivé (fig. 146), type de la famille des Linacées, dont les fibres ou *filasse* constituent la matière première de la *toile* proprement dite, est une plante annuelle à fleurs bleues, d'environ cinquante centimètres de hauteur. Originaire du Caucase, elle est acclimatée aujourd'hui dans tous les pays d'Europe, surtout dans les climats tempérés et tempérés froids ; elle est cultivée depuis plusieurs milliers d'années en Egypte. On la multiplie surtout par les graines de Riga (Russie).

La culture du Lin en France, localisée dans les départements du Nord (Nord, Pas-de-Calais) et de l'Ouest (Côtes-du-Nord...), est en décroissance ; en sorte qu'on utilise en prédominance les lins importés de Russie, de Belgique, etc. Les plants obtenus avec les graines récoltées dans nos régions dégénèrent au bout de quelques générations, de sorte qu'il est nécessaire de recourir à nouveau à la graine d'origine.

Les fibres de la tige du Lin sont groupées en une sorte d'étui dans la zone interne de

Fig. 146. — *a*, Lin cultivé ; — *b*, fruit, entouré du calice ; — *c*, graine.

l'écorce (fig. 148, *c*) : ce sont des filaments cellulosiques très résistants, atteignant plusieurs centimètres de longueur. Elles représentent chacune une cellule allongée (fig. 149) et à membrane tellement épaissie que la cavité centrale se trouve réduite à un simple canalicule axile (*a*), sans contenu.

Les toiles de Lin pur forment les qualités supérieures de linge de table, la batiste, etc. On en fait aussi, en mélange avec du coton, de la toile à voiles, etc.

*Rouissage*. — Pour isoler les fibres d'avec les tissus environnants, on procède au *rouissage*, c'est-à-dire qu'on abandonne les tiges de Lin à la décomposition

Fig. 147. — Rameau de Chanvre, avec fleurs staminées.

dans l'eau, à la température d'environ 25 degrés. Dans ces conditions, les Bactéries qui prennent naissance dans la masse attaquent et détruisent en une douzaine de jours, non seulement l'écorce (*bd*), mais encore la substance spéciale, distincte de la cellulose, qui joint les fibres les unes aux autres. Ces dernières, qui résistent à l'attaque, se trouvent ainsi isolées à l'état de filasse.

**VII. Chanvre.** — Le Chanvre (*Cannabis*), de la famille des Urticacées, est une plante-dioïque, c'est-à-dire que les fleurs à étamines et les fleurs à pistil ou fructifères sont portées par des pieds différents (fig. 147). Il atteint 2 mètres de hauteur. Ses feuilles sont profondément divisées en cinq ou sept lanières ; ses sommités fleuries forment la base du *haschich*, préparation enivrante en usage chez les Orientaux et qui, à la longue, trouble profondément les facultés intellectuelles.

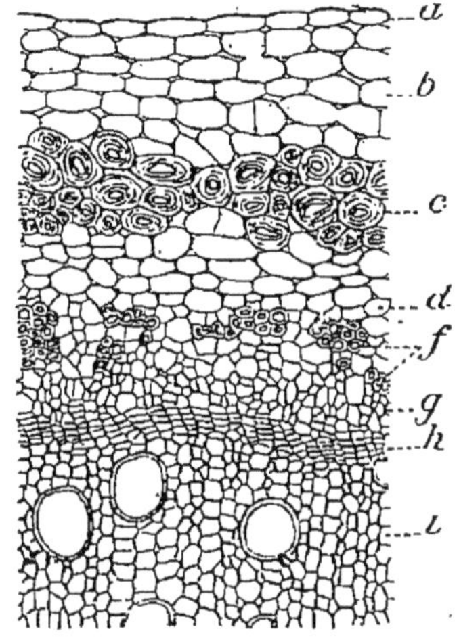

Fig. 148. — Coupe d'une tige de Chanvre. — *a*, épiderme ; — *bd*, écorce ; — *c*, anneau de fibres ; — *f*, fibres plus étroites ; — *g*, liber ; — *i*, bois ; — *h*, région où s'opère l'accroissement en épaisseur (gross. : 150).

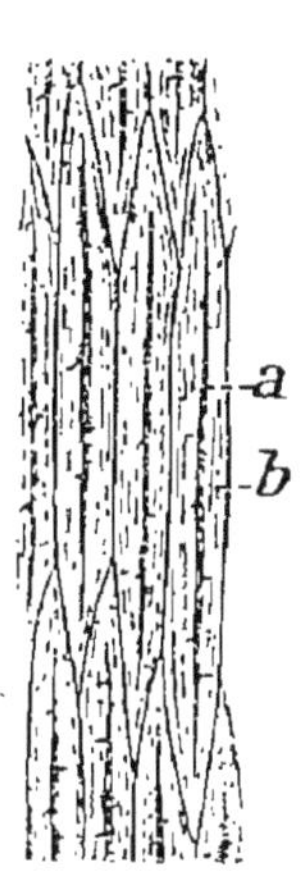

Fig. 149. — Groupe de fibres. — *a*, cavité ; — *b*, membrane épaissie.

Les fibres du Chanvre (fig. 148, *c*), situées, comme celles du Lin, dans l'écorce, atteignent 4 et même 5 centimètres de longueur ; on les isole également par le procédé du rouissage à l'eau.

Le Chanvre est cultivé en France dans plusieurs départements de l'Ouest (Sarthe, Maine-et-Loire, Morbihan,...), en Picardie ; mais la production indigène, d'ailleurs décroissante, est bien insuffisante aux besoins de l'industrie.

Le Chanvre importé vient principalement de Russie

(Riga), d'Allemagne et d'Italie (Bologne) ; ce dernier est le plus estimé.

Les tissus à base de Chanvre sont le coutil, la toile à voiles ; on fait aussi de ce textile des cordages, etc.

VIII. **Ramie**. — Une autre Urticacée, la Ramie, sorte d'Ortie importée de Chine et d'Indo-Chine, fournit des fibres lustrées, très tenaces, remarquablement longues (jusqu'à 25 centimètres) et d'un emploi courant, soit pures, soit en mélange avec le coton et la laine, pour la confection de tissus, doués d'un beau brillant.

On utilise aussi la Ramie à la confection de cordages, de voiles, etc.

# DEUXIÈME PARTIE

## APPAREILS ET FONCTIONS DE RELATION

Les fonctions de relation s'effectuent grâce aux appareils ou systèmes organiques suivants :
1° Les *organes des sens* ;
2° Le *système nerveux* ;
3° L'*appareil locomoteur* (muscles et squelette) ;
4° L'*appareil phonateur* (*larynx*).

Les fonctions organiques correspondantes ont été antérieurement définies (p. 11).

## SECTION I

### ORGANES DES SENS

*Définition*. — Notre corps porte en divers points de sa surface des organes spéciaux, tels que l'œil, l'oreille, qui reçoivent les excitations ou impressions des agents extérieurs, comme la lumière, les sons : ce sont là les *organes des sens* (fig. 149 *bis*, *a*, *i*).

Les impressions qu'ils recueillent sont transmises par des nerfs (*nerfs sensitifs*, *b*) au cerveau, où elles se traduisent par des *sensations*, et ces dernières, à leur tour, alimentent la *pensée*.

Les organes des sens sont donc purement des organes récepteurs, et les nerfs, des câbles transmetteurs. Seul, le cerveau est doué de la faculté de *perception sensorielle* ; seul, il élabore le *travail intellectuel*.

Les sens inférieurs sont le *toucher*, le *goût* et l'*odorat*, qui s'exercent respectivement par le *tégument*, la

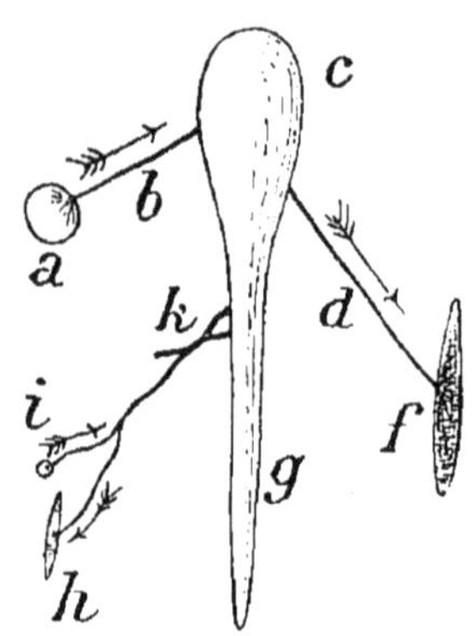



Fig. 149 *bis*. — Schéma des organes de la relation. — *a*, organes des sens ; — *bcdk*, système nerveux ; — *b*, nerf sensitif ; — *c*, encéphale ; — *g*, moelle ; — *d*, nerf moteur ; — *k*, nerf mixte à deux racines, formé de *i*, nerf tactile, et de *h*, nerf moteur ; — *f*, muscles. — Les flèches indiquent l'action réflexe.

langue et les *fosses nasales*. Les sens supérieurs, de destination plus spécialement intellectuelle, sont l'*ouïe* et la *vue*, qui s'exercent par des organes de structure plus complexe, l'*oreille* et l'*œil*.

Les parties réellement excitables, et par suite essentielles, des organes des sens sont toujours à rechercher à l'extrémité des nerfs sensitifs correspondants. Ainsi, dans l'œil, le nerf optique distribue ses fibres uniquement à la rétine, qui est la membrane interne de l'organe (fig. 176, *c*).

Or, cette membrane est précisément la seule partie de l'œil impressionnable à la lumière ; les autres formations ne jouent dans la vision qu'un rôle subordonné.

# CHAPITRE PREMIER



Il semble, au premier examen, que tous les points de la peau indistinctement soient sensibles au toucher. En réalité, les seules parties impressionnables sont les petits corpuscules ovoïdes (fig. 153), très nombreux il est vrai, disséminés dans la partie profonde ou derme de la peau et reliés au cerveau ou à la moelle épinière par des filets nerveux sensitifs.

Définissons donc d'abord la *peau,* par elle-même dénuée de sensibilité ; ensuite les *corpuscules tactiles,* organites récepteurs des excitations, qui y sont inclus.

**1° Le tégument**. — Le tégument (fig. 151) comprend une couche superficielle (*ab*) ou *épiderme* et une couche profonde plus épaisse (*c*), le *derme*.

Ses organes annexes sont les *glandes sudoripares,* les *glandes sébacées* et les *poils*.

Le rôle essentiel du tégument est purement *protecteur*. Il est aussi le siège d'une certaine activité respiratoire (*respiration cutanée*); enfin ses glandes sudoripares interviennent activement dans la *régulation de la température* (p. 161).

**I. Épiderme**. — L'épiderme (fig. 150) consiste en une succession d'assises de cellules, dont la vitalité va en décroissant, à mesure qu'elles sont plus proches de la surface : les assises vivantes les plus profondes forment ensemble la *couche muqueuse* (*c*); les assises super-

ficielles, aplaties et inertes, la *couche cornée* (*e*). Par
induration, cette dernière constitue les ongles.

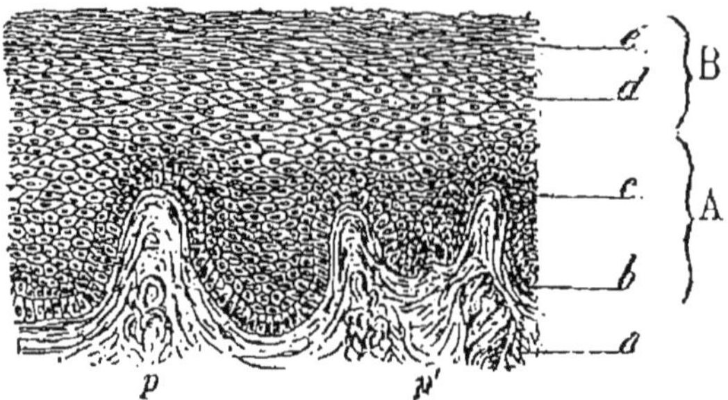

Fig. 150. — Coupe mince de la peau. — AB, épiderme ; — *b-e*, ses nombreuses
assises de cellules ; — *c*, cellules aplaties et mortes ; — *a*, derme, avec
*p*, vaisseaux sanguins, et *p'*, corpuscule tactile.

L'assise épidermique la plus intérieure (*b*), qui suit

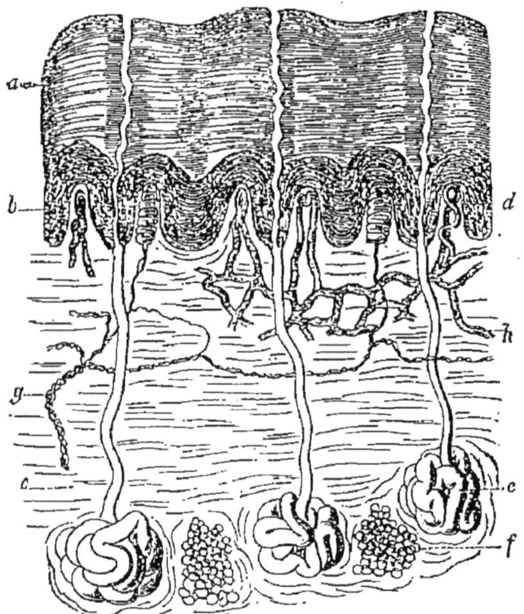

Fig. 151. — Coupe de la peau. — *a*, couche cornée de l'épiderme ; — *b*, couche
muqueuse ; — *c*, derme ; — *d*, papilles vasculaires ; — *h*, vaisseaux ; — *g*,
nerfs et corpuscules tactiles ; — *e*, glandes sudoripares ; — *f*, graisse.

exactement les sinuosités du derme, est formée de hautes

cellules en continuelle voie de multiplication, qui régénèrent l'épiderme, à mesure que meurent et se desquament les assises superficielles usées (pellicules, peau morte) : l'épiderme conserve ainsi une épaisseur sensiblement constante, tout en se renouvelant incessamment.

On n'observe aucun vaisseau sanguin dans l'épiderme : ses matériaux nutritifs lui viennent donc du derme adjacent. Par contre, la couche muqueuse renferme de très délicats filets nerveux tactiles.

II. **Derme**. — Le derme (fig. 151, c) est composé de tissu conjonctif, c'est-à-dire d'un enchevêtrement lâche de fibrilles amorphes, dans lesquelles sont disséminées çà et là des cellules : les crêtes ou bosses, dites *papilles dermiques* (fig. 150, p, p'), qu'il forme du côté de l'épiderme, renferment des capillaires sanguins et des boutons du toucher.

La couche la plus intérieure du derme est fortement imprégnée de graisse (lard).

III. **Poils**. — Les poils et cheveux sont des productions purement épidermiques, plongeant par leur base dans le derme.

On distingue dans un poil (fig. 152) : 1° la base renflée et vivace ou *bulbe pileux* , excavée en dessous pour recevoir les vaisseaux de la papille nourricière; 2° la *racine*, partie implantée dans une sorte de sac, dit *follicule pileux* ; 3° enfin la *tige*, partie extérieure.

La couche extérieure ou écorce du poil est formée de longues cellules, renfermant les gouttelettes

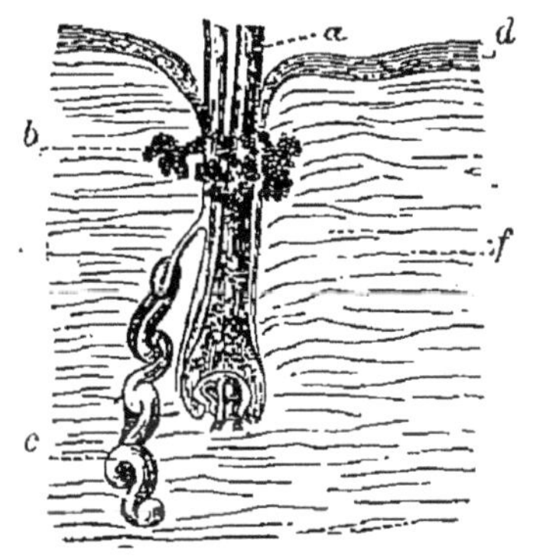

Fig. 152. — Coupe de la peau du Chien. — *a*, tige du poil; plus bas, racine et bulbe, ce dernier coiffant la papille nourricière; — *b*, glandes sébacées; — *c*, glande sudoripare; — *d*, épiderme ; — *f*, derme.

de pigment qui donnent au poil sa couleur ; dans la
moelle ou portion centrale, ce sont de larges cellules,
empilées transversalement les unes sur les autres.

Deux *glandes sébacées* (*b*), insérées sur les flancs du
follicule pileux, imprègnent le poil de leur sécrétion
grasse (*sebum*), qui assouplit la peau tout entière. Enfin
une bandelette musculaire (*muscle horripilateur*) relie
obliquement le poil à l'épiderme et hérisse la peau (chair
de poule), lorsqu'elle se contracte.

Les cheveux durent de deux à six ans chez l'adulte ;
leur chute est provoquée par les microorganismes
parasites de la racine. Toutefois, le bulbe, qui est
vivace, peut bourgeonner et en produire un nouveau.

IV. **Glandes sudoripares**. — Les glandes sudoripares
(fig. 151, *e*) sont de simples glandes en tube, dont la base
est pelotonnée sur elle-même dans le derme ; leurs
orifices superficiels constituent les *pores* de la peau.

Leur nombre, variable suivant les régions, peut
s'élever à 300 (plante sur pied, ...) par centimètre carré.

La sueur renferme des déchets azotés (urée, ...), des
principes acides à odeur forte, enfin des sels minéraux :
c'est une excrétion complémentaire de l'urine.

De plus, en s'évaporant sur la peau, la sueur joue le
rôle important de *régulateur de la température*, chaque
fois que la température du corps s'élève à plus de 37°.

Ajoutons qu'indépendamment de la *sudation*, phénomène en somme exceptionnel, la peau est en tout temps,
comme les poumons, le siège de simple *transpiration*,
c'est-à-dire d'émission de vapeur d'eau.

**2° Organites tactiles**. — En suivant les filets
nerveux (fig. 151, *g*) qui serpentent dans le derme de la
peau, on voit qu'ils aboutissent, dans les papilles, à de
petits boutons ovoïdes. Ce sont là les organites du
toucher ou *corpuscules tactiles* (fig. 154) ; ils mesurent
de 0$^{mm}$,01 à 3 millimètres.

Dans la main, par exemple, ces organites sont disposés en manière de grappe (fig. 153), à l'extrémité des rameaux des nerfs latéraux des doigts. Ils se composent (fig. 155) d'une paroi protectrice (*b, c*) et d'un buisson nerveux intérieur, épanouissement d'une fibre nerveuse (*a*), qui reçoit les impressions de contact et les transmet à cette dernière. Les *impressions tactiles* cheminent ensuite par le nerf jusqu'au cerveau, où elles se traduisent par des *sensations tactiles*.

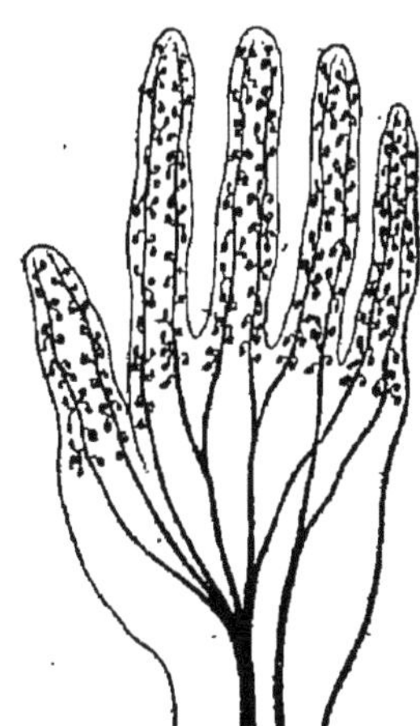

Fig. 153. — Nerfs et corpuscules tactiles de la main.

Les corpuscules tactiles ne sont pas spéciaux au tégument; on en trouve jusque dans les organes profonds (intestin, péritoine, muscles, …), et là, leur excitation engendre les sensations plus ou moins vagues de douleur intérieure. Ceux des muscles interviennent utilement pour nous permettre d'apprécier le poids des corps ; car leur excitation est d'autant plus intense que la contraction musculaire est plus énergique.

*Diversité des sensations tactiles.* — Les sensations tactiles se subdivisent en sensations de *contact*, de *température* et de *pression*, qui souvent se produisent simultanément et alors se superposent.

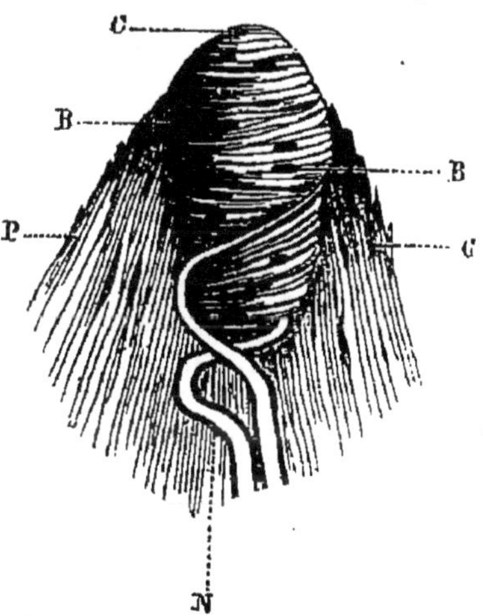

Fig. 154. — B, corpuscule tactile et son nerf N ; — PCG, papille dermique.

Ainsi, lorsque nous tenons un corps à la main, nous percevons, d'une part, grâce aux boutons tactiles de la

peau, les sensations de pression et de température ;
d'autre part, grâce aux corpuscules des muscles contractés, la sensation de poids. La fusion de ces sensations
élémentaires explique que notre appréciation du poids
d'un corps varie, selon que ce corps est chaud ou froid ;
nous estimons d'ordinaire un corps chaud plus léger que le même corps froid.

*Analgésie du tégument.* — Les nerfs du toucher peuvent être localement *insensibilisés*, soit par refroidissement, soit par injection de cocaïne, principe actif des feuilles de la Coca du Pérou. La cocaïne est particulièrement précieuse dans les opérations chirurgicales locales, dans le traitement dentaire : la région injectée reste sensible aux variations de température ; le patient sent le
scalpel passer dans la plaie, mais il n'éprouve aucune
douleur. Il y a, comme l'on dit, analgésie.

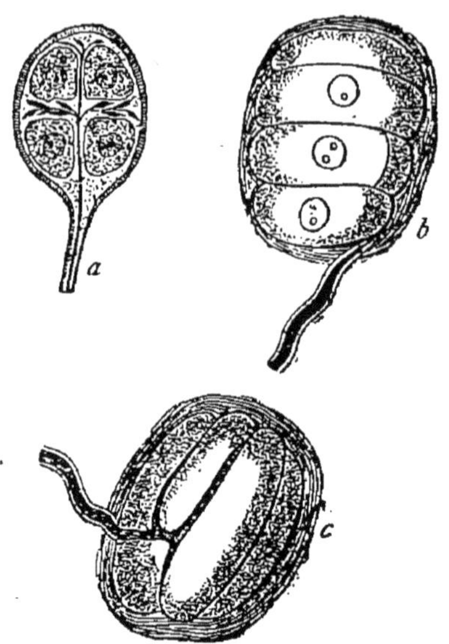


Fig. 155. — Corpuscules tactiles et fibres
nerveuses. — En *a*, on voit la ramification de la fibre en buisson sensible.

### 3° Hygiène de la peau.

— Le libre exercice des
fonctions cutanées exige l'entretien de la peau, à l'aide
de bains chauds et de savon : en éliminant ainsi la
couche superficielle morte du tégument, imprégnée de
graisse, on rétablit dans toute leur activité la respiration cutanée et la sécrétion sudoripare.

Pour absorber la sueur et éviter des refroidissements
par évaporation, le mieux est de recourir à la flanelle
de laine.

Les douches froides ou chaudes, base de l'*hydrothé-rapie*, interviennent aussi dans l'hygiène de la peau. Elles sont de nature à accroître la résistance organique, en accoutumant le corps à une température relativement basse. Les douches froides se prennent à environ 12°, mais pendant une douzaine de secondes seulement.

Après la douche, pour faciliter la réaction thermique à la peau, il convient de se livrer à un exercice musculaire actif (marche, escrime, gymnastique):

**4° Parasites de la peau**. — 1° La peau des personnes malpropres est parfois envahie par un petit Arachnide du genre Sarcopte (1 millimètre) (fig. 156), qui occasionne la maladie de la *gale*.

Sa présence est attestée par de petites pustules, disséminées sur tout le corps, principalement à la main dans l'intervalle des doigts : il en résulte une vive démangeaison.

On se débarrasse de ce parasite par des frictions énergiques à la pommade soufrée, précédées et suivies d'un bain chaud.

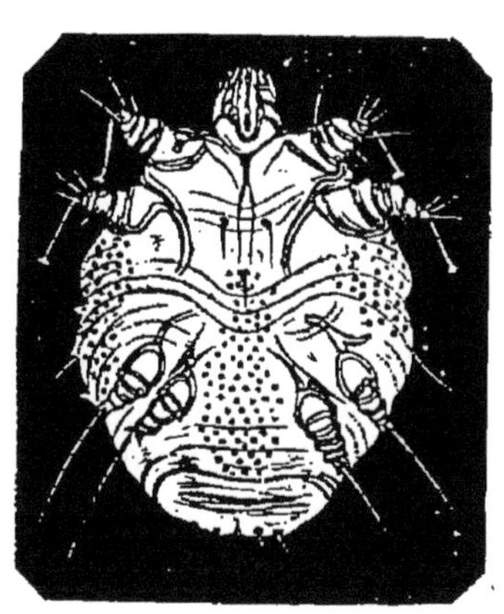

Fig. 156. — Sarcopte de la gale, face ventrale (4 p. de pattes).

2° Plusieurs Champignons inférieurs filamenteux, de l'aspect des Moisissures, sont également parasites de la peau et donnent lieu notamment à la *teigne*, à la *pelade*, etc.

La pommade soufrée est applicable à ces affections, comme à la gale.

# CHAPITRE II

## ORGANE DU GOUT : LANGUE

Dans la langue, considérée en tant qu'organe du goût, les seules parties sensibles aux substances sapides sont les *papilles* ou rugosités de la face supérieure de l'organe.

Étudions d'abord la langue en elle-même, puis les papilles gustatives.

**1° Conformation de la langue**. — La langue (fig. 157) comprend une *masse musculaire* complexe, recouverte d'une épaisse *muqueuse*.

Et tandis que la muqueuse linguale est le siège du *goût* et du *toucher*, les muscles jouent un rôle important dans la *mastication* et la *déglutition* des aliments (p. 53), et surtout dans l'*articulation du langage*, c'est-à-dire dans la transformation des sons laryngiens en voyelles et consonnes (p. 302).

I. **Muscles de la langue**. — La langue contient huit muscles, dont les directions variées assurent à l'organe sa grande mobilité : ces muscles sont animés par un nerf spécial, le nerf hypoglosse, dernier nerf cranien (12ᵉ), qui naît du bulbe au niveau du trou occipital. La section de ce nerf entraîne la paralysie de la langue.

La charpente musculaire de la langue s'insère en arrière à l'os hyoïde (fig. 158, *a*), en avant (*b*) à la mâchoire inférieure, et en haut (*c*) à l'os temporal.

**II. Muqueuse.** — La muqueuse linguale comprend, comme le reste de la muqueuse de la bouche, un derme (tissu conjonctif) et un épithélium stratifié, soumis, selon la règle générale, à la desquamation et au renouvellement (p. 181).

A sa surface végètent en tout temps des Bactéries, notamment le Leptotriche buccal (fig. 78, *a*), forme géante, qui atteint plusieurs centièmes de millimètre de longueur. Dans son épaisseur sont disséminées de nombreuses petites glandes salivaires (fig. 161, *h*).

Les papilles, localisées à la face supérieure de la langue, sont de trois sortes :

1° A la pointe et sur les côtés, elles affectent la forme de petits boutons courtement pédonculés, rappelant un Champignon, d'où leur nom de *papilles fongiformes* (fig. 160, *a*) ;

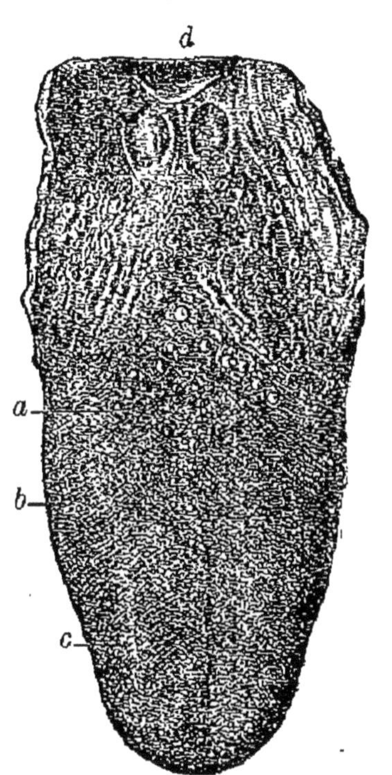

Fig. 157. — Langue. — *a*, papilles du V lingual; — *bc*, papilles fongiformes; — *d*, épiglotte.

2° En arrière, là où la langue s'incurve pour aller rejoindre l'os hyoïde, sont localisées les *papilles caliciformes* (fig. 159), en forme de tronc de cône, enfoncé dans une dépression de la muqueuse ; ces papilles sont groupées en deux bandes convergentes, qui forment ce que l'on nomme le V lingual (fig. 157, *a*) ;

3° Enfin, disséminées sur toute la surface supérieure de l'organe, des *papilles filiformes* (fig. 160), munies d'un ou plusieurs prolongements.

Toutes ces papilles renferment, comme la peau, des corpuscules tactiles (fig. 161, *f*) ; mais, seules, les papilles caliciformes et fongiformes contiennent en outre des corpuscules gustatifs.

Deux nerfs sensitifs, à la fois gustatifs et tactiles, desservent la muqueuse de la langue, savoir, le nerf *glosso-pharyngien* (9e nerf cranien, fig. 340, *20*), destiné aux papilles du V lingual, et le *nerf lingual* (branche du 5e nerf cranien), qui se distribue aux papilles fongiformes.

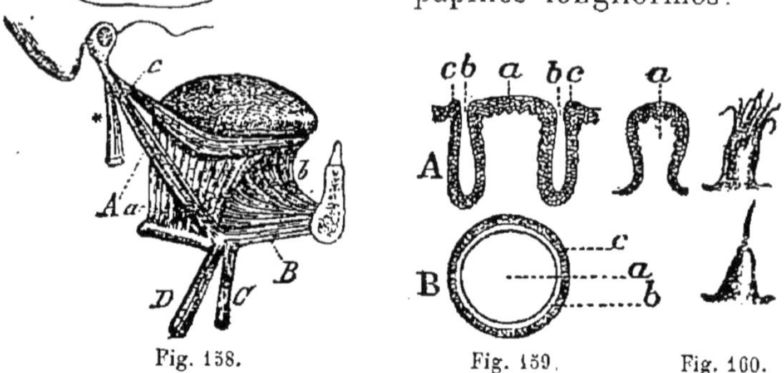

Fig. 158.     Fig. 159.     Fig. 160.

Fig. 158. — Muscles de la langue. — *c*, muscle styloglosse, allant à l'os temporal ; — *b*, muscle génioglosse ; — *a*, muscles hyoglosses, allant à l'os hyoïde ; — B, muscle géniohyoïdien. — D et C vont à l'omoplate et au sternum.

Fig. 159. — Diverses formes de papilles de la langue. — A, papille caliciforme ; — B, vue d'en haut ; — *a*, papille ; — *b*, sillon circulaire ; — *c*, rebord.

Fig. 160. — *a*, papille fongiforme ; à droite, deux papilles filiformes.

**2° Organites du goût**. — Dans une papille caliciforme, par exemple, les corpuscules du goût affectent la forme de petits organites ovoïdes (fig. 161, *k*), d'environ un quart ou d'un demi-millimètre de longueur, inclus dans l'épithélium, mais seulement en bordure de la gouttière circulaire (*b*), qui sépare la papille de la partie adjacente (*c*) de la muqueuse ; la face supérieure de ces papilles en est dépourvue.

Les *corpuscules* ou *bourgeons du goût* (fig. 162) consistent en une paroi de longues cellules protectrices (*b*), qui recouvrent un groupe de cellules gustatives (*a*), excitables par les substances sapides. L'excitation porte sur le prolongement cellulaire ou bâtonnet extérieur ($a'$),

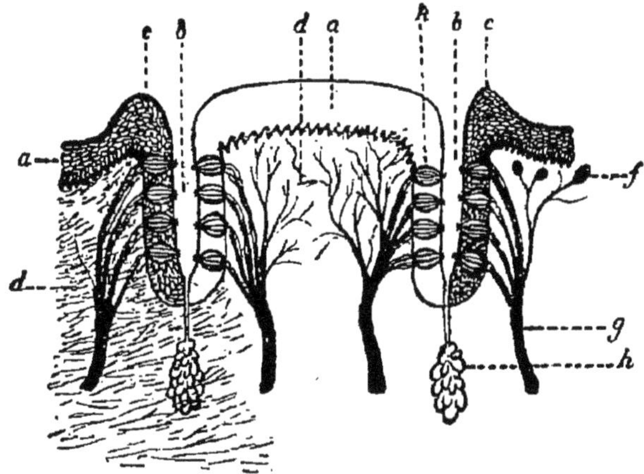

Fig. 161. — $a$, $d$, épithélium et derme d'une papille caliciforme ; — $b$, sillon, et $c$, rebord circulaire ; — $f$, $k$, corpuscules tactiles et gustatifs ; — $g$, nerfs ; — $h$, glandes salivaires.

qui plonge dans la salive ; quant au prolongement intérieur, il est en rapport avec le buisson nerveux d'une fibre ($c$) du nerf glosso-pharyngien, qui transmet les impressions sapides au cerveau, pour y être perçues.

Pour qu'une excitation gustative se produise, il faut que la substance agissante soit dissoute. Ainsi, lorsqu'un grain de sel est déposé à la surface de la langue préalablement desséchée, la sensation de contact seule est perçue ; mais la salivation que provoque ce contact, par suite d'une action nerveuse réflexe, entraîne

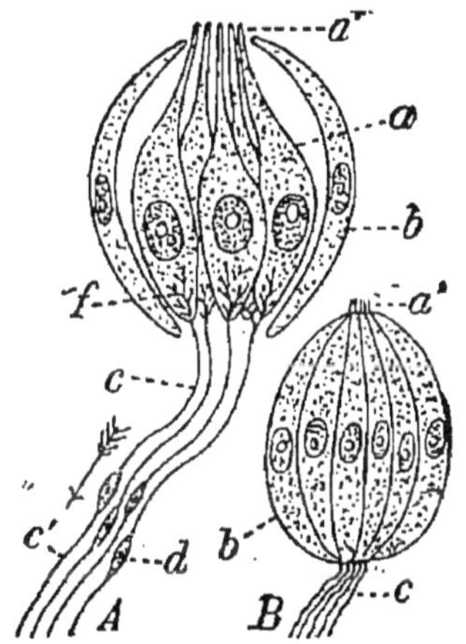

Fig. 162. — A, coupe d'un corpuscule gustatif ; — $a$, cellules gustatives ; — $a'$, leur bâtonnet excitable ; — $c$, fibres nerveuses ; — $b$, cellules protectrices. — B, un corpuscule entier.

sa dissolution, et dès lors l'action sapide se produit.

Les papilles caliciformes sont surtout sensibles aux saveurs amères ; les papilles fongiformes, surtout aux savèurs douces et acides.

Le sens du goût, bien qu'accessoire, nous donne d'utiles indications sur la composition des aliments et autres substances sapides. L'abus des excitants (alcool, tabac,...) l'émousse et finit par l'oblitérer, au point qu'il devient impossible ensuite d'apprécier sainement la qualité des aliments ingérés.

# CHAPITRE III

## ORGANES DE L'ODORAT : FOSSES NASALES

*Définition*. — Les fosses nasales, siège des nerfs de l'odorat, sont deux cavités irrégulières, séparées l'une de l'autre par une cloison plane et tapissées par une délicate membrane, dite *membrane pituitaire*. Elles s'ouvrent au dehors par les narines; en arrière, elles communiquent avec le pharynx par les arrière-narines, et avec l'oreille moyenne par la trompe (fig. 53, *c*).

Les éléments sensibles aux odeurs sont de simples cellules, disséminées dans la muqueuse pituitaire et directement unies aux fibres des nerfs olfactifs; ces cellules sont localisées dans la partie postéro-supérieure, très étroite, des fosses nasales (fig. 164, *b*). Il n'y a donc pas ici, à proprement parler, d'organites olfactifs, comparables aux bourgeons du goût, mais seulement des *cellules olfactives* indépendantes.

**1° Fosses nasales**. — Les fosses nasales offrent à considérer deux régions : d'une part, les *vestibules des fosses nasales*, à squelette cartilagineux, qui correspondent au nez extérieur ; d'autre part, les *fosses nasales proprement dites*, régions profondes, à squelette osseux, aboutissant aux arrière-narines.

La membrane limitante du nez extérieur ne renferme que des nerfs du toucher (fig. 164, *cd*); les nerfs olfactifs (*b*) sont propres à la partie postéro-supérieure des fosses nasales proprement dites,

*a*) Le *nez* est une simple expansion du tégument,

soutenue en haut par les deux os nasaux (fig. 163, *a*),
seule partie osseuse de l'organe, et renforcée sur les faces
latérales par deux cartilages, dont l'inférieur occupe
l'*aile* du nez; soit, en tout, avec le cartilage de la cloison,
cinq cartilages pour le nez extérieur.

*b*) Les *fosses nasales* profondes sont exclusivement
limitées, dans leur partie supérieure, par l'os ethmoïde
ou os criblé, premier os du plancher du crâne (fig. 224, *10*),
qui fait suite en arrière à l'os frontal.

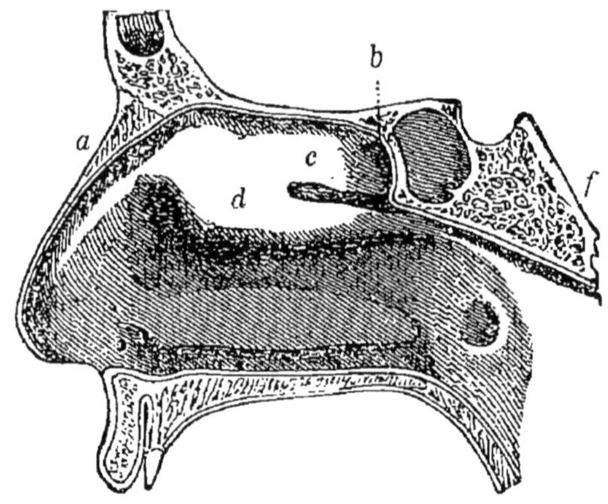

Fig. 163. — Face latérale d'une fosse nasale (cloison nasale enlevée). — *a*, os
nasaux ; plus haut, frontal et ethmoïde ; — *b*, orifice de la cavité ou sinus du
sphénoïde *f*; — *c*, *d*, cornets supérieur et moyen, recevant les nerfs olfactifs
(fig. 164, *b*). — Plus bas, le cornet inf.; à droite, l'orifice de la trompe auditive.

Leur face supérieure répond aux deux gouttières perforées, dites *lames criblées* de l'ethmoïde, dont les perforations donnent passage aux nombreux filets nerveux
olfactifs (fig. 164, *b*); ces derniers se détachent d'un lobe
nerveux cérébral (lobe olfactif, *u*), qui repose de chaque
côté sur les lames criblées.

La face inférieure des fosses nasales (fig. 163) est formée par la voûte palatine (os maxillaires supérieurs et
palatins); leur face interne par la cloison nasale osseuse.

Quant à la face extérieure, fort irrégulière (fig. 163),
elle offre trois lames osseuses bombées, dites *cornets* du

nez, séparées par des dépressions ou *méats*. Les deux cornets supérieurs ($c$, $d$) sont des dépendances de l'ethmoïde; le cornet inférieur, articulé en haut au cornet moyen et en bas à la voûte palatine, est, au contraire, un os spécial de la face.

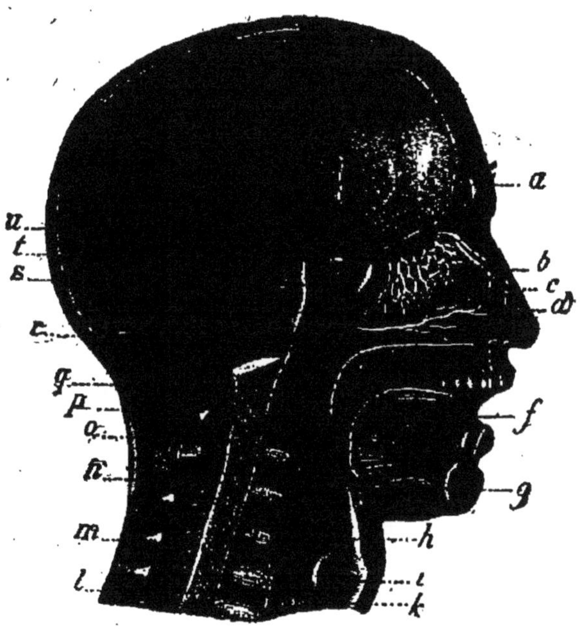

Fig. 164. — *a*, os frontal; — *b*, nerfs olfactifs issus de *u*, lobes olfactifs et ramifiés sur le cornet sup. et moyen; — *c*. *d*, nerfs tactiles du nez; — *f*. muscles de la langue; — *g*, m. génio-hyoïdien; — *h*, pharynx; — *i*, cordes vocales; — *k*, trachée; — *l*. vertèbres; — *m*, leurs épines dorsales; — *n*. moelle épinière; — *p*, muscles retenant la tête; — *q*, voile du palais; — *r*, orifice de la trompe; — *s*, sphénoïde; — *t*, nerf optique.

**Muqueuse pituitaire.** — La muqueuse nasale, prolongement direct de la peau du nez, contient de petites glandes (fig. 165, *h*), qui sécrètent une mucosité, dite pituite (d'où le nom de la membrane), très abondante en cas d'inflammation (coryza).

Les nerfs olfactifs ne s'y ramifient (fig. 166) qu'au niveau du cornet supérieur et du cornet moyen (*e*), ainsi que dans la partie correspondante de la cloison nasale (*i*): c'est là ce que l'on nomme la *région olfactive* (fig. 163, *cd*). Sa teinte jaunâtre lui vient précisément de la grande accumulation de filets nerveux.

Au contraire, toute la partie inférieure plus large des fosses nasales, est tapissée par une membrane rouge, riche en vaisseaux sanguins, et son épithélium est garni de cils vibratiles (fig. 165, *i*), comme celui de la trachée ; elle représente la *voie respiratoire*, et ses nombreux vaisseaux ne sont pas sans contribuer à échauffer l'air qui se rend aux poumons.

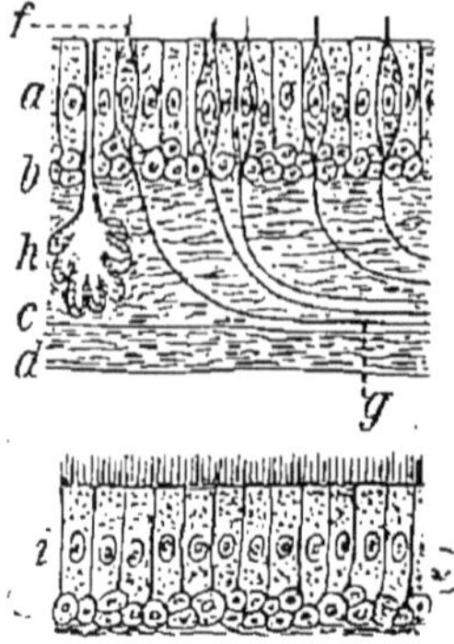

Fig. 165. — *ad*, membrane nasale, région olfactive; — *ab*, épithélium ; — *f*, cellules olfactives ; — *g*, leurs fibres nerveuses ; — *h*, glande à mucus ; — *bcd*, derme ; — *i*, épithélium vibratile de la région inférieure de la membrane.

## 2° Cellules olfactives. —

Les cellules susceptibles d'être excitées par les odeurs sont disséminées dans l'épithélium de la membrane pituitaire ; elles sont fusiformes (fig. 165, *f*) et se prolongent, extérieurement, dans le mucus nasal, par un petit bâtonnet accessible aux odeurs, et intérieurement par une fibre olfactive (*g*). Chacune de ces fibres, après son passage à travers la lame criblée de l'os ethmoïde, se termine par un buisson nerveux qui prend contact avec les cellules cérébrales du lobe olfactif (fig. 166, *m*, *n*), et ce sont ces dernières qui transmettent ensuite l'impression au cerveau, dans un centre spécial de perception.

Pour que les odeurs puissent exciter les cellules olfactives, il faut qu'elles soient amenées avec une certaine force à

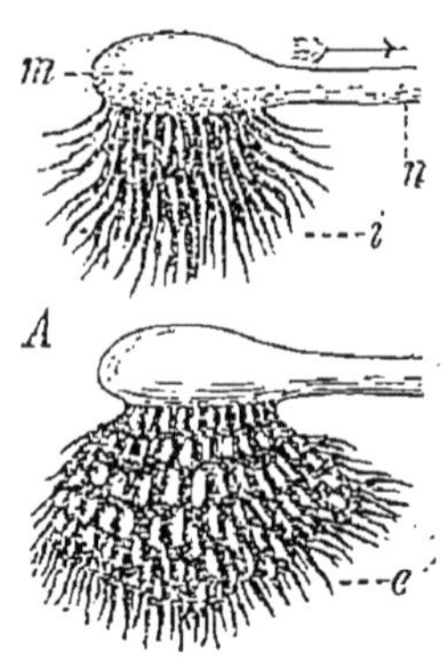

Fig. 166. — *mn*, lobe olfactif ; — *i*, nerfs olfactifs ramifiés dans la cloison nasale ; *c*, dans les cornets.

leur contact. Cette condition est précisément réalisée lors de l'inspiration de l'air : il est en effet notoire que, dès qu'on cesse de respirer, les odeurs ne sont plus perçues.

Le sens de l'odorat est fort subtil chez les Carnivores (Chiens de chasse,...), ainsi que chez diverses peuplades humaines sauvages, qui savent discerner par la seule odeur le passage ou la proximité d'individus de tribus différentes. L'odorat est au contraire plus ou moins émoussé, faute d'emploi dans la lutte pour la vie, chez les races civilisées, pour lesquelles il est descendu au rang de sens accessoire. Toutefois, l'exercice peut lui rendre une certaine acuité.

Tel qu'il est, le sens de l'odorat nous renseigne utilement sur la présence de certains gaz délétères dans l'air (chlore, hydrogène sulfuré, ammoniaque,...); mais il faut remarquer que d'autres gaz, notoirement toxiques, comme l'oxyde de carbone, n'exercent aucune action sur les cellules olfactives.

Ajoutons que les odeurs pénétrantes, en provoquant des actions nerveuses réflexes, peuvent intervenir, ainsi que les autres excitations sensorielles, comme stimulants généraux de l'organisme (p. 297).

# CHAPITRE IV

## ORGANE DE L'OUIE : OREILLE

*Définition.* — L'appareil auditif (fig. 168) comprend chez l'Homme trois parties distinctes :

1° L'*oreille externe* (*D*), seule partie apparente du dehors, se réduisant essentiellement à un cornet acoustique, le *pavillon*, qui recueille les vibrations sonores;

2° L'*oreille moyenne* ou *caisse du tympan* (*B*), appareil de transmission des vibrations;

3° L'*oreille interne* (*A*), partie essentielle, que sa grande complexité a fait désigner du nom de *labyrinthe*; elle seule est impressionnable aux sons, car les ramifications du nerf auditif (8e nerf cranien) lui sont exclusivement destinées.

Les impressions auditives, exercées par les ondes sonores, sont recueillies par des cellules ciliées spéciales de l'oreille interne, qui prennent contact avec les fibres du nerf auditif.

Les sensations auxquelles elles donnent lieu au cerveau sont caractérisées chacune par l'*intensité* ou force du son, qualité physiquement définie par l'amplitude des vibrations; la *hauteur* ou acuité, mesurée par le nombre des vibrations; enfin le *timbre*, attribut se rattachant à la hauteur et qui permet de distinguer deux sons de même intensité et de même hauteur, émis par deux instruments différents (p. 302).

L'oreille moyenne et l'oreille interne sont logées dans des anfractuosités du *rocher*, partie intérieure très épaisse de l'os temporal.

**1° Oreille externe**. — Le *pavillon* de l'oreille (fig. 167) est un simple repli du tégument, soutenu par un cartilage ; ses nombreuses sinuosités servent à réfléchir les vibrations vers l'oreille moyenne. Les muscles qu'il contient sont atrophiés chez l'Homme et n'obéissent plus à la volonté ; tandis que chez le Cheval, où le pavillon, en forme de véritable cornet, mais uni intérieurement, a conservé toute sa mobilité, cet organe se dirige instantanément vers le point d'où vient le son.

Le *canal auditif externe* (fig. 168,*d*), qui fait suite au pavillon, est creusé dans l'os temporal ; sa longueur varie de deux à trois centimètres. Au fond, il est fermé par la *membrane du tympan* (*c, c*), qui sépare l'oreille externe de l'oreille moyenne ; le rôle de cette membrane est de recueillir les vibrations. Des poils sensibles protègent l'entrée du canal audi-

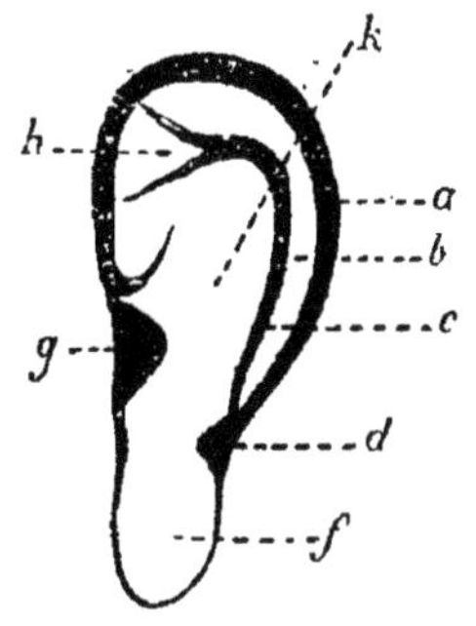

Fig. 167. — Pavillon de l'oreille. — *a*, hélix ; — *b*, sa gouttière ; — *c*, anthélix ; — *g*, tragus ; — *f*, lobule ; — *k*, conque.

tif, et les nombreuses glandules de sa paroi sécrètent le *cérumen*, produit gras qui retient les poussières de l'air extérieur et les empêche de s'accumuler sur la membrane tympanique.

**2° Oreille moyenne**. — L'oreille moyenne ou *caisse du tympan* est une cavité irrégulière, communiquant avec le dehors par la *trompe auditive* (fig. 168,*E*), qui s'ouvre au fond des fosses nasales (fig. 53, *c*).

La membrane du tympan, qui sépare l'oreille moyenne de l'oreille externe, est dirigée obliquement de dehors en dedans ; sa face extérieure est concave, ce qui en fait comme un entonnoir très évasé.

Sur sa face postérieure (fig. 171) s'insère la *chaîne des osselets,* succession de trois petits os, qui propagent les vibrations jusque dans l'oreille interne, savoir

(fig. 168) : le *marteau* (e), fixé par son manche dans
l'épaisseur de la membrane; l'*enclume* (f), en forme de
molaire à deux racines, articulée par sa partie élargie
avec la tête du marteau; enfin l'*étrier* (l), qui fait suite
à la branche descendante de l'enclume et s'attache solidement, par sa platine, à la membrane de la *fenêtre
ovale* (fig. 169, o), orifice de communication directe
entre l'oreille moyenne et l'oreille interne. Un second

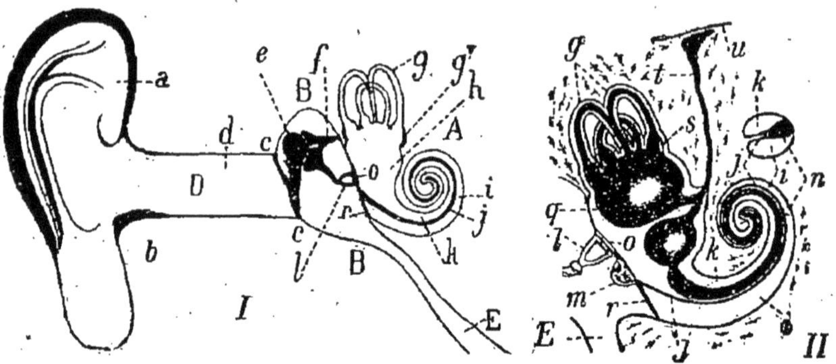

Fig. 168. — Schéma de l'appareil auditif. — *ab*, pavillon; — D, canal auditif;
— *cc*, membrane du tympan; — B, oreille moyenne ; — E, trompe: — *e f l*,
osselets; — o, r, fenêtres ovale et ronde ; — A, oreille interne (paroi osseuse
seulement); — *h*, vestibule; — *g*, canaux demi-circul. ; — *k*, limaçon.

Fig. 169. — Oreille interne ; en noir, organes membraneux clos, avec endolymphe; mêmes lettres que fig. 168. — En outre : *q*, vestibule membr. ; —
*s*, ampoule sensible des canaux semi-circ. ; — *n*, canal cochléaire (en haut
en section); — *u*, face int. du rocher; — *m*, promontoire, saillie osseuse.

orifice (r), placé au-dessous du précédent, est simplement fermé par une membrane; c'est la *fenêtre ronde.*

Sur le marteau (fig. 171, en x) s'insère un petit muscle, qui, à son autre extrémité, prend attache contre la
paroi de l'oreille moyenne, un peu au-dessus de l'orifice
de la trompe (t) : il est dirigé de telle manière que, lorsqu'il se contracte, il tire le marteau, et par suite la
membrane tympanique, vers le dedans, accentuant ainsi
sa concavité et par suite sa tension. Or, une membrane
plus tendue vibre mieux pour des sons plus aigus; le
*muscle tenseur* de la membrane du tympan peut donc
intervenir utilement, l'exercice aidant, pour accommo-

der l'oreille aux sons et assurer une audition plus nette, en musique notamment.

Ce même muscle du marteau peut aussi, en tendant fortement la membrane tympanique, atténuer l'effet de détonations graves et très intenses, comme celle d'un coup de canon, qui, autrement, pourraient la disloquer.

L'étrier est, comme le marteau, muni d'un muscle tenseur dont le rôle est analogue.

Ainsi, outre sa fonction essentielle d'organe de transmission des vibrations, l'oreille moyenne contribue

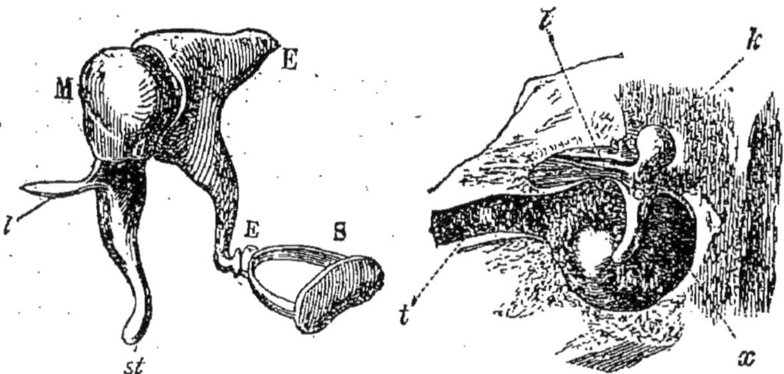


Fig. 170. — Osselets de l'ouïe. — M, marteau; — st, son manche; — l, apophyse; — EE, enclume; — S, étrier.

Fig. 171. — Membrane du tympan, vue de dedans. — t, trompe; — k, marteau; — l, sa longue apophyse; — x, insertion du muscle tenseur du marteau.

à assurer la perception délicate des sons musicaux, ainsi qu'à protéger l'organe contre l'effet nuisible de vibrations trop intenses.

*Rôle de la trompe.* — La communication de l'oreille moyenne avec le dehors par la *trompe* a pour but de maintenir toujours égale la pression que supportent les deux faces de la membrane du tympan.

Si l'oreille moyenne était entièrement close, l'air qu'elle contient serait peu à peu absorbé par la membrane qui la tapisse, et sa pression irait graduellement en diminuant : d'où résulterait un refoulement de la membrane du tympan vers le dedans par l'air extérieur, et par suite une tension douloureuse, qui, à la longue, pourrait aboutir à une déchirure.

De plus, une membrane aussi fortement tendue ne vibrerait bien que pour des sons aigus et laisserait l'oreille plus ou moins indifférente aux sons plus graves, comme ceux du langage. On constate effectivement, dans le cas d'un fort coryza (improprement rhume de cerveau), alors que l'inflammation de la muqueuse nasale se propage jusque dans la trompe et oblitère complètement ce canal, que l'audition devient temporairement très confuse.

**3° Oreille interne**. — L'oreille interne ou *labyrinthe*, simple vésicule sphérique dans le très jeune âge, se subdivise chez l'adulte en trois organes distincts, formant un ensemble clos et dont la paroi membraneuse (fig. 169, en noir) est doublée d'une paroi osseuse protectrice (fig. 168). L'espace intermédiaire aux deux parois est rempli d'un liquide, dit *périlymphe* ; les organes membraneux eux-mêmes sont remplis d'un autre liquide, l'*endolymphe*.

L'oreille interne comprend :

1° Le *vestibule* (fig. 169, *q*), petit sac lui-même subdivisé en deux autres par un étranglement circulaire ; il fait face à la fenêtre ovale (*o*), qui lui transmet les vibrations sonores, par l'intermédiaire de la périlymphe ; sa paroi offre deux petites taches sensibles, où se ramifient deux branches du nerf auditif ;

2° En arrière et en haut se trouvent les trois *canaux demi-circulaires* (*g*), dont deux sont verticaux dans deux plans perpendiculaires et ont une branche commune, tandis que le troisième est horizontal ; leur ampoule de base (*s*) reçoit une branche du nerf auditif ;

3° Enfin, en avant du vestibule, prend place le *limaçon* (*ik*), tube osseux contourné en spirale, à sommet dirigé vers le bas, et dans lequel se trouve inclus un tube membraneux très étroit, la *cochlée* (*n*, en noir), prolongement direct du vestibule, où se ramifie la branche la plus volumineuse du nerf auditif ; le limaçon est divisé en deux rampes par une cloison (fig. 172, *ks*), qui est de nature osseuse (*s*) du côté de l'axe (*A*), et membraneuse (*k*) dans la région extérieure, cette dernière partie constituant l'une des faces du canal membraneux inclus (*bfk*).

Le nerf auditif forme en définitive six branches, dont une pour le limaçon, qui occupe l'axe de cet organe

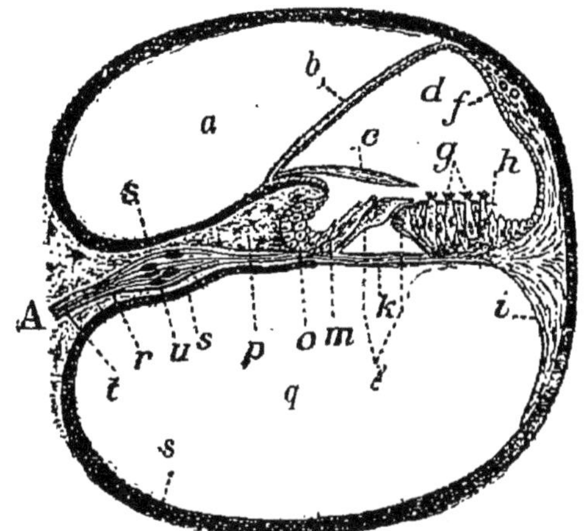

Fig. 172. — Coupe du limaçon. — *bfk*, canal cochléaire membraneux avec endolymphe ; le reste osseux ; — *glm*, organe de Corti ; — *g*, ses cellules ciliées acoustiques, en rapport avec *o*, fibres acoustiques ; — *tu*, ganglion et rameau nerveux ; — A, axe du limaçon, place du nerf ; — *p*, partie osseuse de la cloison ; — *k*, partie membraneuse ; — *a*, *q*, rampes vestibulaire et tympanique, avec périlymphe ; — *s*, paroi osseuse du limaçon.

(en *A*), deux pour le vestibule et trois pour les ampoules des canaux semi-circulaires. Les fibres de ces rameaux nerveux (fig. 172, *tu*) se mettent en rapport avec des cellules ciliées spéciales (*g*), baignées par l'endolymphe, et qui sont précisément les *cellules acoustiques*, impressionnables par les ondes sonores.

L'atrophie de l'oreille interne ou du nerf auditif entraîne la surdité.

**Rôle de l'oreille interne.**—*a*) La complexité de structure du limaçon chez l'Homme, son état atrophié chez les Vertébrés inférieurs (Reptiles, Batraciens, Poissons), désignent dès l'abord cet organe comme l'organe auditif par excellence, c'est-à-dire *l'organe musical* de l'oreille, dont dépend la perception cérébrale de la *hauteur* et du *timbre* des sons.

Les cellules excitables du limaçon (fig. 172, *g*) sont échelonnées de part et d'autre d'une sorte de crête (*l*), qui occupe la région médiane de la cloison membraneuse et règne de la base au sommet. Cet ensemble se décompose en plusieurs milliers de petits organes semblables, dits *organes de Corti* (*glm*).

Une éducation prolongée est indispensable à donner aux cellules ciliées de ces organes toute la délicatesse, compatible avec une perception complète des œuvres musicales les plus hautes.

*b*) Les deux taches nerveuses du vestibule (fig. 169, *q*, en blanc), de structure plus simple, ne servent probablement qu'à nous donner la notion de force ou *intensité* des sons, surtout si l'on remarque que, chez les Vertébrés les plus inférieurs (Poissons cartilagineux), l'oreille interne tout entière se réduit au vestibule, ce qui est l'état embryonnaire de l'appareil auditif de l'Homme.

Quant aux canaux semi-circulaires (fig. 169, *g*), ce sont des *organes d'équilibration*. On constate en effet que, chez les personnes atteintes de vertige, les ampoules sensibles (*s*) de ces canaux sont le siège d'altérations, et il est notoire, d'autre part, qu'on cesse d'avoir sa libre direction, quand on marche en appliquant les mains sur les oreilles, cela à l'obscurité comme à la lumière.

L'oreille, indépendamment de sa fonction auditive, intervient donc, de concert avec les yeux, pour nous donner la *notion de l'espace*, et précisément les trois canaux semi-circulaires (deux verticaux, un horizontal) se trouvent orientés suivant les trois directions fondamentales de l'espace.

# CHAPITRE V

## ORGANE DE LA VUE : OEIL

Le *globe de l'œil* est contenu dans la partie antérieure de l'*orbite*, cavité en forme de pyramide triangulaire, dont le sommet donne passage au *nerf optique*, ainsi qu'aux vaisseaux sanguins. Le bord libre de l'orbite est limité (fig. 219), en haut par l'os frontal, en bas par le maxillaire supérieur et en dehors par l'os malaire (pommette).

Autour du globe de l'œil prennent place divers organes, dits *annexes de l'œil*, savoir: les *paupières*, qui le protègent, les *muscles*, qui l'animent, enfin les *glandes lacrymales*, qui humectent de leur sécrétion sa face antérieure et la maintiennent transparente.

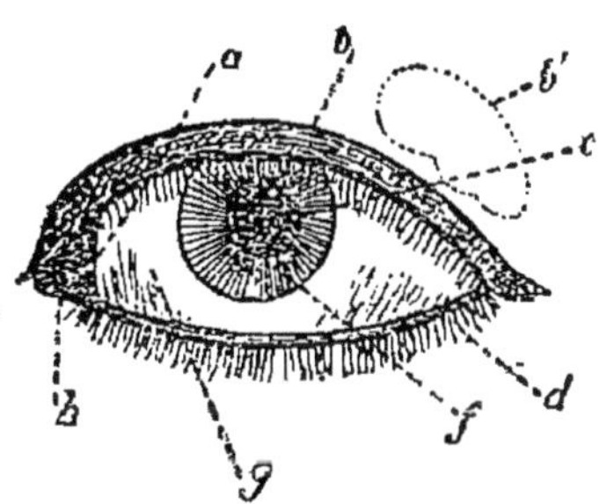



Fig. 173. — Œil de face. — *a*, repli semi-lunaire; — *b*, paupière sup.; — *b'*, glande lacrymale; — *c*, pupille; — *f*, iris; — *d*, cils; — *g*, sclérotique; — *h*, caroncule.

**1° Annexes de l'œil**. — 1° Les *paupières* sont, comme le pavillon auditif, deux replis du tégument, renforcés chacun d'un cartilage en forme de croissant (fig. 175, *k*), que l'on sent en pliant en deux avec les doigts la paupière supérieure. Leur bord, garni de cils protecteurs, est lubrifié par de nombreuses glandes sébacées (*h*), placées parallèlement, en dedans du cartilage.

La membrane intérieure des paupières se réfléchit

(en *g*) sur le devant du globe de l'œil, où elle prend le nom de *conjonctive* (*c*) et s'unit à la cornée transparente (*d*).

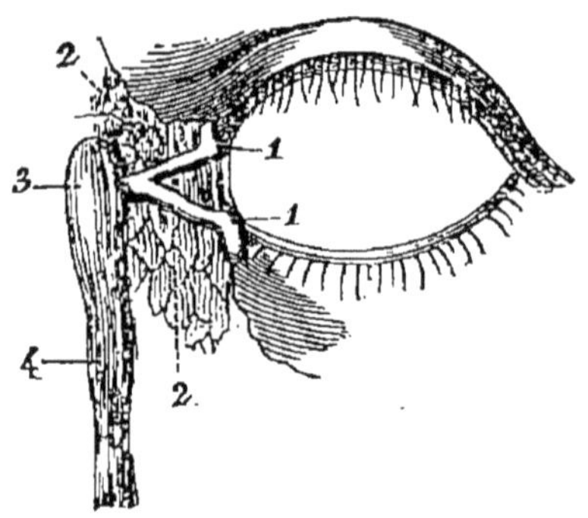

Fig. 174. — 1, points lacrymaux; — 2, conduits lacrymaux; — 3, sac lacrymal; — 4, canal nasal.

2° Les *muscles* qui animent le globe de l'œil sont au nombre de six, dont quatre droits et deux obliques ; ils s'insèrent, d'une part sur le blanc de l'œil ou sclérotique, d'autre part sur l'orbite. La grande mobilité de l'œil est indispensable à la netteté de la vision ; car on ne voit distinctement que les objets vers lesquels se dirige l'axe antéro-postérieur de l'œil.

Quand les yeux se portent en dehors, c'est le muscle droit externe d'un œil qui se contracte, en même temps que le droit interne de l'autre ; au contraire, pour fixer un objet placé à quelques centimètres seulement de l'œil, ce sont les deux muscles droits internes qui entrent en jeu, et leur contraction occasionne vite une sensation de fatigue.

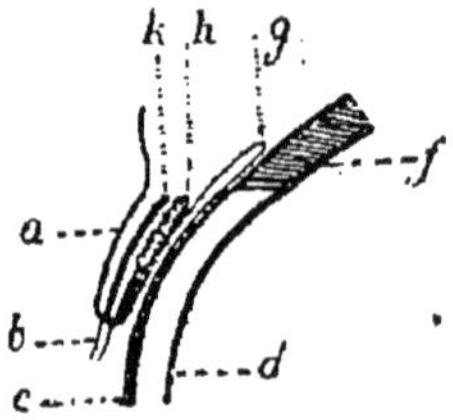

3° La *glande lacrymale* (fig. 173, *b'*) est placée entre le globe de l'œil et l'orbite, en haut et en dehors.

Fig. 175. — Coupe de la paupière supérieure. — *a*, paupière ; — *b*, cils ; — *c*, conjonctive ; — *d*, cornée ; — *f*, sclérotique ; — *g*, zone de rebroussement de la conjonctive ; — *h*, glandes cérumineuses ; — *k*, coupe du cartilage.

Les larmes qu'elle sécrète sont étalées, grâce au clignement des paupières, sur la cornée, qu'elles humectent sans cesse et maintiennent transparente. Elles s'engagent ensuite dans deux courts canaux (fig. 174,2), ouverts au bord libre des paupières à l'angle interne de l'œil (*1*), et se déversent dans le canal nasal (4), puis dans le méat inférieur des fosses nasales. De là, les larmes s'écoulent dans le pharynx.

**2° Globe de l'œil**. — Le globe de l'œil comprend, d'une part, des *membranes* ou enveloppes, d'autre part, des *milieux* ou contenu de la cavité oculaire.

I. **Membranes**. — Les membranes sont au nombre de trois : la *sclérotique*, la *choroïde* et la *rétine*.

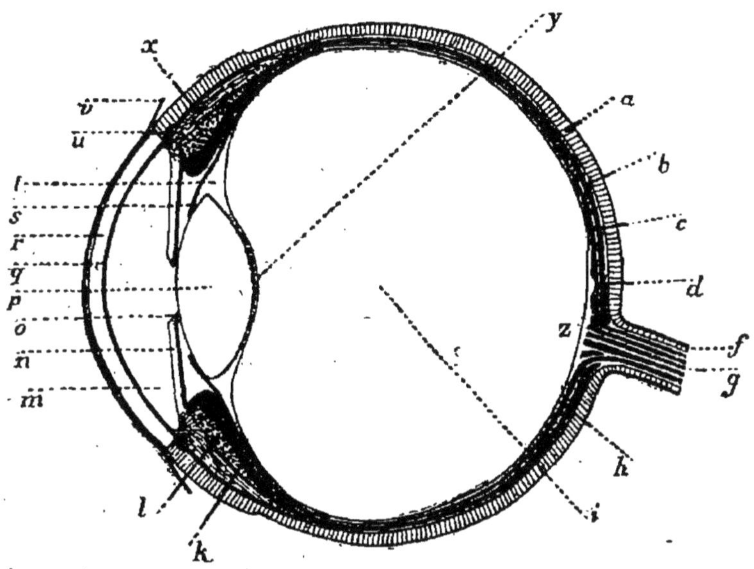


Fig. 176. — Coupe du globe de l'œil. — *a*, sclérotique ; — *b*, choroïde ; — *o*, rétine ; — *d*, tache jaune ; — *g*, nerf optique ; — *z*, tache aveugle ; — *h*, membrane hyaloïde ; — *i*, humeur vitrée ; — *k*, procès ciliaires (voir fig. 177, A) ; — *l*, *x*, muscle accommodateur ; — *m*, humeur aqueuse ; — *n*, iris ; — *p*, cristallin ; — *r*, cornée ; — *v*, conjonctive.

1° La *sclérotique* (fig. 176, *a*) est l'enveloppe fibreuse protectrice, qui forme le blanc de l'œil ; sa partie antérieure (*r*), plus bombée et transparente, se nomme *cornée*. Au fond, la sclérotique donne passage au nerf optique (*g*).

2° La *choroïde* (*b*) est la membrane noire, qui fait de l'œil une chambre obscure, comparable à la chambre noire d'un appareil photographique. Sa face antérieure plane (*n*), nommée *iris*, en raison de ses diverses nuan-

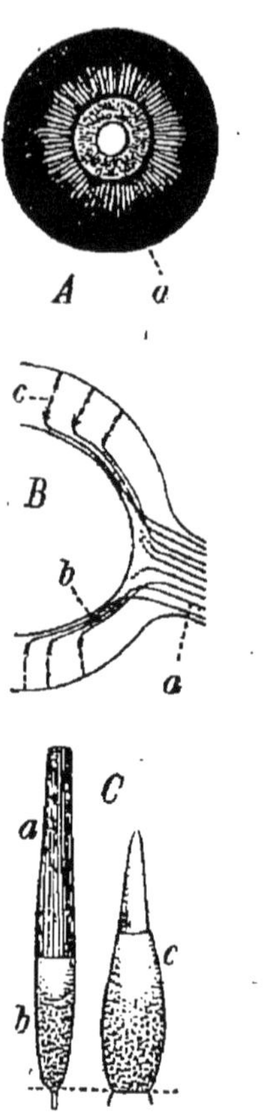

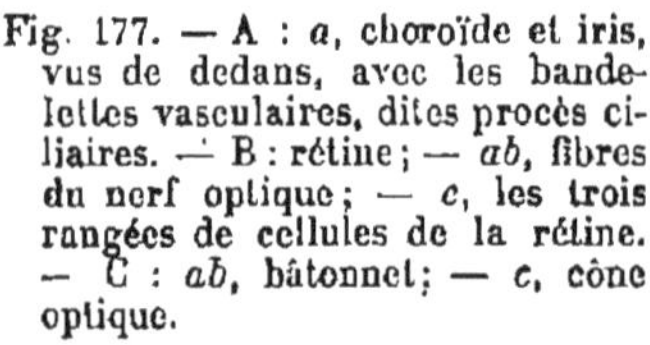

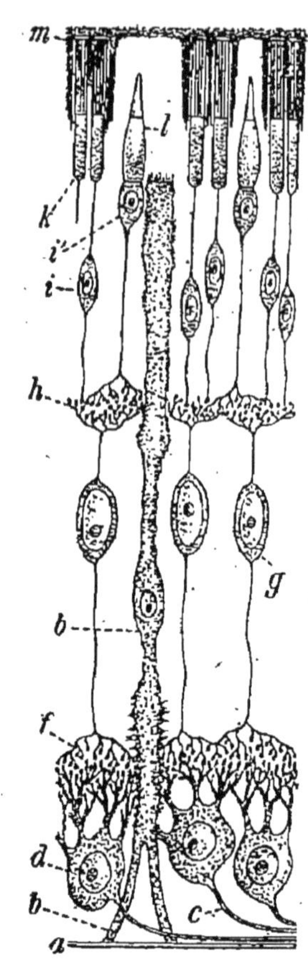

Fig. 177. — **A** : *a*, choroïde et iris, vus de dedans, avec les bandelettes vasculaires, dites procès ciliaires. — **B** : rétine ; — *ab*, fibres du nerf optique ; — *c*, les trois rangées de cellules de la rétine. — **C** : *ab*, bâtonnet ; — *c*, cône optique.

Fig. 178. — Coupe de la rétine. — *a*, sa membrane interne ; — *bb*, longues cellules de soutien ; — *c*, fibres du nerf optique ; — *d*, *g*, rangées de cellules nerveuses rameuses ; — *i*, *i'*, cellules visuelles avec bâtonnets *k* et cônes *l* ; — *m*, cellules noires de la choroïde, entourant les bâtonnets.

ces, est percée d'un orifice central, la *pupille*, qui seule donne passage à la lumière. Sur le bord de l'iris s'adapte un anneau musculaire, le *corps ciliaire* (*xl*), qui joue un rôle important dans l'accommodation de l'œil aux distances : sa face intérieure est relevée de nombreuses bandelettes (*k*) ou stries rayonnantes blanchâtres (fig. 177, *A*), sillonnées de vaisseaux sanguins ; de là le qualificatif de *ciliaire*.

Les deux faces de la choroïde sont limitées par des cellules chargées de pigment noir. Quant à la couche moyenne, siège des vaisseaux sanguins, elle forme à la rétine une gaine chaude, qui maintient cette membrane à une température élevée et constante, nécessaire

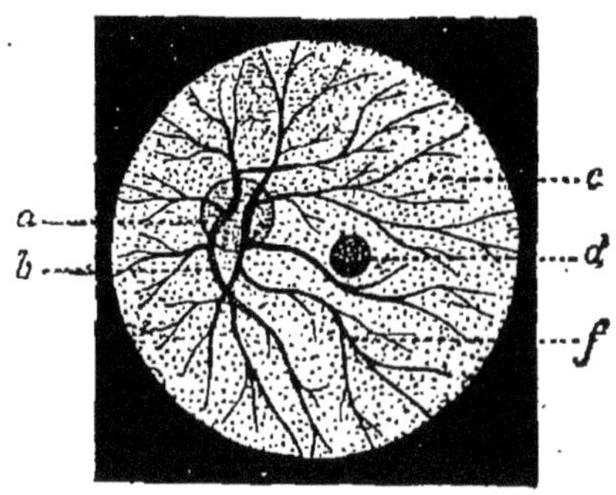


Fig. 179. — Fond de l'œil, vu à l'ophthalmoscope. — *c*, rétine; — *a*, tache aveugle ; — *b,f*, artère et veine de la rétine; — *d*, tache jaune.

à la bonne réception des impressions visuelles : on sait en effet que le refroidissement atténue la sensibilité des nerfs (p. 184).

Le nerf optique (fig. 176, *g*) ne fait que traverser la choroïde ; les filets nerveux qui desservent cette membrane en sont totalement indépendants.

3° La *rétine* (*c*) est une délicate membrane en forme de cloche, qui fait suite intérieurement à la choroïde, qu'elle tapisse, en s'amincissant, jusqu'au corps ciliaire. Elle provient de l'épanouissement du nerf optique, ce qui suffit à la faire reconnaître comme la membrane impressionnable à la lumière.

A partir de leur point d'irradiation, les fibres du nerf

optique longent la face interne de la rétine (fig. 177, **B**, *b*), puis se recourbent vers le dehors, en se continuant par trois assises de cellules nerveuses, unies entre elles par de nombreux prolongements, savoir : en dedans, de grosses cellules étoilées (fig. 178, *d*), qui se prolongent directement par les fibres (*c*) du nerf optique ; puis des cellules bipolaires (*g*) ; enfin, à la surface extérieure, des *cellules visuelles*, dont les unes (*i*) se prolongent par un *bâtonnet* (*k*), les autres (*i'*) par un *cône optique* (*l*).

Bâtonnets et cônes sont comme enchâssés dans les cellules pigmentaires (*m*) de la choroïde : ils représentent les éléments sensibles de la rétine.

La zone circulaire d'entrée ou *papille* du nerf optique (fig. 176, *z*), au niveau de laquelle les fibres s'irradient en tous sens, n'a ni cônes, ni bâtonnets. Cette partie de la rétine est donc insensible à la lumière, comme le prouve l'expérience (p. 213) ; d'où son autre nom de *tache aveugle*. La papille est située, non au fond de l'axe antéro-postérieur de l'œil, mais un peu en dedans (fig. 179, *a*), plus près du plan médian du corps ; le fond même de l'axe (*d*) est occupé par une petite dépression jaunâtre, la *tache jaune* (fig. 176, *d*), où la rétine, moins épaisse et par conséquent déprimée en cupule, ne contient que des cônes optiques.

Les cônes optiques (fig. 177, *C*, *c*) sont les éléments les plus sensibles de l'œil : l'expérience quotidienne montre en effet qu'on ne voit distinctement le détail d'un objet que lorsqu'il est placé face à l'œil, de manière que son image vienne se peindre sur la tache jaune.

En dehors de la tache jaune, on trouve dans la rétine un mélange de cônes et de bâtonnets ; mais ces éléments sont de moins en moins nombreux, à mesure qu'on s'approche davantage du bord antérieur de la rétine, qui n'offre plus qu'une médiocre sensibilité.

**II. Milieux de l'œil.** — Les milieux transparents de l'œil sont : l'*humeur aqueuse*, le *cristallin* et-le *corps* *vitré*. Ce sont des *milieux réfringents*, qui assurent la formation des *images* des objets sur la rétine.

L'*humeur aqueuse* (fig. 176, *m*) est le liquide qui occupe la chambre antérieure de l'œil, limitée en avant par la cornée, en arrière par l'iris.

Le *cristallin* (*p*), milieu réfrigent essentiel, est une lentille biconvexe, dont la face postérieure, plus bombée, est logée dans la concavité antérieure du corps vitré, tandis que sa face antérieure confine à l'iris ; son diamètre est d'environ un centimètre.

Sous sa membrane d'enveloppe, qui est très élastique, se trouve une substance gélatineuse transparente, formée de fibres très riches en eau et associées en couches concentriques . Dans chaque couche, les fibres offrent d'ordinaire trois directions sur la face antérieure, et quatre sur la face postérieure ; d'où l'étoile à trois branches en avant (fig. 180),

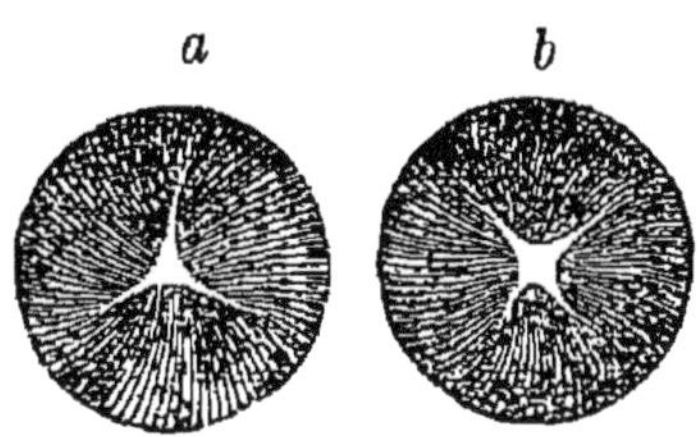

Fig. 180. — Cristallin. — *a*, face ant., avec trois directions de fibres ; — *b*, face post., avec quatre.

à quatre branches en arrière, séparant les trois ou quatre systèmes de fibres correspondants.

Le cristallin, normalement transparent, devient parfois blanc et opaque, soit seulement dans sa membrane, soit dans son contenu, ce qui empêche la lumière d'arriver à la rétine ; il y a alors *cataracte*, et la vue va en s'affaiblissant, à mesure que l'opacité progresse, jusqu'à la cécité complète. On remédie à cette infirmité, soit en extirpant le cristallin au travers de la sclérotique ou de la cornée préalablement incisée, soit en abaissant cet organe par pression et en le broyant, ce qui facilite sa résorption ultérieure. Dans les deux cas, on remplace le cristallin manquant par une lentille biconvexe de courbure appropriée, placée devant l'œil.

Le *corps vitré* (fig. 176, *i*), qui occupe les 4/5 de la cavité oculaire, est un amas de substance gélatineuse,

12.

l'*humeur vitrée*, limitée par une membrane, la *membrane hyaloïde* (*h*), contiguë à la rétine. Elle représente une lentille concavo-convexe, concave en avant et convexe en arrière, c'est-à-dire divergente, et, à ce titre, elle intervient pour atténuer légèrement le pouvoir convergent du cristallin ; avec ce dernier organe seul, les images des objets tendraient à se former un peu en avant de la rétine.

*Fonction du cristallin*. — La fonction du cristallin (fig. 181) est de réfracter les rayons lumineux émanés des objets, de manière à constituer sur la rétine l'*image renversée* de ces objets. Ainsi, tous les rayons incidents,

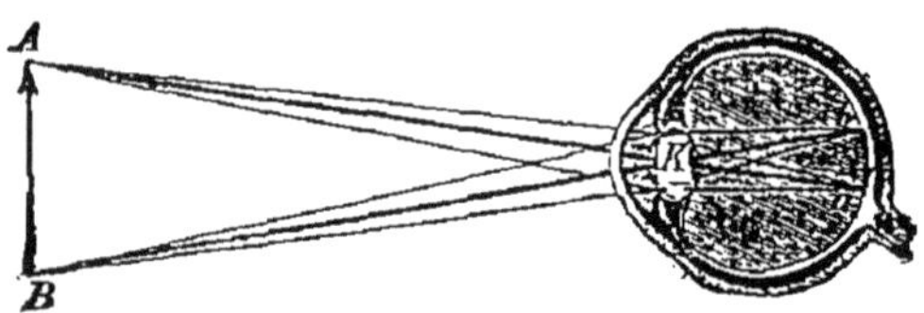

Fig. 181. — *k*, cristallin ; — *ab*, image réelle et renversée de AB, sur la rétine. Sous *ab*, on voit la tache aveugle.

issus du point A de l'objet AB, convergent, après réfraction par la lentille, au point *a*, qui est l'image de A ; de même, *b* forme son image en B ; conséquemment *ab* est l'image de AB. Cette image est renversée, et d'autant plus petite que l'objet est plus éloigné de l'œil.

Pour observer les images rétiniennes, on met à nu la rétine au fond de l'œil, en grattant la sclérotique et la choroïde, et l'on dispose le globe oculaire dans la paroi d'une petite chambre noire, la cornée tournée vers le dehors. On voit alors sur la rétine l'image renversée des objets extérieurs, exactement comme dans un appareil photographique.

Lorsqu'on examine l'œil d'une personne, en se plaçant un peu sur le côté et tenant une bougie à la main, on distingue trois images de la flamme, dont deux sont droites et la troisième renversée. Ce sont là des images nées par *réflexion* de la lumièie sur la cornée transparente, sur la face antérieure et la face postérieure du

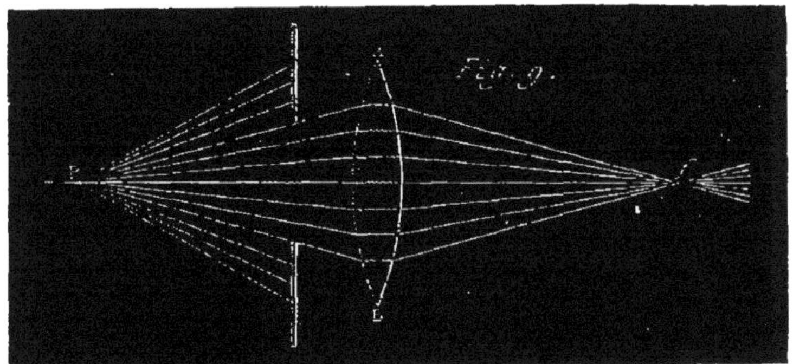

Fig. 182. — AB, lentille convergente. — L'écran (iris), en arrêtant les rayons marginaux, issus de P', assure la netteté de l'image *f*.

cristallin, qui jouent respectivement le rôle des miroirs, les deux premiers convexes, le troisième concave.

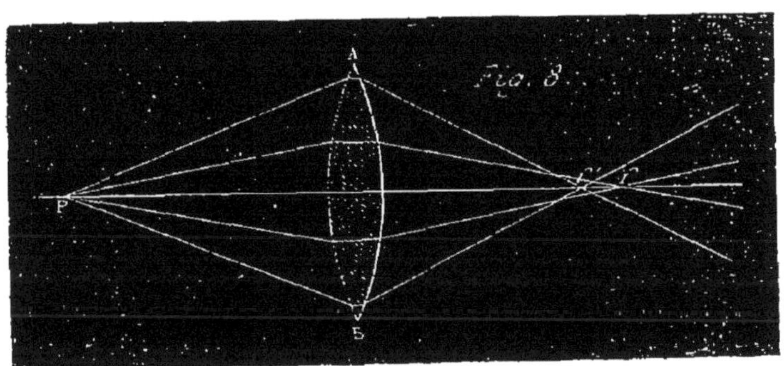

Fig. 183. — Aberration. — P, point lumineux ; — *f*, image produite par les rayons centraux ; — *f'*, image produite par les rayons marginaux, plus fortement réfractés. L'image générale *ff'* est floue.

Remarquons ici le rôle de *diaphragme* joué par l'*iris*. En ne laissant passer que les rayons voisins de l'axe du cristallin (fig. 182), à l'exclusion des rayons dirigés vers le bord de ce dernier (rayons marginaux), l'iris contribue à la netteté des images rétiniennes, en empêchant l'aberration des rayons réfractés; le trouble visuel qui résulte de l'aberration vient de ce que, sans diaphragme, les rayons marginaux, issus d'un point lumineux (fig. 183), ne se rejoignent pas, après réfraction, au même point de la rétine que les rayons voisins de l'axe, en sorte que l'image est forcément floue.

L'iris renferme un double muscle, l'un radiaire (fig. 173, *f*), l'autre circulaire, qui lui permettent de se *rétrécir* ou de se *dilater* en quelque sorte automatiquement et de régler la quantité de lumière qui entre dans l'œil. Ainsi, au plein soleil, la pupille est plus étroite qu'à l'obscurité.

Une dissolution étendue d'atropine, principe actif de la Belladone (Solanée), instillée dans l'œil, provoque presque instantanément une grande dilatation de la pupille. Cette propriété facilite l'étude des affections des parties profondes de l'œil.

**Impressions rétiniennes.** — L'œil est entièrement comparable à un appareil photographique, dont la plaque sensible serait la rétine.

Comme le chlorure d'argent, le *pourpre rétinien*, substance organique qui imprègne les bâtonnets (fig. 178, *k*), se décompose sous l'action de la lumière. Et en effet, lorsqu'on place un Lapin face à un objet vivement éclairé, tel qu'une fenêtre à petits carreaux, il se produit sur la rétine une véritable image, où les parties claires de l'objet sont en blanc, les autres en rosé, et que l'on peut observer ensuite à la lumière jaune, lumière inactive sur le pourpre rétinien. Cette image rétinienne ou *optogramme* dure ainsi, tant que le pourpre décomposé par la lumière n'a pas été régénéré.

On peut du reste conserver les optogrammes, en sacrifiant l'animal, dès après l'action de la lumière, puis extirpant l'œil et le plongeant dans une dissolution d'alun : l'image de la fenêtre se trouve alors fixée sur la rétine. Avant l'expérience, on administre à l'animal une dose minimo d'atropine, **pour provoquer la dilatation de la pupille.**

Les cônes optiques (fig. 178, *l*) renferment une substance impressionnable analogue au pourpre rétinien, mais qui est incolore ou à peine jaunâtre. Remarquons, du reste, que les bâtonnets, eux aussi, sont parfois incolores (Pigeon,...).

Ainsi, l'impression visuelle consiste en la *décomposition chimique* d'un principe spécial aux cônes et aux bâtonnets rétiniens : cette décomposition est suivie d'une propagation nerveuse le long des fibres du nerf

Fig. 184. — Expérience relative à la tache aveugle.

optique, jusqu'au cerveau, où s'opère la perception visuelle. L'image rétinienne dure environ un dixième de seconde, un peu plus si la lumière est très intense.

**Insensibilité de la papille.** — Seule, la papille de l'œil (fig. 179) est incapable de recevoir des impressions, comme n'ayant ni cônes, ni bâtonnets, et, de fait, tout objet qui se trouve placé devant l'œil, de telle manière que son image se produise sur la papille, n'est pas vu.

Pour réaliser par exemple l'extinction du cercle blanc de la figure 184, il faut fixer la croix de droite avec l'œil gauche, l'œil droit étant maintenu fermé, et éloigner le papier, en maintenant la croix face à l'œil. A la distance de 25 à 30 centimètres, le cercle blanc cesse d'être visible; son image se produit alors sur la papille.

**Accommodation de l'œil aux distances.** — On sait que lorsqu'un objet se rapproche d'une lentille convergente, l'image réelle et renversée que donne cette dernière (fig. 182) s'éloigne de plus en plus de la lentille, en sorte que, à moins d'augmenter la puissance de la lentille, il faut reculer progressivement l'écran sur lequel on reçoit l'image, si l'on veut continuer à voir cette dernière distinctement.

Or, dans l'œil (fig. 181), la distance entre le cristallin et la rétine reste constante, et pourtant la vision est

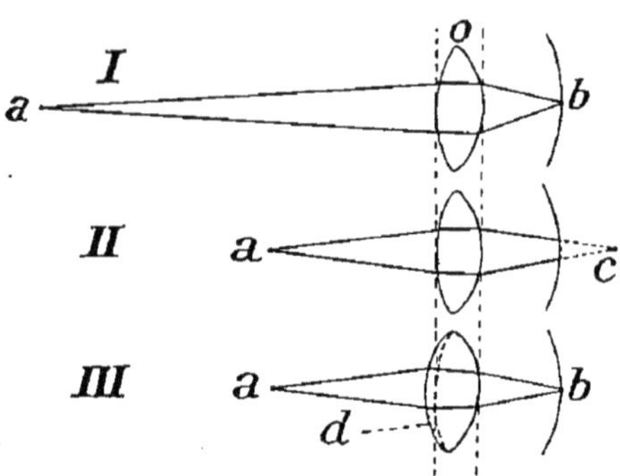

Fig. 185. — Accommodation de l'œil aux distances. — *a*, point lumineux; — *o*, cristallin: — *b*, rétine. — I, vision lointaine; — *o*, cristallin au repos: — *b*, image de *a*. — II, vision rapprochée sans accommodation; — *c*, image en arrière de la rétine. — III, avec accommodation, par bombement du cristallin *d*; — *b*, image nette, sur la rétine.

nette pour toute distance comprise entre deux limites déterminées : une distance maximum de vision distincte, d'environ 30 ou 40 mètres, et une distance minimum de 20 à 25 centimètres, variables du reste d'individu à individu. L'œil doit donc renfermer un mécanisme capable de maintenir les images sur la rétine, à mesure que l'objet se rapproche de l'œil : car la vision n'est distincte qu'à cette condition.

Ce mécanisme de l'accommodation aux distances n'est autre que le muscle ciliaire (fig. 176, *xl*), qui borde l'iris : en se contractant, il augmente la courbure et par suite la puissance du cristallin.

*a*) Quand le muscle ciliaire est au repos, c'est-à-dire relâché, l'œil est accommodé pour la vision lointaine (fig. 185, I) : dans cet état, le cristallin, libre de toute pression, est aussi peu bombé que possible.

*b*) À mesure que l'objet se rapproche de l'œil, le muscle se contracte et exerce une pression croissante sur le pourtour du cristallin ; d'où résulte que ce dernier se bombe graduellement en avant (III, *d*) et augmente ainsi son pouvoir convergent. De la sorte, l'image, qui se serait produite en arrière de la rétine sans la modification de courbure (comme en II), se maintient sur cette membrane, et la vision reste distincte.

*c*) Quand l'objet arrive à la distance de 20 ou 25 centimètres, le cristallin a réalisé son maximum de bombement élastique : en sorte que tout objet placé en deçà de cette distance minimum de vision distincte forme nécessairement son image en arrière de la rétine et ne donne sur cette dernière qu'une image floue, d'autant plus indistincte que l'objet est plus rapproché de l'œil.

**Altérations de la vision.** — *Presbytie.* — Ainsi, l'accommodation de l'œil aux distances consiste en un bombement du cristallin, d'autant plus prononcé que l'objet est plus rapproché de l'œil.

Or, avec l'âge, l'élasticité du cristallin diminue ; parfois aussi le muscle ciliaire s'affaiblit. Forcément, donc, la distance minimum de vision distincte va en augmentant, et l'œil cesse de voir distinctement les objets situés aux petites distances : il est devenu *presbyte*.

*Hypermétropie.* — Il arrive que l'œil, tout en étant normalement constitué dans chacune de ses parties prises séparément, manque de proportion. On le qualifie d'*hypermétrope*, lorsqu'il est trop court, par rapport au pouvoir convergent du cristallin, c'est-à-dire quand la rétine est trop rapprochée de la lentille.

Dans ce cas, les images tendent à se produire en arrière de la rétine (fig. 186, en *ab*), et le pouvoir d'accommodation de l'œil se trouve épuisé, avant que l'objet n'ait atteint la distance minimum normale de vision distincte. L'œil hypermétrope voit bien de loin ; mais sa distance minimum est plus ou moins allongée. Il en est de même aussi, on vient de le dire, chez les presbytes, mais pour une tout autre raison.

On corrige l'hypermétropie, en augmentant la puissance du cristallin, à l'aide de lunettes à lentilles convergentes, sortes de cristallins supplémentaires (*C'*), dont la courbure est déterminée d'après le degré d'hypermétropie : les images se forment alors, comme dans l'œil normal, sur la rétine (en *a'b'*).

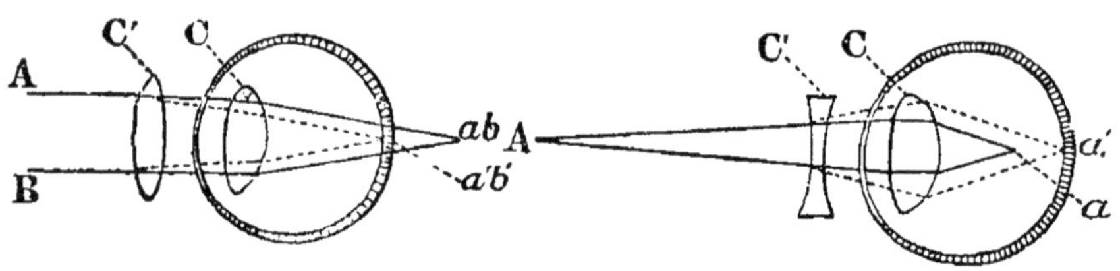


Fig. 186. — Œil hypermétrope. — *ab*, image d'un objet lointain, sans la lentille convexe C' ; — *a'b'*, image sur la rétine avec C'.

Fig. 187. — Œil myope. — *a*, image d'un objet lointain A avec l'œil seul ; — *a'*, image sur la rétine avec la lentille concave C'.

L'exercice au grand air est de nature à améliorer la vue hypermétrope : une marche, une ascension, etc., en stimulant l'organisme tout entier, donnent plus de vigueur au muscle ciliaire et lui permettent d'augmenter son champ d'accommodation.

*Myopie.* — Quand l'œil est trop long par rapport au pouvoir convergent du cristallin, la vision n'est distincte que jusqu'à une distance relativement courte de l'œil, un mètre par exemple. Tous les objets situés au delà forment leur image dans l'humeur vitrée (fig. 187, *a*), et d'autant plus près du cristallin qu'ils en sont plus éloignés : la vision est alors de plus en plus confuse.

On corrige ce défaut en atténuant la trop grande convergence du cristallin par des lunettes à verres divergents (*C'*), c'est-à-dire biconcaves, qui reportent les images plus en arrière, sur la rétine même (*a'*).

Un œil normal peut devenir myope par l'habitude que contracte la personne de concentrer souvent le regard sur des objets rapprochés, par exemple dans une lecture trop assidue.

*Strabisme.* — Le strabisme ou action de loucher provient d'une déviation d'un ou même des deux globes oculaires, d'où résulte que les axes visuels, au lieu d'être parallèles, sont convergents ou divergents.

Les personnes atteintes de cette infirmité en arrivent à ne plus se servir de l'œil dévié, dont l'intervention donnerait lieu à un dédoublement de la vision. On sait en effet qu'il suffit de comprimer latéralement l'un des globes oculaires pour que les objets paraissent doubles.

**Vision unioculaire et binoculaire.** — La vision avec un seul œil ou *vision unioculaire* ne nous donne que la notion de la hauteur et de la largeur, mais non celle de la profondeur ; conséquemment, tous les objets nous semblent placés sur un même plan. C'est pourquoi il est difficile, avec un seul œil, d'arriver à toucher juste du doigt un objet placé à quelque distance devant soi.

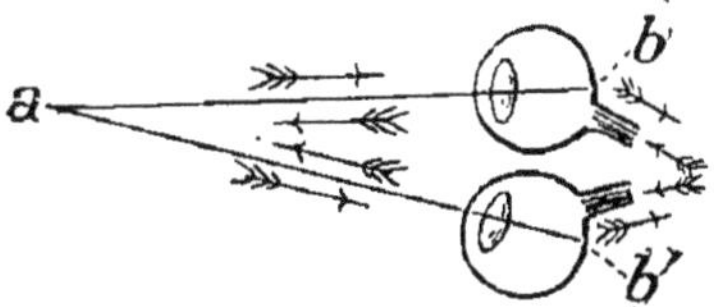

Fig. 188. — *a*, point lumineux ; — *b*, *b'*, ses deux images, extériorisées en *a*, après perception (*réflexe visuel*).

Au contraire, la *vision binoculaire*, en nous donnant en outre la notion de profondeur, nous permet d'apprécier le *relief des objets*. A cet égard, le système des deux yeux représente un véritable stéréoscope naturel, l'œil droit recevant en image la perspective droite de l'objet, l'œil gauche la perspective gauche, et c'est de la superposition cérébrale des deux images rétiniennes que résulte le sentiment du relief.

La seule différence avec le stéréoscope ordinaire (fig. 189) est que ce dernier appareil contient deux photographies de l'objet entièrement distinctes, et placées face aux deux yeux ; tandis que, dans la vision naturelle, c'est l'objet lui-même qui, directement, est photographié par les deux rétines.

La sensation visuelle est un phénomène purement cérébral, et pourtant les images, telles que nous les percevons, se superposent exactement aux objets extérieurs correspondants : l'image se produit dans le cerveau, et pourtant elle apparaît devant l'œil. Or, de même qu'une sensation de contact, qui est en réalité cérébrale, nous semble se produire, par l'effet d'une sorte d'action nerveuse en retour, au point touché, de même

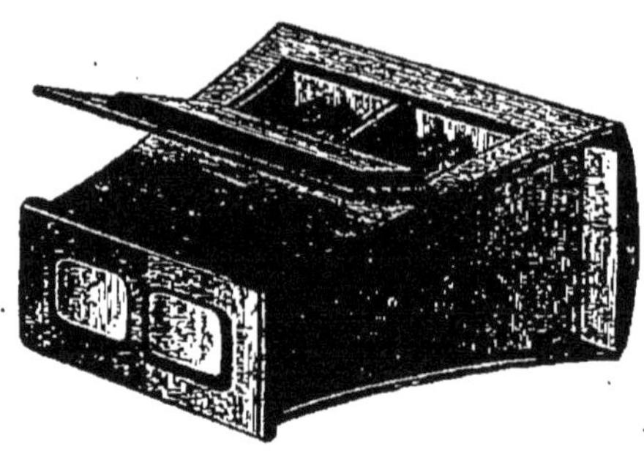

Fig. 189. — Stéréoscope. — Les deux photographies de l'objet, placées au fond, sont séparées par une cloison.

aussi les deux images visuelles cérébrales sont en quelque sorte extériorisées (fig. 188), l'une dans la direction *ba,* l'autre dans la direction *b'a*; dès lors, elles se superposent exactement à l'objet (*a*) dans l'espace, même quand ce dernier a disparu, à condition toutefois que l'impression rétinienne ait été suffisamment intense et par suite ne s'efface pas instantanément.

Mais il arrive aussi que les sensations visuelles se traduisent par une vision déformée des objets, comme l'attestent les nombreuses *illusions d'optique* (fig. 190).

**Vision des couleurs; illusions de coloration.** — L'œil, aidé du cerveau, perçoit non seulement la forme, mais encore la *couleur* des objets. Or, les sensations colorées, quand elles sont suffisamment intenses, donnent lieu en nous à des *images colorées consécutives*, purement subjectives, en un mot, à des *illusions de coloration*.

On sait que la lumière blanche est la résultante d'un flot innombrable de radiations colorées, dont les principales sont : le violet, l'indigo, le bleu, le vert, le jaune, l'orangé et le rouge. On isole ces diverses radiations, sous forme d'un *spectre solaire*, en faisant passer la lumière blanche au travers d'un prisme ; l'arc-en-ciel est aussi un spectre solaire.

Or, la couleur d'un objet plus ou moins opaque correspond à la résultante des radiations solaires qu'il réfléchit. S'il réfléchit toutes les radiations élémentaires, l'objet paraît blanc ; s'ils les absorbe toutes, il est noir. S'il est vert, c'est qu'il réfléchit les rayons verts et absorbe tous les autres : ainsi, les cristaux de fuchsine sont d'un beau reflet vert ; au contraire, leur dissolution, qui absorbe les rayons verts, est, vue par transparence, d'un rouge magnifique.

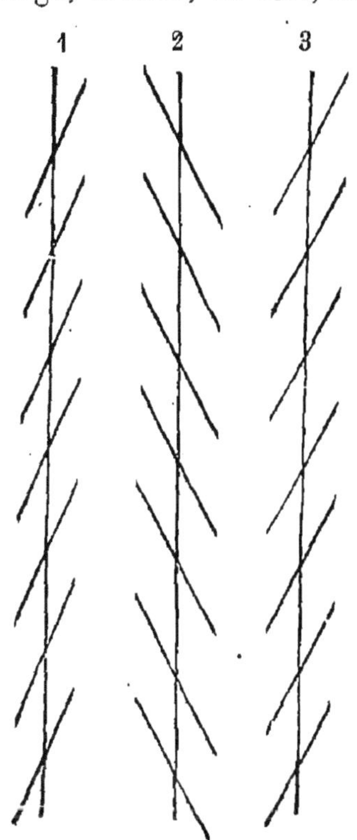



Fig. 190. — Illusion d'optique. — Les lignes 1, 2, 3, en réalité parallèles, semblent concourantes, 1 et 2 vers le bas, 2 et 3 vers le haut, à cause des petites lignes obliques.

Les radiations colorées de la lumière blanche ne diffèrent physiquement les unes des autres que par la rapidité de leur mouvement vibratoire, qui va en augmentant du rouge au violet. Elles se réduisent à trois radiations fondamentales, savoir, le *rouge*, le *vert* et le *violet* ; toutes les autres ne sont que des mélanges, en proportion variable, de ces couleurs essentielles.

On nomme *couleurs complémentaires* deux couleurs spectrales, qui, superposées, donnent du blanc. Telles sont le rouge et le vert, le bleu et l'orangé, l'indigo et le jaune.

Ceci dit, voici quelques exemples d'illusions de coloration.

On fixe pendant quelques instants un carré de papier vert, placé au milieu d'une feuille de papier blanc, à une vive lumière; puis on enlève brusquement le papier vert. L'œil, qui n'a pas bougé, verra, aux lieu et place du carré vert, un carré rose, qui s'efface presque aussitôt. Inversement, la vue d'un carré rouge donne lieu à une illusion de coloration ou couleur consécutive verte. Dans tous les cas, la couleur vue et la couleur d'illusion sont complémentaires l'une de l'autre.

Plus simplement, on peut coller un carré de papier blanc sur une feuille de papier rouge ou vert et recouvrir le tout d'un papier demi-transparent : le carré blanc paraît nettement verdâtre dans le premier cas, rosé dans le second.

Pour expliquer l'image colorée consécutive, admettons qu'en chaque point de la rétine, les bâtonnets ou les cônes soient sensibles, les uns seulement au rouge, d'autres au vert, d'autres enfin au violet. En fixant le carré rouge bien éclairé, les éléments de la rétine, sensibles au rouge, sont vite fatigués; donc, en portant aussitôt le regard sur un papier blanc, on percevra la lumière blanche, moins le rouge, c'est-à-dire du vert, couleur complémentaire du rouge.

**Contraste des couleurs**. — Il résulte de ce qui précède que si l'on place côte à côte deux feuilles de papier, l'une verte, l'autre rouge, chacune des deux teintes se renforce de l'image consécutive (couleur complémentaire), produite par l'autre. Et effectivement, dans la zone de jonction des deux teintes, le renforcement, si l'on opère à une vive lumière, est des plus frappants.

Toutes les couleurs complémentaires se rehaussent

ainsi mutuellement (indigo et jaune, etc.) ; d'où leur autre nom de *couleurs de contraste.*

Si, au lieu de couleurs complémentaires, on associe une série de couleurs quelconques, on ne les voit avec leur teinte propre qu'au premier instant de vision. Plus on les fixe, et plus leur teinte se modifie, parce que chaque couleur se complique de la couleur d'illusion complémentaire de toutes les autres : le jaune, par exemple, donne comme image consécutive du violet, qui se superpose aux autres couleurs et les modifie d'autant ; etc.

Les faits physiologiques relatifs au contraste des couleurs trouvent leur application dans les arts décoratifs, dans la confection des costumes de théâtre, etc. : ce sont, en effet, des associations déterminées de couleurs qui seules produisent l'effet recherché. Les nuances d'un chapeau doivent être rationnellement adaptées à la coloration de la chevelure ; une broche en or ressort davantage sur un fond violet que sur tout autre ; etc.

Les contrastes les plus frappants sont toujours donnés par des couples de couleurs complémentaires, placées côte à côte ; au contraire, lorsqu'elles sont mélangées, en peinture par exemple, elles se détruisent plus ou moins complètement.

# SECTION II

## LE SYSTÈME NERVEUX

### CONFORMATION GÉNÉRALE

**Le système nerveux, système directeur de l'organisme.** — Notre corps, dans sa grande complexité, ne constitue une *unité physiologique* que grâce au système nerveux, qui en effet relie intimement entre eux les divers organes et assure leur fonctionnement.

Le système nerveux (fig. 191) comprend :

1° D'une part, les *centres nerveux* (cerveau, moelle épinière, ...), organes essentiels, constitués par des agglomérations de *cellules nerveuses* : les plus perfectionnées de ces cellules, celles du cerveau, sont le siège de la pensée et de la volonté ;

2° D'autre part, les *nerfs*, sortes de câbles, formés de fils conducteurs ou *fibres nerveuses*, qui raccordent les centres aux divers organes et transmettent soit la sensibilité, soit le mouvement.

**Centres nerveux et nerfs.** — I. *Centres et nerfs de relation.* — Les centres nerveux essentiels sont : 1° l'*encéphale* (fig. 191, *a*), masse complexe logée dans la boîte crânienne et dont l'organe prépondérant est le cerveau ; 2° la *moelle épinière* (*b*), cordon nerveux inclus dans le canal de la colonne vertébrale et se continuant avec l'encéphale au niveau du trou occipital.

Ensemble, l'encéphale et la moelle épinière forment l'*axe cérébro-spinal*.

De la face inférieure de l'encéphale émergent douze paires de nerfs blanchâtres, dits *nerfs encéphaliques* ou *craniens*, notamment les nerfs purement sensitifs

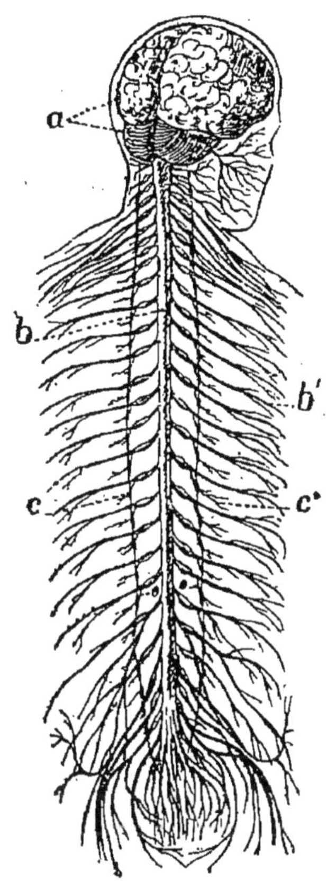

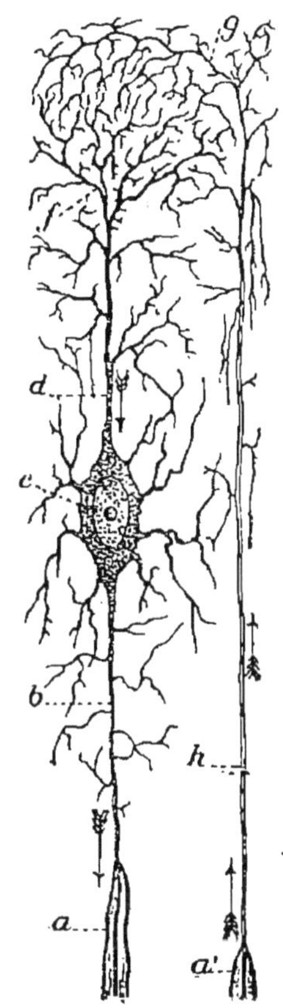


Fig. 191. — Système nerveux. — *a*, encéphale; — *b*, moelle épinière; — *b'*, ses nerfs; — *c*, chaîne de ganglions; — *c'*, nerfs sympathiques; — *o*, racines du système sympathique, allant des ganglions aux nerfs rachidiens.

Fig. 192. — *af*, un élément nerveux ou *neurone*; — *f*, ses contacts avec un élément voisin *g*; — *ab*, fibre nerveuse; — *c*, cellule nerveuse; — *df*, panaches protoplasmiques; — *gha*, terminaison de la fibre d'un neurone voisin.

(nerfs olfactifs, optiques, auditifs, glosso-pharyngiens). De la moelle épinière émergent trente et une paires nerveuses (*b'*), dites *nerfs rachidiens*. Ces quarante-trois paires de nerfs sont destinées, sauf la dixième cra-

nienne (p. 236), aux organes de relation ou organes
périphériques, c'est-à-dire aux organes des sens et aux
muscles locomoteurs (fig. 14).

L'encéphale, la moelle épinière et les nerfs correspondants forment ensemble le *système nerveux cérébro-spinal* (fig. 13).

II. *Centres et nerfs de nutrition.* — Les organes intérieurs ou viscères (cœur, poumons, glandes, ...) sont
innervés par des nerfs spéciaux, de teinte grisâtre,
ordinairement très grêles, qui émanent d'une double
chaîne de *ganglions* (fig. 191, *c*), petits centres nerveux
complémentaires, échelonnés de chaque côté de la
colonne vertébrale.

Ganglions et nerfs viscéraux forment ensemble le
*système nerveux sympathique* ou *système organique*
(fig. 205), qui assure automatiquement les mouvements
et sécrétions des organes internes.

Mais ce système n'est pas autonome : les ganglions
sont en effet unis par de courts filets nerveux ou *racines*
(fig. 191, *o*) aux nerfs de la moelle épinière. Aussi bien,
l'influx nerveux qui chemine dans les nerfs sympathiques et anime les viscères procède normalement de
la moelle épinière ou du bulbe, les ganglions ne jouant
qu'un rôle subordonné.

*En résumé*, avec des centres essentiels communs
(encéphale, moelle épinière), le corps dispose de deux
sortes de nerfs : les nerfs périphériques ou nerfs de
la relation (43 paires) et les nerfs viscéraux ou nerfs
de la nutrition, ces derniers souvent enchevêtrés en
*plexus* (fig. 205), et pourvus d'une chaîne de centres
nerveux secondaires ou ganglions.


**Méninges**. — L'encéphale et la moelle épinière sont
entourées de trois membranes, dites *méninges*.

La plus extérieure ou *dure-mère* (fig. 193, *1*), fibreuse
et résistante, est purement protectrice et se soude chez
l'adulte à la boîte crânienne ; la méninge intérieure ou
*pie-mère*, délicate et très vasculaire, suit exactement

les sinuosités des centres nerveux, auxquels elle est rattachée par les nombreux vaisseaux capillaires qui en partent. Quant à la méninge intermédiaire ou *arachnoïde (3, 4)*, c'est une membrane à double feuillet, qui entoure l'encéphale et la moelle, comme le péricarde enveloppe le cœur.

Une sorte de lymphe, le *liquide sous-arachnoïdien*, occupe les mailles du tissu lacuneux, compris entre l'arachnoïde et la pie-mère. Ce liquide, ·dont le volume est d'environ 150 centimètres cubes chez l'adulte, est surtout abondant au niveau des dépressions des organes nerveux, par exemple entre les plis ou

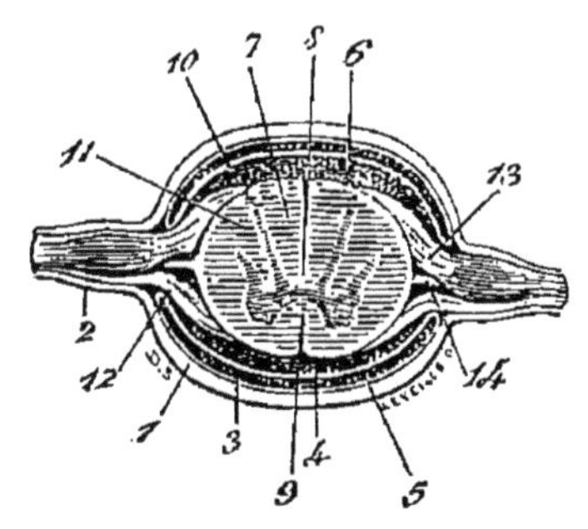

Fig. 193. — Coupe de la moelle épinière avec les méninges et une paire de nerfs. — 1, 2, dure-mère; — 3, 4, arachnoïde; — 5, sa cavité; — 6, espace sous-arachnoïdien; —7, subst. blanche; — 8, sillon médian post.; — 9, ant.; — 12, 13, racines ant. et post. des nerfs.

circonvolutions du cerveau (fig. 196), dans l'échancrure latérale du même organe (scissure de Sylvius, *S*), etc.; cela tient à ce que l'arachnoïde passe par-dessus ces dépressions comme un pont, au lieu d'en suivre exactement les contours, comme la pie-mère, ce qui délimite de petits espaces ou lacs sous-arachnoïdiens.

# CHAPITRE PREMIER

## STRUCTURE DU SYSTÈME NERVEUX

**1° Encéphale**. — Débarrassée des méninges, l'encéphale offre à considérer extérieurement trois parties distinctes :

1° En avant et en haut, le *cerveau* (fig. 196, *TO*), organe de beaucoup le plus

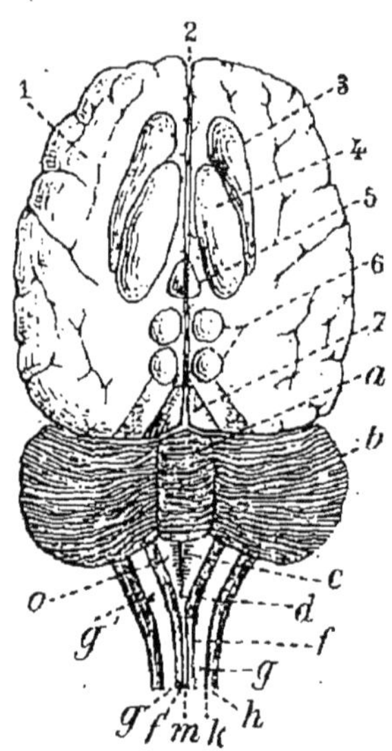

Fig. 194. — Encéphale (face supérieure). — 1, cerveau ; — 2, scissure interhémisphérique ; — 3, corps striés ; — 4, couches optiques ; — 5, épiphyse ; — 6, tubercules quadrijumeaux ; — a, vermis du cervelet ; — b, hémisphères cérébelleux ; — m-h, cordons et sillons du bulbe ; — o, quatrième ventricule ; — d, nœud vital.

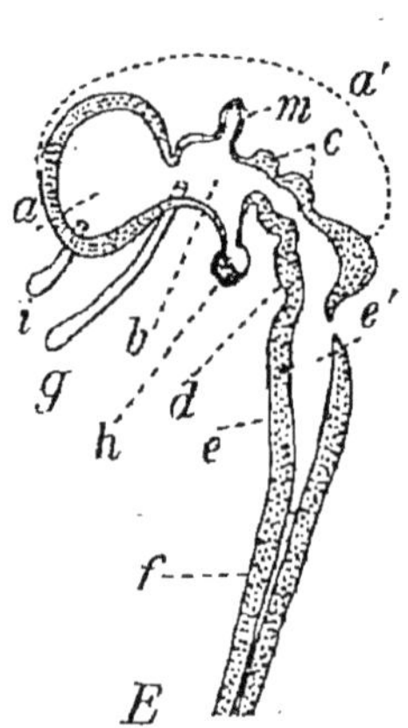

Fig. 195. — Coupe antéro-postérieure de l'encéphale. — a, cerveau jeune ; — a', adulte ; — b, couches optiques ; — m, épiphyse ; — c, tubercules quadrijumeaux ; — d, cervelet ; — e, bulbe ; — e', quatrième ventricule, ouvert ; — f, moelle épinière ; — i, g, nerfs olfactifs et optiques.

volumineux, subdivisé par un profond sillon antéro-postérieur (fig. 194, *2*) en deux lobes ou *hémisphères céré-braux*, couverts de plis ou *circonvolutions*; le cerveau est creusé de deux cavités, les *ventricules latéraux* (fig. 195, *a*), séparés par une cloison médiane (fig. 203 *bis*, *sp*).

2° Le *cervelet* (fig. 196, *C*), recouvert supérieurement par le cerveau et subdivisé en trois masses (fig. 194), l'une médiane (*vermis*, *a*), marquée de plis parallèles rappelant les anneaux d'un Ver, les deux autres latérales (*hémisphères cérébelleux*, *b*), à circonvolutions moins saillantes que celles du cerveau, et séparées par des sillons beaucoup plus profonds et plus étroits ;

3° Enfin la *moelle allongée* (fig. 196, *D*), prolongement intracranien de la moelle épinière ; à sa jonction avec le cervelet, elle est renflée en manière de bulbe, d'où son autre nom de *bulbe rachidien* (fig. 194, *gg'*) ; en arrière, au niveau de la nuque, le bulbe présente une dépression (*o*), dite quatrième ventricule (fig. 195, *ë*), siège du centre respiratoire ou *nœud vital* (p. 238).

Les *circonvolutions* du cerveau (fig. 196), très sinueuses se ramènent à quatre *frontales*, trois *pariétales*, trois *temporales* et trois *occipitales*; mais leur délimitation n'est possible que grâce à l'étude préalable du cerveau très jeune, où elles ne sont qu'ébauchées, peu rameuses, et aussi par la comparaison du cerveau humain avec le cerveau des Singes.

**Substance grise ; substance blanche.** — En pratiquant une section dans un cerveau de Mouton, on constate que toute la couche superficielle ou *écorce cérébrale*, épaisse de quelques millimètres seulement et qui forme les circonvolutions, est de couleur grise, tandis que la substance sous-jacente, beaucoup plus épaisse, est de teinte blanche.

La *substance grise* ne consiste qu'en cellules nerveuses, que l'on distingue en petites cellules pyramidales (couche extérieure) et cellules pyramidales géantes (couche profonde) : c'est là la matière pensante et agissante de notre cerveau.

La *substance blanche* se réduit à des fibres nerveuses
(fig. 192, *ab*), issues des cellules précédentes (*c*), et
reliant l'écorce cérébrale aux centres nerveux sous-ja-

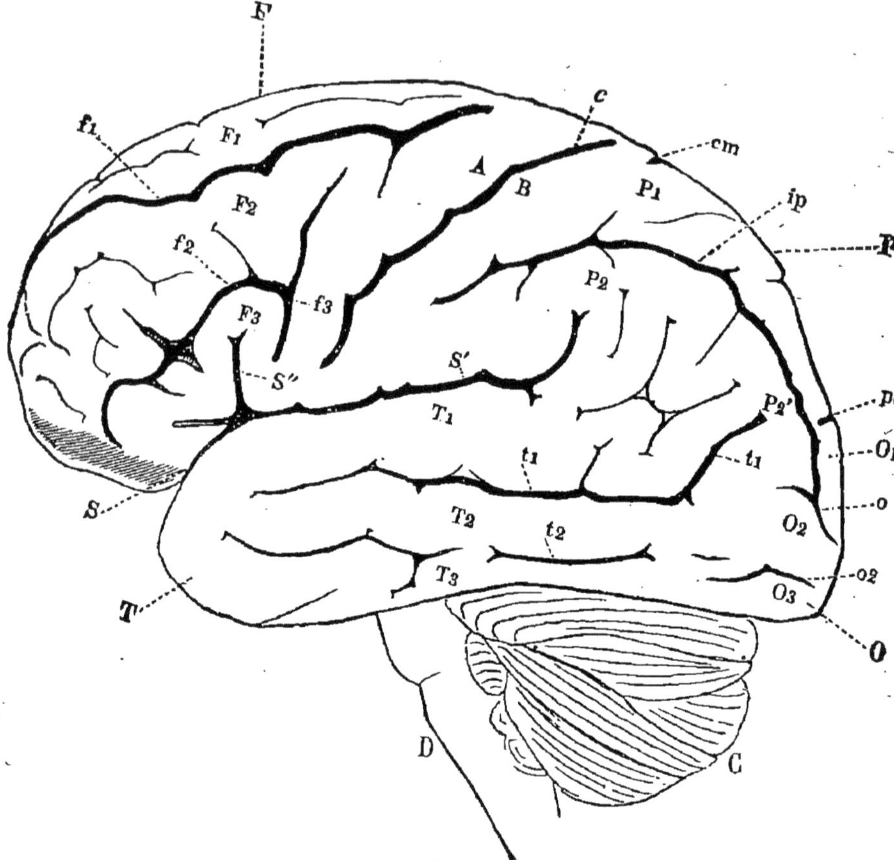

Fig. 196. — Encéphale; schéma des circonvolutions. — F, lobe frontal;
— F₁, F₂, F₃, 1ʳᵉ, 2ᵃ et 3ᵉ circonv. frontales; — A, circonvolution frontale
ascendante. — P, lobe pariétal; — P₁, P₂, 1ʳᵉ et 2ᵉ pariétales; — B, circonv. pariétale ascendante. — O, lobe occipital (3 circonv.). — T, lobe temporal (3 circonv.) — S, scissure de Sylvius. — C, cervelet. — D, bulbe.

cents; dans la zone profonde, à la voûte des deux ventricules latéraux, elle forme une sorte de pont, le *corps
calleux* (fig. 203 *bis*, *bk*), qui établit la communication
des circonvolutions de l'hémisphère droit avec celles
de gauche.

Le cervelet (fig. 196, *C*) a également sa substance grise superficielle (fig. 197) et sa substance blanche, fibreuse, centrale : en raison de l'étroitesse et de la profondeur des sillons du cervelet, la substance blanche dessine comme une arborescence (*arbre de vie* des anciens, fig. 203 *bis*), dont les branches sont recouvertes par l'écorce grise. L'arbre de vie sert simplement à raccorder l'écorce cellulaire aux autres organes encéphaliques.

Au contraire, dans le bulbe et la moelle épinière, la substance grise est centrale (fig. 201, *qx*), et c'est la substance blanche qui forme le manchon périphérique ; cette dernière est divisée par des sillons longitudinaux en *cordons*.

*Poids de l'encéphale ; grand développement du cerveau.* — Le poids total de l'encéphale est en moyenne de 1.300 grammes. Il peut s'élever à

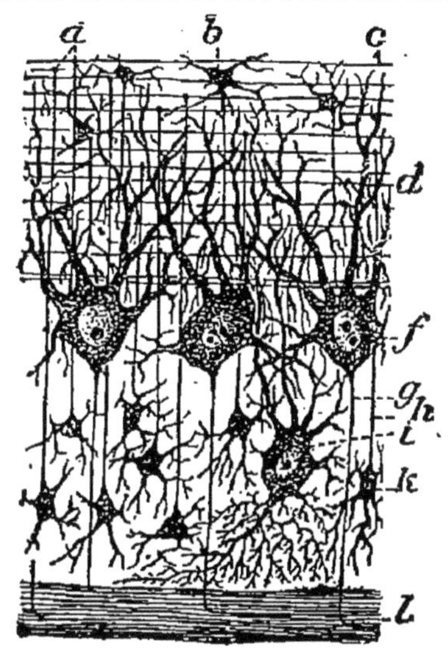

Fig. 197. — Coupe de l'écorce grise du cervelet, montrant les diverses formes de cellules étoilées du *tissu nerveux ; l*, début de la substance int. fibreuse, ou subst. blanche (*v.* p. 229).

1.500 grammes et même au delà, chez des individus d'une intellectualité supérieure (Schiller : 1.781 gr. ; Cuvier : 1.829 gr.). Très exceptionnellement, il atteint deux kilogrammes (Cromwell : 2.231 gr.).

Toutefois, il ne manque pas non plus d'exemples d'Hommes remarquablement doués, dont l'encéphale ne dépassait pas le poids normal, et même lui était inférieur (Gambetta : 1.250 grammes).

A lui seul, le cerveau proprement dit pèse plus d'un kilogramme, développement que justifie sa haute importance fonctionnelle. Il est en effet le siège de deux

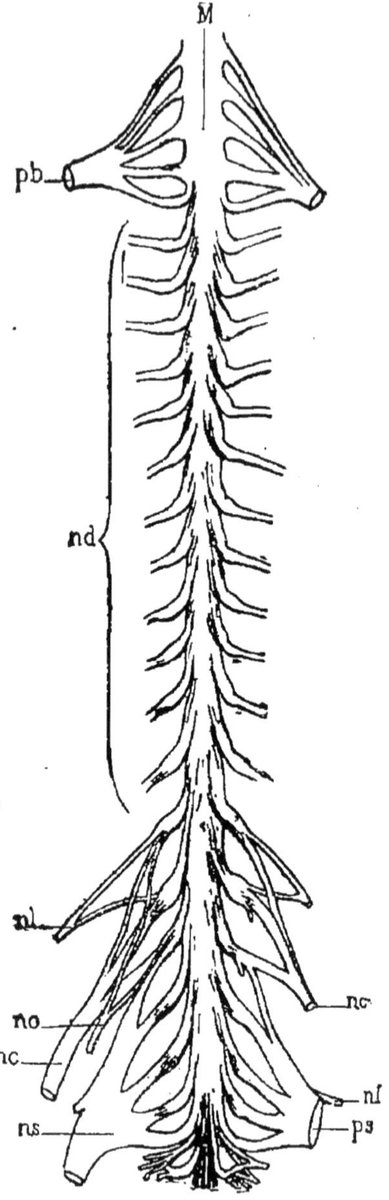



Fig.198.— Moelle épinière et nerfs rachi-
diens. — *pb*, plexus brachial, donnant les nerfs du bras; — *nd*, nerfs dorsaux; — *nl*, nerfs lombaires; — *nc*, nerf crural ou de la cuisse; — *ns*, nerf sciatique ou du membre inf., issu de *ps*, plexus sacré.

fonctions capitales : la *perception sensorielle*, avec son prolongement direct le *travail mental*, et la *volonté*.

Chez l'Homme, le cerveau recouvre entièrement plusieurs centres ou ganglions nerveux, que l'on ne peut apercevoir du dehors. Ce sont, en avant, les *corps striés* (fig. 194, *3*), centres moteurs, suivis des deux *couches optiques* (*4*), centres sensitifs ; plus en arrière, quatre petits noyaux, dits *tubercules quadrijumeaux* (*6*), qui confinent au cervelet.

Tous ces centres encéphaliques sont intimement unis entre eux (fig. 195), de sorte que l'influx nerveux montant ou descendant passe de l'un à l'autre sans discontinuité. C'est ainsi que le bulbe est relié aux couches optiques et aux corps striés par deux gros cordons de substance blanche, les *pédoncules cérébraux* (fig. 203 *bis*, sur *br*); à leur tour, les corps striés et les couches optiques sont unis par des faisceaux de fibres conductrices au cerveau.

**2° Moelle épinière**. — La moelle épinière est le cordon nerveux qui prend place dans le canal rachidien ; les méninges qui l'enveloppent sont séparées des arcs vertébraux par une couche de graisse.

A la naissance des nerfs des membres supérieurs et inférieurs (fig. 198), elle est légèrement renflée : les nerfs

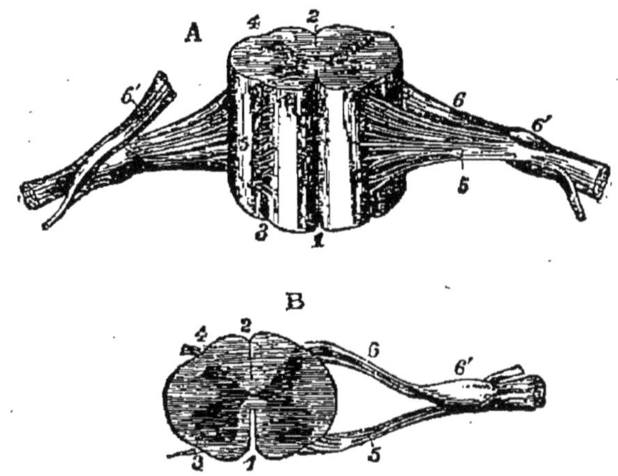

Fig. 199 et 200. — Coupe transversale de la moelle épinière. — 1, 2, sillons médians, antérieur et postérieur ; — 3, 4, sillons latéraux, d'où émergent les racines 5 et 6 des nerfs ; — 6', ganglion de la racine postérieure.

issus de ces deux régions s'anastomosent en *plexus* (*pb, ps*), avant de se distribuer aux membres correspondants. Inférieurement, la moelle se termine au niveau de la seconde vertèbre lombaire et là s'épanouit en un paquet de nerfs, la *queue de cheval*.

Deux profonds sillons, l'un antérieur, l'autre postérieur (fig. 199), s'étendent jusqu'à proximité du canal médullaire axile et divisent la moelle en deux moitiés.

Sur les côtés émergent les nerfs rachidiens, qui naissent chacun de la jonction de deux racines.

La racine postérieure ou dorsale (*6*), qui porte un ganglion (*6'*), est affectée spécialement à la conduction des impressions tactiles au cerveau ; sa section abolit la sensibilité de la région desservie par le nerf. La racine antérieure (*5*) sert exclusivement à la conduction des ordres du mouvement vers les muscles ; sa section entraîne la paralysie des muscles correspondants. Ces deux racines, sensitive et motrice, s'unissent déjà dans le canal rachidien en un nerf unique (fig. 201, *d*), qui sort de ce dernier par le trou ménagé latéralement entre les vertèbres (fig. 220, *E*) ; après

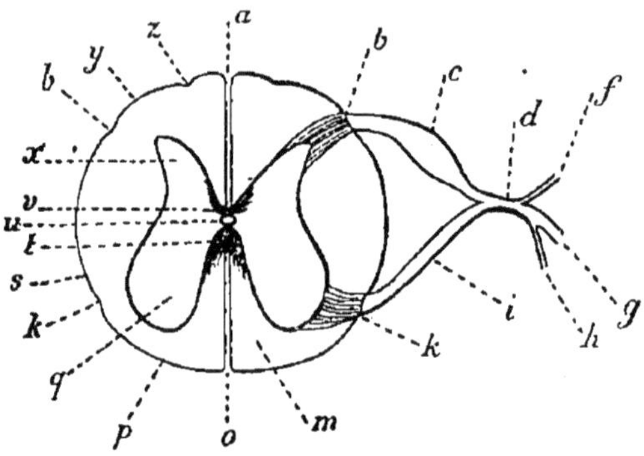

Fig. 201. — Coupe transversale de la moelle épinière. — *a*, *o*, sillons médians, antérieur et postérieur ; — *u*, canal central ; — *m*, substance blanche, divisée en cordons (*p*, *s*, *y*) ; — *q.x.*, substance grise ; — *t*, commissure blanche ; *v*, commissure grise ; — *ki*, *bc*, racines d'un nerf rachidien, unies en *d* ; — *g*, *f*, première ramification du nerf ; — *h*, raccord avec le système sympathique (voir fig. 191, *o*) ; — *c*, ganglion de la racine sensitive.

quoi, ce nerf distribue ses filets aux boutons tactiles de la peau et aux muscles locomoteurs (fig. 202, *a*, *r*).

*Aspect de la section.* — La section transversale de la moelle (fig. 201) offre à considérer un cordon central de substance grise (*qx*), et des cordons enveloppants de substance blanche (*p*, *s*, *y*).

Sur la coupe, la substance grise offre un peu la forme d'un *x*, dont les branches se nomment *cornes*. Les cornes postérieures (*x*) ne renferment que de petites *cellules nerveuses*, de propriétés *sensitives*, c'est-à-dire affectées au transport vers le cerveau des impressions tactiles qui leur arrivent par la racine postérieure (*c*) des nerfs rachidiens; les cornes antérieures (*q*), plus larges, sont formées de volumineuses *cellules motrices*, qui transmettent aux fibres de la racine antérieure (*i*) des mêmes nerfs les ordres du mouvement émanés du cerveau.

Ces cellules, sensitives ou motrices, sont munies de nombreux prolongements rameux, qui établissent entre elles de multiples contacts (fig. 202).

La substance blanche de la moelle est subdivisée par des sillons longitudinaux en *cordons antérieurs* (fig. 201, *p*) et *cordons latéraux* (*s*), qui conduisent en direction descendante les ordres du mouvement, venus de l'encéphale, et *cordons postérieurs* (*y*), qui transmettent au cerveau, comme les petites cellules avoisinantes de la substance grise, les impressions sensitives, recueillies par les boutons tactiles du tégument.

En somme, la région postérieure, grise et blanche, de la moelle est douée de propriétés sensitives ; la région antérieure, plus développée, est au contraire affectée au mouvement.

**Rapports entre les fibres et cellules dans la moelle.** — Les fibres nerveuses tactiles (fig. 202, *b*), issues des corpuscules tactiles (*a*) de la peau, viennent s'unir chacune à une cellule ovoïde (*d*), appartenant au ganglion de la racine postérieure du nerf rachidien correspondant, puis se continuent jusque dans les cordons postérieurs de la moelle. Là, elles se prolongent vers le haut (*g*), constituant de la sorte les fibres de ces cordons, fibres qui vont se terminer en arborescence dans le bulbe rachidien. Telle est la voie nerveuse sensitive normale.

Le long de ces fibres ascendantes naissent de nombreux ramuscules transversaux d'inégale longueur, qui pénètrent dans la substance grise et se terminent, les plus courts (*h*) au contact des panaches des cellules sensitives (*i*), qui contribuent, comme les fibres des cordons postérieurs, à la transmission des impressions de sensibilité vers le cerveau; les plus longs (*f*), au contact des panaches des volumineuses cellules motrices (*o*).

Ces dernières se continuent directement par autant de fibres nerveuses (*q*), précisément celles de la racine antérieure des nerfs rachidiens, qui transmettent aux muscles (*r*) les excitations motrices. A ces mêmes cellules motrices viennent d'autre part aboutir les ramuscules latéraux des fibres motrices descendantes (*n*), issues du bulbe, qui forment les cordons médullaires antérieurs et latéraux (voie motrice).

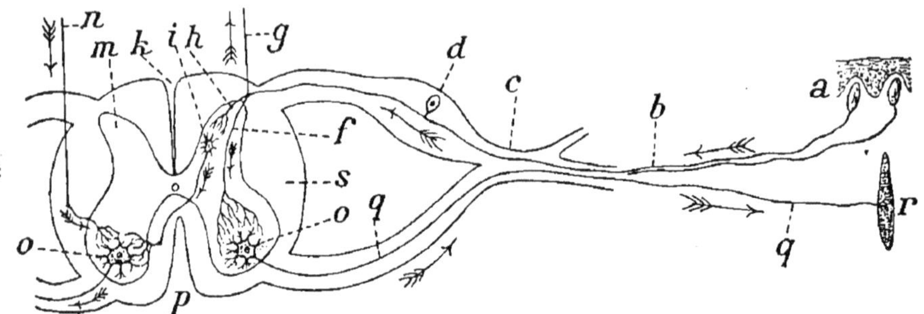


Fig. 202. — Moelle épinière et nerf rachidien; les flèches indiquent la marche de l'influx nerveux. — *a*, corpuscules tactiles sous l'épiderme; — *b*, fibres sensitives; — *c*, nerf mixte; — *d*, ganglion de la racine postérieure du nerf; — *f*, ramilles longues; — *g*, partie ascendante de la fibre, allant au bulbe; — *h*, ramilles courtes; — *i*, cellules sensitives; — *k*, sillon médian postérieur; — *m*, substance grise; — *n*, fibre motrice, venant du bulbe; — *o*, cellules motrices; — *p*, sillon médian antérieur; — *q*, fibres motrices de la racine antérieure du nerf; — *r*, muscles.

On voit que tout cet ensemble de la moelle épinière et des nerfs rachidiens se réduit essentiellement à une agglomération de deux sortes d'éléments nerveux ou *neurones* (fig. 192), consistant chacun en une cellule nerveuse, d'ordinaire très rameuse, et une fibre, savoir :

1° Les *neurones sensitifs* (fig. 202, *adg*), qui commencent à la peau aux corpuscules tactiles, ont leur cellule dans le ganglion (*d*) de la racine postérieure du nerf et se terminent dans le bulbe (par *g*), non sans se raccorder avec les cellules motrices de la moelle par leurs nombreuses ramilles latérales (*f*) ;

2° Les *neurones moteurs* (*oqr*), dont les cellules sont

les volumineuses cellules médullaires antérieures (*o*), et les fibres celles de la racine antérieure (*q*) des nerfs rachidiens.

Ces deux sortes de neurones constituent les voies de *l'action nerveuse réflexe médullaire* (p. 237). Ainsi, lorsqu'on excite électriquement la patte d'une Grenouille décapitée, l'excitation parcourt les neurones sensitifs, se transmet aux cellules des neurones moteurs par les ramilles latérales (*f*) des fibres sensitives et se traduit, une fois de retour à la périphérie, par un mouvement automatique, dit *mouvement réflexe*.

**3° Les nerfs.** — Les nerfs se subdivisent en *nerfs cérébrospinaux*, comprenant les nerfs *encéphaliques* et les nerfs *rachidiens* (fig. 13), destinés aux organes de relation (organes des sens, muscles locomoteurs), et en *nerfs sympathiques*, issus des ganglions et destinés aux viscères (fig. 205); ces derniers forment des enchevêtrements ou *plexus* (27,..), avant de pénétrer dans les organes auxquels ils sont destinés.

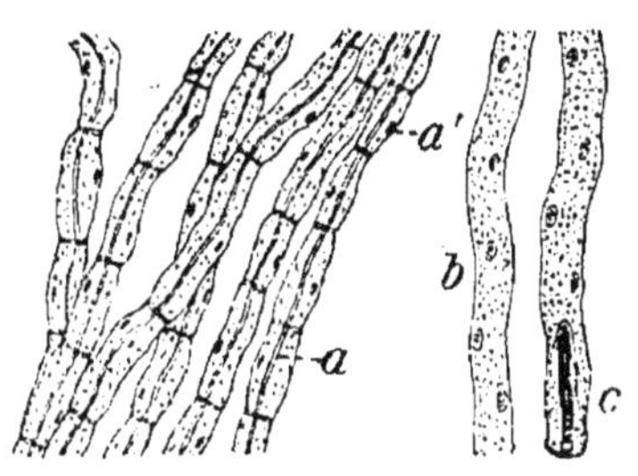

Fig. 203. — Fibres nerveuses, — *a*, cylindre-axe; — *a'*, gaine de cellules annulaires avec noyau; — *b*, fibre non transparente; — en *c*. le cylindre-axe est visible (gross. : 150).

Quels qu'ils soient, les nerfs sont des assemblages de *fibres nerveuses*, et chaque fibre à son tour se résume (fig. 203) en un fil conducteur axile, le *cylindre-axe* (*a*), prolongement direct d'une cellule nerveuse (fig. 192, *c*), avec laquelle il forme un neurone, et en une enveloppe protectrice, de nature cellulaire.

Les nerfs encéphaliques, au nombre de douze paires, sont les uns purement *sensitifs* (nerfs *olfactifs* : 1° paire ; nerfs *optiques* : 2° ; nerfs *auditifs* : 8° ; nerfs glosso-pharyngiens ou du goût : 9°); d'autres sont purement *moteurs* (nerfs hypoglosses ou de la lan-

guc: 12ᵉ ;...); d'autres enfin sont *mixtes* (nerfs triju-
meaux : 5ᵉ; fig. 205, en avant de *20*).

Le dixième nerf encéphalique ou *nerf pneumogastrique* (fig. 205, *1*), issu du bulbe, au lieu de se ramifier
comme les précédents dans les organes périphériques,

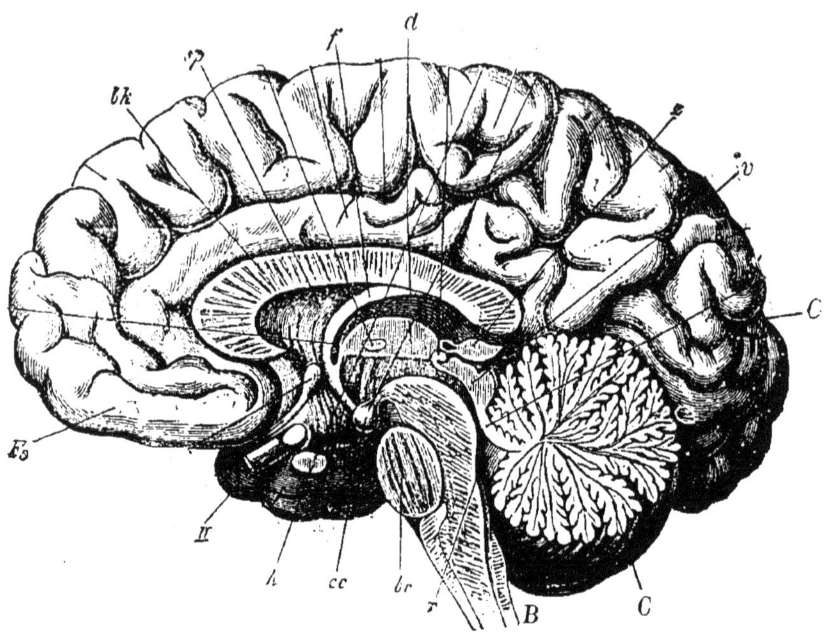

Fig. 203 *bis*. — Coupe médiane de l'encéphale. — $F_3$, lobe frontal du cerveau
(3ᵉ circonv.); — *bk*, corps calleux ; — *sp*, cloison transparente ; — *f*, trigone,
reliant les deux hémisphères entre eux, comme le corps calleux ; — *d*, couche optique; — *z*, épiphyse; — *v*, tubercules quadrijumeaux; — *O*, lobe occipital; — *C*, cervelet, montrant l'arbre de vie; — *B*, bulbe; — *r*, 4ᵉ ventricule; — *br*, pont de Varole, unissant les 6 hémisphères du cervelet; — plus
haut, pédoncules cérébraux; — *cc*, tubercules mamillaires; — *h*, hypophyse ;
— II, nerf optique. (Comparer aux fig. 194, 195).

se distribue par exception aux viscères (poumons,
estomac, cœur,...), à la manière des nerfs sympathiques (*30*,...), et par là contribue à assurer les mouvements et les sécrétions de ces organes.

Les nerfs rachidiens (fig. 198) appartiennent tous
à la catégorie des nerfs mixtes, c'est-à-dire sensitifs et
moteurs (fig. 202, *c*; suivre les flèches), et il en est de
même des nerfs sympathiques.

# CHAPITRE II

## FONCTIONS DU SYSTÈME NERVEUX

**De l'action réflexe, phénomène nerveux fondamental**.
— On a vu que, dans les nerfs, l'influx nerveux chemine
tantôt vers les centres, c'est alors l'influx centripète ou
sensitif, qui donne lieu aux sensations, s'il aboutit
au cerveau ; tantôt vers la périphérie, c'est alors l'influx nerveux centrifuge, soit moteur, soit glandulaire,
émané de l'encéphale ou de la moelle épinière et donnant
lieu à un mouvement ou à une sécrétion.

Or, *toute action motrice ou glandulaire a pour cause
première une impression de sensibilité*, et, à part le
cas des mouvements volontaires, elle fait d'ordinaire
suite immédiatement à l'impression. Ainsi, une violente détonation donne lieu, non seulement à une perception de son, mais à une action en retour motrice,
qui occasionne le mouvement de frayeur ; une piqûre
au bras fait retirer automatiquement le membre lésé ;
le dépôt d'un grain de sel sur la langue entraîne, après
perception cérébrale, comme phénomène en retour, une
action glandulaire, la sécrétion salivaire.

On donne le nom d'*action réflexe* à cette transformation des impressions de sensibilité en excitations motrices ou glandulaires, que cette transformation se
produise immédiatement après l'impressionnement, ou
à plus ou moins longue échéance par suite d'interposition de mémoire. Dans ce sens général, tout phénomène organique se rattache à une action réflexe.

On distingue les réflexes *moteurs* et les réflexes *sécré-*

*teurs.* Les uns et les autres se subdivisent en réflexes *conscients* et *inconscients*, selon que l'impression sensitive passe ou non par le cerveau.

**Fonctions des centres nerveux.** — Les *centres nerveux encéphaliques*, le bulbe excepté, exercent des fonctions afférentes à la *relation* (sensibilité, mouvement volontaire). Le *bulbe et la moelle épinière*, au contraire, règlent, par voie réflexe inconsciente, les fonctions de *nutrition* (mouvements et sécrétions du tube digestif; mouvements circulatoires, respiratoires, etc.): de fait, un animal peut vivre, même pendant plusieurs mois, sans le cerveau et le cervelet (p. 242).

I. **Fonctions du bulbe et de la moelle.** — Outre leur rôle de *centres réflexes,* la moelle et le bulbe jouent un rôle important de *conduction* : ces organes transmettent les impressions sensitives montantes (fig. 202, *g*), vers le cerveau, et les incitations motrices descendantes (*n*) vers les muscles.

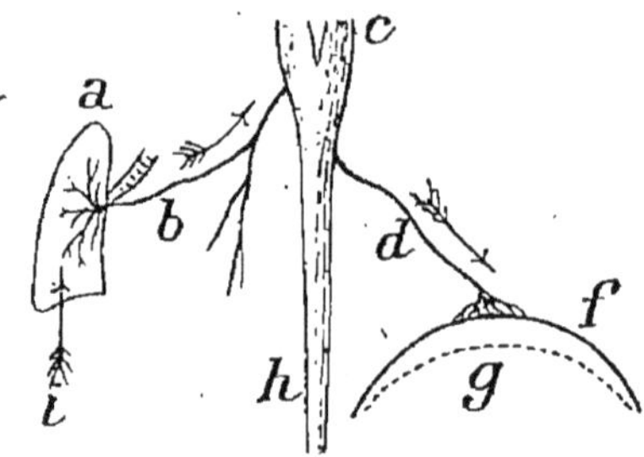

Fig. 204. — Voies de l'action réflexe respiratoire. — *a*, poumon; — *c*, bulbe; — *h*, moelle épinière; — *f*, diaphragme au repos; — *g*, en contraction; — *i*, rameaux excitables du nerf pneumogastrique (*b*); — *d*, nerf phrénique.

Les actions réflexes, émanées du bulbe, sont transmises aux organes intérieurs par les nerfs pneumogastriques (fig. 205, *1*); celles émanées de la moelle épinière suivent la voie des ganglions (25,...) et des nerfs sympathiques.

En voici quelques exemples.

Le *centre réflexe respiratoire*, qui entretient les mouvements d'inspiration et d'expiration, siège dans le bulbe, au niveau de la nuque, vers la pointe de la dépression triangulaire, dite 4ᵉ ventricule (fig. 194, *d*); on le nomme parfois *nœud vital.* Une piqûre, prati-

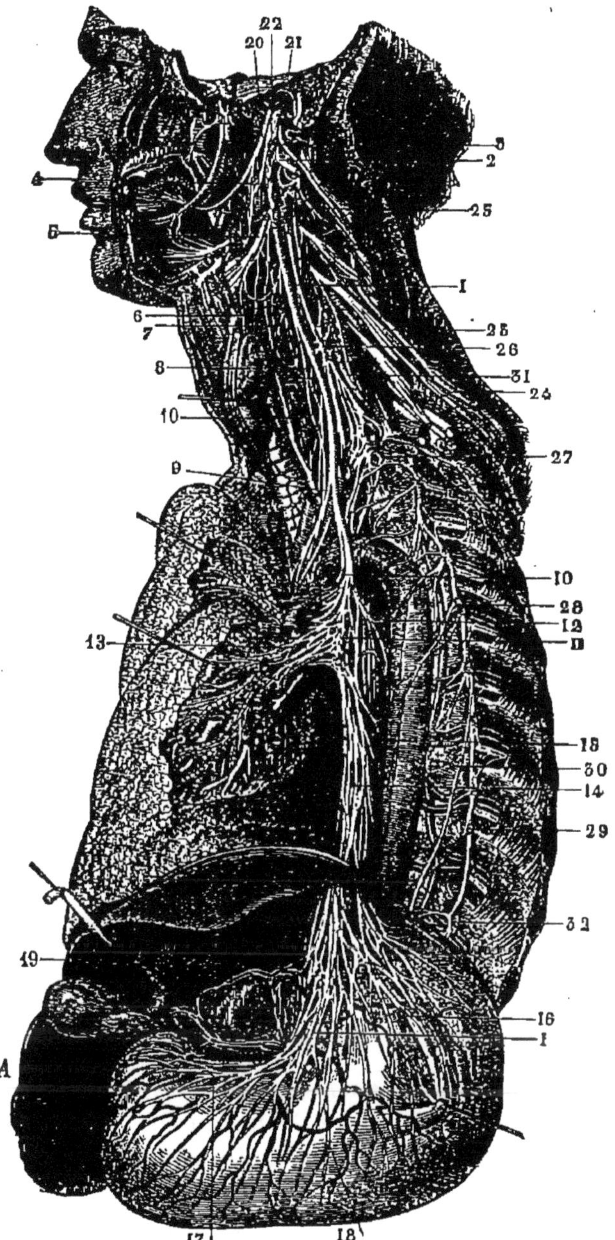

Fig. 205. — 1, 1, nerf pneumogastrique ; — 13, 16, ses branches pulmonaires et gastriques ; — de 25 jusqu'à 32, chaîne de ganglions du sympathique, donnant des nerfs aux viscères ; — A, foie soulevé et vésicule biliaire.

quée en ce point chez le Lapin, provoque l'arrêt soudain des mouvements respiratoires, et l'animal ne tarde pas à succomber : la lésion a donc interrompu le lien entre les voies d'accès et les voies de retour de l'influx nerveux respiratoire, et l'acte réflexe est dans l'impossibilité de s'effectuer.

Voici comment il s'accomplit normalement (fig. 204).

A la fin d'une expiration, pendant le court instant de repos des muscles respirateurs, l'accumulation de l'acide carbonique dans les alvéoles donne lieu à une excitation des nerfs des poumons (*ib*), branches du nerf pneumogastrique. Cette excitation chemine jusqu'au bulbe (*c*), qui la réfléchit dans la moelle épinière (*h*). Là, elle prend le chemin descendant du nerf phrénique ou nerf du diaphragme (*d*) et provoque automatiquement une contraction de ce muscle (pareillement pour les muscles scalènes, etc.); conséquemment, une nouvelle inspiration d'air se produit.

Le *réflexe stomacal*, qui assure la digestion gastrique, résulte de l'excitation des nerfs sensitifs de l'estomac par les aliments ingérés ; l'excitation est transmise à la moelle épinière par les nerfs sympathiques, et au bulbe par les nerfs pneumogastriques (fig. 205, *16*), qui la réfléchissent dans les fibres motrices et sécrétrices des mêmes nerfs, d'où résulte à la fois le mouvement et la sécrétion de l'estomac.

Le *centre réflexe cardiaque* est localisé dans la région supérieure de la moelle épinière ; son action est transmise au cœur par les ganglions et nerfs sympathiques cervicaux (25-27). L'excitation électrique de ces derniers augmente le nombre des battements du cœur.

Le *centre réflexe de la locomotion inconsciente* réside dans la région inférieure de la moelle épinière : c'est ce centre qui entretient automatiquement la locomotion chez le Canard décapité, qui court encore pendant quelques instants. Pareillement, l'Homme absorbé par la réflexion et qui marche sans y penser n'effectue ses mouvements que grâce à des réflexes médullaires, sans intervention cérébrale : chaque contact du pied avec le sol donne lieu à une impression, qui, réfléchie par la moelle vers le point de départ, met en jeu les muscles qui produisent le pas suivant.

**II. Fonctions du cerveau.** — En opposition avec les centres nerveux inférieurs (bulbe et moelle épinière), le cerveau, aidé des centres sous-jacents (couches optiques, corps striés, cervelet,...) préside à la *vie de relation*.

Ses fonctions sont de trois ordres.

1° D'une part, il élabore les impressions que lui transmettent les organes des sens et les métamorphose en *sensations* : c'est la *perception sensorielle*. Toutefois, avant d'arriver dans l'écorce grise cérébrale, ces impressions passent pas les *couches optiques* (fig. 194, *4*), où elles éprouvent une première élaboration sensitive.

2° En second lieu, le cerveau est le siège du *travail intellectuel*, qu'alimentent les sensations.

3° Enfin lui seul est doué de *motricité volontaire*, c'est-à-dire qu'il émet les ordres du mouvement, que les nerfs transmettent aux muscles. Mais, avant d'être lancées dans les nerfs, les incitations motrices doivent passer par les *corps striés* (fig. 194, *3*), centres moteurs complémentaires, ainsi que par le *cervelet* (*ab*).

Le cervelet est le *centre coordinateur des mouvements*, c'est-à-dire qu'il exerce une action régulatrice, sans laquelle les ordres cérébraux n'arrivent pas régulièrement aux muscles auxquels ils sont destinés. On constate effectivement que les lésions pratiquées sur le cervelet (ablation totale ou partielle) se traduisent constamment par un désordre dans la locomotion.

*Action croisée des hémisphères.* — Chaque hémisphère cérébral tient sous sa dépendance les muscles de la moitié opposée du corps, c'est-à-dire que les lésions (tumeurs,..) ou l'ablation d'un hémisphère entraînent la paralysie du côté opposé du corps (*hémiplégie*) : il y a, comme l'on dit, *action croisée* des hémisphères. Cela tient (fig. 206) à ce que les cordons blancs du bulbe rachidien, qui conduisent les ordres descendants du mouvement, s'entre-croisent au niveau du trou occipital (*c*), avant de se continuer dans la moelle épinière (*d*), celui de droite passant à gauche et inversement.

*Ablation du cerveau et du cervelet.* — L'animal privé de cerveau et de cervelet peut continuer à vivre pendant quelque temps; mais il n'élabore plus aucune sensation et il est incapable de mouvement volontaire. Une Poule, mutilée de la sorte, ne voit plus le grain qui est devant elle; elle reste insensible aux bruits qui, d'ordinaire, la mettent en frayeur, etc.

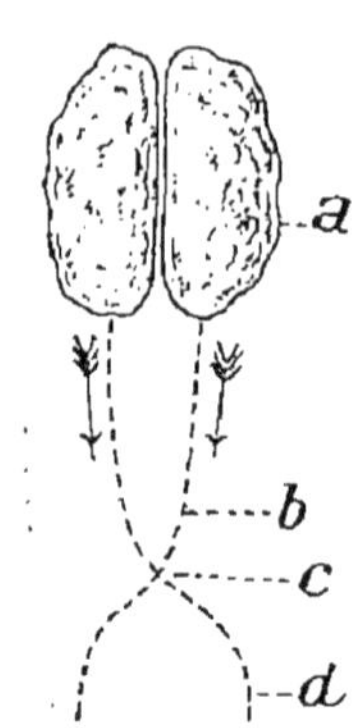

Fig. 206. — Action croisée des hémisphères cérébraux. — *a*, cerveau; — *b*, voies motrices descendantes du bulbe; — *c*, leur entrecroisement au niveau du trou occipital; — *d*, cordons latéraux de la moelle épinière.

Pour la conserver vivante, il faut la nourrir de force, en lui enfonçant le grain dans la gorge; après quoi, les mouvements et les sécrétions du tube digestif se produisent par voie réflexe inconsciente (p. 240).

Une piqûre, pratiquée sur la peau de l'animal ainsi mutilé, provoque, par action réflexe inconsciente, grâce au bulbe et à la moelle épinière, un mouvement automatique, et la même excitation donne toujours le même mouvement. Jetée en l'air, la Poule vole pendant quelques instants, mais sans pouvoir éviter les obstacles qu'elle rencontre; puis elle retombe dans l'inertie. Bref, l'animal n'est plus le siège que de réflexes inconscients.

**Localisation des fonctions cérébrales.** — Les diverses fonctions sensitives, intellectuelles et motrices du cerveau résident dans la substance grise des circonvolutions; mais, seuls, les *centres* directeurs de quelques-unes de ces fonctions ont pu être jusqu'ici déterminés de manière satisfaisante (fig. 207).

*a*) Pour la détermination des *centres sensitifs* ou *intel-*

*lectuels*, la méthode consiste à comparer au cerveau normal le cerveau de personnes, qui, au cours de leur existence, se trouvaient notoirement privées de l'une ou l'autre espèce de sensibilité ou d'une faculté psychique ; les parties altérées par la maladie ou atrophiées sont alors considérées comme les centres cérébraux qui exercent normalement ces fonctions.

Ainsi, dans l'affection, dite *aphasie*, caractérisée par l'impuissance du sujet à exprimer sa pensée par la parole, ce qui fait défaut, c'est, non pas la faculté de produire des sons, mais la mémoire des ordres du mouvement (faculté *psycho-motrice*) qu'il est nécessaire de transmettre aux muscles de la langue, des joues et des lèvres, pour articuler les sons laryngiens (p. 303), c'est-à-dire pour les transformer en voyelles et con-

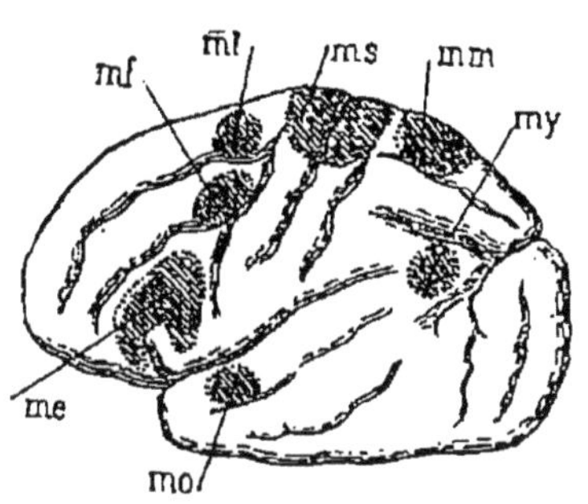


Fig. 207. — Localisation de quelques centres moteurs cérébraux. — *mf,* centre des mouvements de la face ; — *ml*, tête et cou ; — *ms*, du membre supérieur ; — *mm*, membre inférieur ; — *my*, yeux ; — *mo*, langue ; — *me*, centre du langage articulé.

sonnes : bref, le sujet ne peut parler. Or, chez les aphasiques, c'est constamment la *troisième circonvolution frontale* ou *circonvolution de Broca*, d'ordinaire celle de gauche seulement (fig. 207,*me*), qui se montre aplatie, atrophiée : elle est donc le *centre du langage articulé*.

*b*) D'autre part, on a pu déterminer approximativement les *centres moteurs volontaires* des divers organes. La méthode consiste à exciter électriquement le cerveau du Singe ou du Chien, préalablement mis à nu.

Lorsque l'excitation est portée à l'intérieur d'un certain périmètre (fig. 207, *mf, ...*), elle provoque toujours la mise en jeu des mêmes groupes musculaires ; la zone correspondante de l'écorce cérébrale apparaît ainsi comme le centre moteur de ces muscles.

# CHAPITRE III

## EXCITANTS DU SYSTÈME NERVEUX

*Excitants utiles et nuisibles.* — Divers composés organiques sont doués de la propriété de stimuler le système nerveux et par là de modifier plus ou moins profondément le fonctionnement de l'organisme.

Pris à dose modérée, les excitants, dits encore *aliments nervins*, peuvent exercer une action hygiénique, en relevant l'activité intellectuelle ou l'aptitude au travail musculaire ; mais, pour utiles qu'ils soient lorsqu'il s'agit de déployer une grande énergie physiologique, aucun d'eux pourtant n'est indispensable au maintien de l'équilibre organique.

D'autre part, consommés en excès, les excitants troublent à la longue gravement la santé, et, rationnellement, ces adjuvants devraient intervenir plutôt à titre de *médicaments*.

On peut distinguer, en pratique, les *excitants utiles* et les *excitants nuisibles*.

Les excitants utiles ou hygiéniques, qui, à dose modérée, peuvent être impunément consommés, comprennent les préparations à base de *café, thé, kola, cacao, coca*, etc., ainsi que les *boissons fermentées* (vin, cidre, bière), qui joignent à leur action stimulante, due à l'alcool étendu, une action nutritive et tonique exercée par l'ensemble de leurs sels, etc.

Les excitants nuisibles comprennent les *alcools concentrés* (eaux-de-vie) et les *apéritifs*, boissons alcooliques aromatiques, dont la plus violente est l'absinthe.

Dans cette dernière liqueur, l'action toxique de l'alcool s'aggrave de celle d'essences convulsivantes.

Le corps ne tolérant l'alcool concentré qu'à dose minime, l'action stimulante utile de ce composé fait place, dès qu'il est ingéré en excès, à une action paralysante, sans compter à la longue les troubles organiques qui caractérisent le grand mal moderne de l'alcoolisme.

Remarquons que, même les excitants hygiéniques, s'ils sont consommés abusivement, peuvent entraîner de graves désordres organiques. C'est ainsi que l'abus du café trouble à la longue les mouvements du cœur, comme l'atteste l'irrégularité des battements.

**I. Excitants hygiéniques.** — Les excitants utiles (café, kola,...) sont désignés parfois aussi, mais bien improprement, sous le nom d'*agents d'épargne* ou *antidéperditeurs*. Et en effet, de ce qu'ils stimulent, par exemple, le travail musculaire et par là accroissent le rendement de la machine humaine, en particulier chez l'Homme déjà fatigué par un travail antérieur, cela ne veut nullement dire que ce surcroît d'activité se réalise sans dépense d'aliment.

Chez l'individu qui a entièrement épuisé les principes nutritifs de son repas immédiatement antérieur, l'excitation nerveuse a simplement pour effet d'obliger les organes surmenés à utiliser les réserves productrices d'énergie, notamment le glycogène du foie, combustible musculaire par excellence (p. 296), ce qui épuise en réalité le corps; il est vrai qu'un ou deux repas substantiels, riches surtout en aliments non azotés, suffisent ensuite à régénérer la provision de glycogène hépatique.

L'avantage des excitants n'en est pas moins de maintenir en activité un corps déjà fatigué par un travail antérieur et qui, livré à ses seuls moyens, ne serait plus à même de le soutenir efficacement; telle une troupe en campagne, qui, arrivée à l'étape, se trouve appelée à reprendre la marche et à déployer un nouvel effort.

14.

En pareille circonstance, un café ou un thé bien sucrés sont à même de rendre grand service : le café ou le thé, comme stimulant général ; le sucre, comme aliment énergétique (p. 288).

L'alcool, au contraire, même sous la forme licite de vin, représente un médiocre excitant, puisque le corps ne le tolère qu'en minime quantité ; et dès qu'il est ingéré en excès, ce n'est plus la stimulation, mais la paralysie qu'il entraîne. Aussi, toutes les personnes qui ont à déployer d'une manière soutenue une grande activité musculaire (rameurs, cyclistes, ascensionnistes) renoncent-elles à l'usage de l'alcool, pour ne recourir qu'au café, au thé, à la kola et à la coca.

**Principes actifs des excitants.** — Les principes actifs des excitants autres que les boissons alcooliques sont des composés organiques azotés de l'ordre des *alcaloïdes*, c'est-à-dire des corps doués de propriétés basiques, comme les alcalis minéraux, capables en particulier de s'unir aux acides pour constituer des sels.

Ces alcaloïdes sont : pour le café et le thé, la *caféine* ou *théine*, principe stimulant du système nerveux ; pour la kola, la caféine et la *théobromine*, ce dernier alcaloïde actionnant le système musculaire ; pour la coca, la *cocaïne*, principe anesthésiant (p. 184), qui apaise la sensation de faim et de soif, tout en exaltant l'activité musculaire.

*Plantes fournissant ces alcaloïdes.* — 1° Le *Caféier* (fig. 208) est un arbuste de la famille des Rubiacées, originaire d'Abyssinie et de là implanté en Arabie (Moka). Les grands centres de production sont aujourd'hui, d'abord le Brésil ; puis le Guatémala, le Vénézuela et la Guyane, qui fournissent les cafés, improprement dits Martinique. Il faut citer en outre Java, l'île de la Réunion, etc.

Les fruits ou *cerises* (fig. 209), groupés à l'aisselle des feuilles, sont des drupes ovoïdes, renfermant **deux** graines appliquées l'une contre l'autre par leur face plane; cette dernière est parcourue par un profond sillon. Les graines renferment environ 1 p. 100 de caféine, que la torréfaction laisse intacte; celle-ci développe un principe spécial, la caféone, qui donne à l'infusion de café son parfum particulier.

2° Le *Thé* est un arbuste de la famille des Camellia-

Fig. 208. — Rameau de Caféier, avec glomérules axillaires de fleurs et de fruits (réduit au tiers).

cées, surtout cultivé en Chine. Les feuilles, préalablement séchées, roulées et soumises à une légère fermentation, sont la seule partie utilisée de la plante. La théine est un alcaloïde identique à la caféine.

3° La *Kola* est la graine d'une Malvacée, à laquelle les indigènes de l'Afrique tropicale (Congo,...) demandent communément de soutenir leurs forces, grâce à l'action stimulante combinée de la théine et de la théobromine. La graine ou noix de kola sert de base à la préparation de vins stimulants.

4° Le *Cacao*, graine du Cacaoyer (*Théobrome Cacao*), autre Malvacée, répandue, comme le Caféier, dans l'Amérique équatoriale, renferme les deux mêmes alcaloïdes que la kola. Cette graine, base du chocolat, est surtout importante par sa valeur alimentaire; elle renferme en effet des principes azotés, un corps gras, le beurre de cacao, de l'amidon et divers sels minéraux.

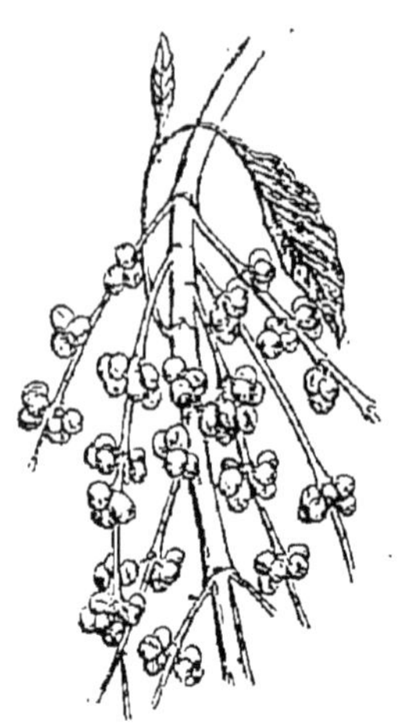

Fig. 209. — Fruits mûrs (*cerises*) du Caféier.

5° Enfin la *Coca* du Pérou est un arbuste de la famille des Linacées, dont les feuilles sont fort en usage dans l'Amérique du Sud. Les indigènes les mâchent, et, en avalant la salive imprégnée de cocaïne, insensibilisent plus ou moins l'estomac; ils peuvent ainsi prolonger le travail sans souffrir de la faim et de la soif, non plus que de la fatigue. Mais l'abus de la Coca entraîne à la longue des troubles graves de locomotion; il peut aussi abolir entièrement la sensibilité.

On emploie journellement les feuilles de Coca, soit seules, soit associées au quinquina et à la kola, pour la préparation de vins toniques et stimulants, obtenus par simple macération.

**II. Boissons alcooliques : danger des alcools forts.** — Si les *boissons fermentées* (vin, cidre, bière) justifient leur titre de boissons hygiéniques, c'est que la quantité d'alcool étendu que renferme une dose raisonnable de ces boissons ne dépasse pas celle que l'organisme est à même de décomposer par combustion, à la manière des véritables aliments énergétiques, c'est-à-dire des sucres et des corps gras.

A l'action nutritive et tonique, exercée par les principes fixes du *vin* (sels minéraux, tanin,...) s'ajoutent : 1° l'action stimulante de l'alcool sur le système nerveux, qui est de nature à favoriser la digestion, en accélérant les mouvements de l'estomac et la sécrétion du

Fig. 210. — Fruit du Cacaoyer (0ᵐ,20).

suc gastrique, ou encore à relever temporairement l'activité musculaire (p. 296); 2° l'emploi d'une dose minime d'alcool comme combustible respiratoire, c'est-à-dire sa transformation en acide carbonique et eau, avec mise en liberté de la quantité correspondante, assurément négligeable, d'énergie (p. 102).

Mais cette double action adjuvante n'est nullement indispensable à l'organisme, et au surplus, dès que l'alcool est ingéré en excès, il exerce son action toxique.

Les *alcools forts* ou eaux-de-vie, dont l'usage exceptionnel se justifie en tant que médicaments, ou encore comme stimulants au cours d'une digestion laborieuse, doivent être proscrits de la consommation habituelle; ils ne peuvent produire à la longue, même sur des constitutions robustes, que des effets déplorables. En tant que stimulants nerveux, le café et le thé sont incomparablement préférables au petit verre d'eau-de-vie.

Les eaux-de-vie naturelles (cognac, rhum,...) et surtout artificielles (p. 25) sont d'autant plus nuisibles qu'elles sont plus fréquemment consommées à jeun; car alors elles agissent directement sur la muqueuse gastrique et intestinale et pénètrent à dose massive dans le sang.

Ingérés après le repas, elles se mêlent au contraire à la masse alimentaire déjà imprégnée d'eau et se trouvent par là même fortement étendues; de plus, les villosités intestinales ne les absorbent que peu à peu, et les tissus sont à même de décomposer tout ou partie de l'alcool, à mesure que le sang le leur distribue.

Quand l'alcool séjourne en excès au contact des tissus, il est peu à peu éliminé en nature par l'urine, ou à l'état de vapeur par la muqueuse pulmonaire.

Lorsque l'abus ne se répète qu'à intervalles éloignés, le corps n'en éprouve pas d'atteinte durable; quand au contraire il devient quotidien, l'alcool, tout en affaiblissant les tissus et livrant l'organisme sans défense à l'invasion microbienne (tuberculose,...), entraîne une série de troubles anatomiques et fonctionnels (induration de la muqueuse gastrique et cancer stomacal, cirrhose du foie, p. 70, inflammation des poumons, des reins, etc.), qui caractérisent l'*alcoolisme*, fléau des sociétés modernes.

De tous les appareils organiques, le plus sensible à l'action toxique de l'alcool est le système nerveux. Chez les alcooliques, il est notoire que les facultés intellectuelles et morales s'oblitèrent rapidement. L'alcoolisme invétéré conduit à l'aliénation mentale, en particulier à la forme aiguë du *delirium tremens* ou délire alcoolique, caractérisé par des crises violentes, au cours de l'une desquelles le malade succombe. L'alcoolique absinthique est en proie à de véritables crises d'épilepsie.

Les tares alcooliques sont d'autant plus graves qu'elles sont héréditaires. Les enfants des alcooliques sont faibles et rachitiques, sans cesse menacés de maladies contagieuses (phtisie,...), pour peu que leur régime ne soit pas sain ; beaucoup meurent en bas âge.

De nos jours, en France, comme dans presque tous les pays d'Europe, les ravages de l'alcool sont tels que tous les moyens de lutte, tant ceux dus à l'initiative individuelle qu'à l'intervention sociale (limitation du nombre de cabarets, interdiction de vendre aux buveurs, action morale,...), doivent être mis en œuvre, si l'on veut éviter la dégénérescence de la race, déjà si frappante en plus d'une région, et, ce qui en est la conséquence naturelle, l'affaiblissement des nations.

# CHAPITRE IV

## PARASITES DU SYSTÈME NERVEUX

Le **plus** redoutable des parasites du système nerveux
est le virus rabique. On peut citer encore le cysticerque
(p. 77) d'une espèce spéciale de Ténia, le Ténia cénure,
qui se développe dans le cerveau du Mouton et y acquiert la dimension d'un œuf : ce parasite provoque la
maladie du *tournis*.

**Rage**. — La rage est une maladie microbienne qui
a son siège dans les centres nerveux (cerveau, bulbe,
moelle épinière). Elle existe chez le Chien à l'état en-
démique, c'est-à-dire permanent, et c'est par la bave de
l'animal que les germes se transmettent à l'Homme au
moment de la morsure.

Entre le moment de la morsure et les premiers symptômes de la maladie s'écoule une durée variable, dite
*période d'incubation,* pendant laquelle les germes
rabiques se propagent jusqu'aux centres nerveux, s'y
multiplient et sécrètent leur poison ou toxine. Chez
l'Homme, la période d'incubation varie, comme chez le
Chien, de vingt-cinq à quarante jours, et même au delà ;
elle est d'autant plus courte que la morsure a été faite
plus près des centres nerveux, à la tête notamment.

**Phases de la maladie chez le Chien**. — Au début de
l'infection rabique, alors que rien n'est encore changé
dans les allures habituelles de l'animal, la bave du
Chien peut déjà être virulente : il importe donc d'éviter

toute caresse d'un Chien suspect, une simple écorchure de la peau pouvant occasionner l'inoculation du germe.

Plus tard, le Chien est pris d'accès d'inquiétude et de tristesse, qui alternent avec des périodes de calme et même de gaîté; mais il n'est encore nullement agressif. Il mange avec appétit et, loin d'avoir peur de l'eau, il la boit avec avidité.

Ce n'est qu'à une phase plus avancée de la maladie que la paralysie s'empare des muscles du gosier et empêche l'animal de déglutir : se trouvant désormais dans l'impossibilité de satisfaire sa soif, il lui arrive de se jeter avec fureur sur son écuelle d'eau, comme pour la mordre.

Le terme d'*hydrophobie* (peur de l'eau), appliqué à la rage, est donc inexact; car le Chien ne cesse de boire que quand il y a pour lui impossibilité d'avaler.

Lorsque la voix commence à s'enrouer et que l'aboiement change de caractère, le Chien enragé ne tarde pas à éprouver le besoin irrésistible de mordre tous les objets qui se trouvent à sa portée : alors l'animal entre dans la phase dangereuse, agressive, qui marque l'envahissement des centres nerveux. Sa durée est de cinq à six jours, pendant lesquels les périodes de crise alternent encore avec des moments de douceur; après quoi, la paralysie gagne tout le train postérieur, et la mort survient.

Par exception, dans le cas dit de *rage mue* ou *rage muette,* l'animal n'aboie pas et ne cherche à mordre à aucun moment, parce que, de bonne heure, sa mâchoire inférieure, abaissée, est frappée de paralysie.

En cas de morsure par un Chien enragé, ou par un Chien présumé tel, il faut aussitôt exprimer la plaie et la laver avec une solution antiseptique (phénol, sublimé), mieux encore, s'il est possible, la cautériser au fer rouge; puis on fait procéder sans retard aux inoculations vaccinales dans un Institut antirabique.

L'animal atteint de rage doit être immédiatement abattu. En outre, lorsqu'un cas de rage a été constaté, les Chiens ne peuvent circuler dans la localité, pendant une période de six semaines, que tenus en laisse.

**Vaccination antirabique**. — On a pu préparer un vaccin antirabique, en partant, non d'une culture du microbe de la rage (comme dans le charbon, p. 140), mais directement des centres nerveux qui le contiennent. On a recours pour cela au Lapin.

Lorsqu'on inocule la rage du Chien au Lapin, en pratiquant l'inoculation dans les méninges du cerveau, après enlèvement d'une rondelle osseuse de la boîte cranienne, on constate que l'animal meurt après une période d'incubation de quinze jours. Pour procéder à cette inoculation, on délaye une tranche mince de moelle rabique fraîche de Chien dans un peu de bouillon, et c'est le mélange qu'on injecte avec une petite seringue.

Or, en inoculant un second Lapin avec la moelle virulente prélevée sur le premier, puis un troisième avec la moelle du second, etc., on constate que, dans ces passages successifs, la période d'incubation va en diminuant, si bien qu'après 25 passages, elle se trouve réduite à la *durée minimum de sept jours*, qui reste ensuite *constante*, quel que soit le nombre des passages ultérieurs : c'est là le signe que le microbe rabique est *acclimaté* à l'organisme du Lapin, c'est-à-dire y a acquis sa virulence maximum. Dans cet état, le microbe est doué d'une beaucoup plus grande virulence que chez le Chien ; car la moelle rabique acclimatée du Lapin tue toujours le Chien auquel on l'inocule, tandis que les morsures du Chien restent souvent sans effet sur ses congénères, comme sur l'Homme.

C'est cette moelle acclimatée qui sert de matière première dans la préparation du vaccin antirabique : elle offre ce grand avantage, en tant que point de départ, que sa virulence est constante et parfaitement déterminée (sept jours d'incubation), ce qui permet d'obtenir des vaccins eux-mêmes d'activité bien connue, ni trop faibles, ni surtout trop forts.

Or, il suffit de soumettre cette moelle à une *dessiccation lente* dans un poudrier stérilisé, en présence de
l'air, pour que sa virulence aille progressivement en
diminuant, au point qu'au bout de huit jours de dessiccation, cette moelle, pourtant peuplée de microbes,
cesse d'être dangereuse. Bien plus, lorsqu'elle est inoculée au Chien, elle le prémunit contre les atteintes possibles d'une moelle, vieille seulement de trois ou quatre
jours et par conséquent beaucoup plus active. En un mot,
la moelle rabique, primitivement très virulente, devient
un *vaccin faible, après huit jours de dessiccation.*

Dès lors, pour conférer l'immunité au Chien, il suffit de lui injecter quotidiennement, pendant huit jours,
des moelles de plus en plus virulentes : le premier jour,
une rondelle de moelle très atténuée, vieille de huit
jours, délayée dans un peu de bouillon ; le second jour,
une moelle de sept jours, etc., et le huitième jour, une
moelle de un jour, douée encore de toute sa virulence.

L'immunité ainsi obtenue est solide, puisqu'on peut
soumettre les animaux, vaccinés par cette série d'inoculations, aux morsures de Chiens notoirement enra-
gés, sans qu'ils contractent la maladie.

C'est cette même méthode qui a été employée pour
vacciner l'Homme déjà mordu par un Chien enragé.
Pour plus de sécurité, on est parti tout d'abord d'une
moelle virulente de Lapin, desséchée pendant quatorze
jours, par conséquent tout à fait bénigne, ce qui revient à pratiquer quatorze inoculations sériées. Le traitement doit être commencé le plus vite possible après
la morsure, pour éviter que le microbe rabique actif,
introduit par la morsure, n'arrive à prendre possession
des centres nerveux, avant que les vaccins n'aient pu
conférer l'immunité à l'organisme.

Les premières inoculations antirabiques ont été pratiquées par Pasteur sur l'Homme en 1885 ; elles sont
aujourd'hui d'application courante dans les nombreux
Instituts antirabiques, établis tant en France qu'à
l'étranger.

# SECTION III

## APPAREIL DU MOUVEMENT

*Définition.* — L'appareil locomoteur comprend :
1° Les *muscles*, organes essentiels, doués de *contrac-tilité*, propriété mise en jeu chaque fois qu'une excitation, issue d'un centre nerveux, leur est transmise par un nerf moteur (fig. 149 *bis*, *d*), ce qui donne lieu à une *contraction musculaire* ;
2° Le *squelette* (os et cartilages), qui donne insertion aux muscles et, en outre, dans les membres, fournit les *leviers* nécessaires à la locomotion.

Avec le tégument et les organes des sens, l'appareil locomoteur forme la charpente périphérique du **corps,** affectée à la relation.


## CHAPITRE PREMIER

### LE SQUELETTE

**Conformation des os**. — Le squelette humain (fig. 211) comprend normalement 208 os, dont le poids sec varie de 5 à 6 kilogrammes.

D'après leur forme, on subdivise les os en *os longs, plats* et *courts.* Leurs saillies ou *apophyses*, très apparentes sur les vertèbres (fig. 221), donnent insertion aux muscles ; les renflements et dépressions de leurs extrémités servent aux articulations des os entre eux. Les

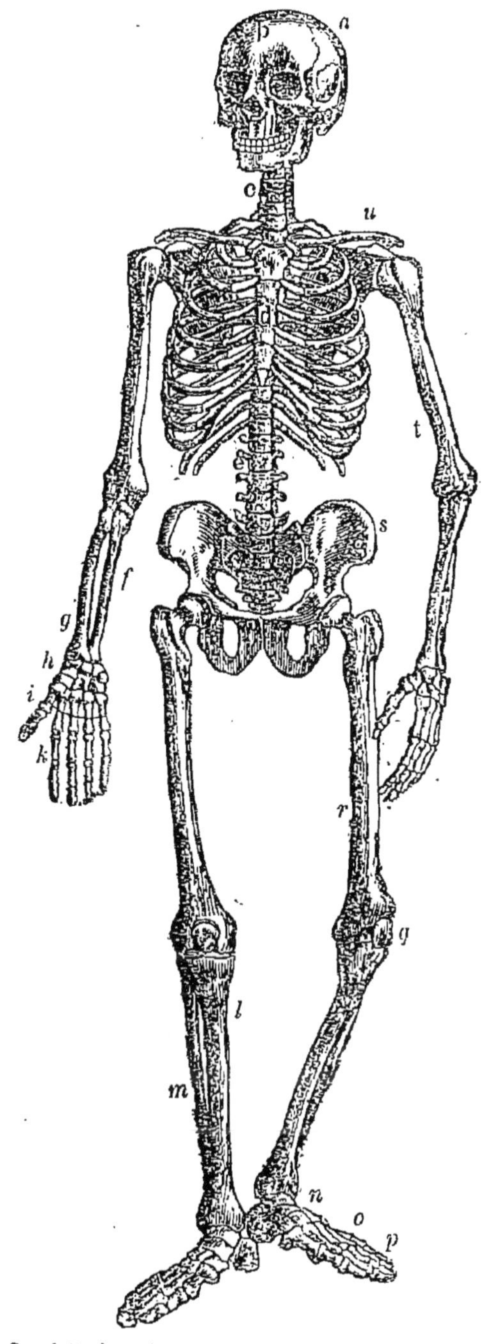

Fig. 211. — Squelette humain, — *a*, os pariétal; — *b*, os frontal; — *c*, vertèbres cervicales; — *d*, sternum; — *e*, vert. lombaires; — *f*, *g*, cubitus et
radius; -- *h*, carpe; — *i*, métacarpe; — *k*, phalanges; — *l*, *m*, tibia et
péroné; — *n*, *o*, *p*, tarse, métatarse et phalanges; — *q*, rotule; — *r*, fémur;
— *s*, os iliaque; — *t*, humérus; — *u*, clavicule et omoplate.

renflements terminaux se nomment *condyles* (fig. 212) :

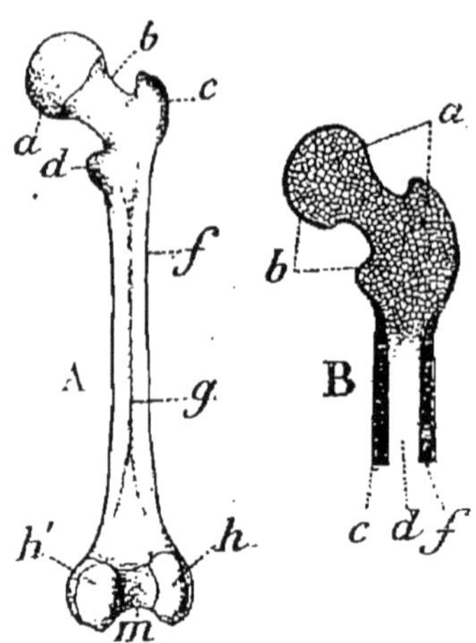

le fémur en possède un en haut (*a*) et deux en bas (*hh'*) ; les dépressions sont dites *cavités* ou *fossettes articulaires* : celle des os des hanches (fig. 219), qui reçoit la tête ou condyle du fémur, est nettement hémisphérique.

Des perforations ou *trous nourriciers* donnent passage aux vaisseaux, ainsi qu'aux nerfs. Les condyles du fémur en présentent plus de cent ; une vertèbre en a une vingtaine.

Dans un *os long* (fig. 217), on distingue le *corps* ou *diaphyse* (*d*), qui est

Fig. 212. — A, fémur ; — *a*, tête ; — *b*, col ; — *c*, *d*, grand et petit trochanters ; — *f*, diaphyse ou corps de l'os ; — *g*, ligne âpre ; — *h*, *h'*, condyles ; — *m*, fossette. — B, coupe de la portion supérieure ; — *a*, lame osseuse ; — *b*, réseau lamelleux ; — *c*, périoste ; — *d*, moelle ; — *f*, substance compacte.

la pièce principale, et les *épiphyses* (*a*, *h*) ou portions terminales. Pendant tout le temps de la croissance en longueur de l'os, ces trois pièces restent séparées les unes des autres par un disque de cartilage (*b*), qui est le siège de l'accroissement, et ce n'est qu'une fois l'allongement achevé qu'elles se soudent en une pièce unique (fig. 212).

Sur la section longitudinale d'un os long, on remarque (fig. 212, *B*) : dans la diaphyse, une rondelle épaisse de *substance osseuse compacte* (*f*), entourant un cylindre de

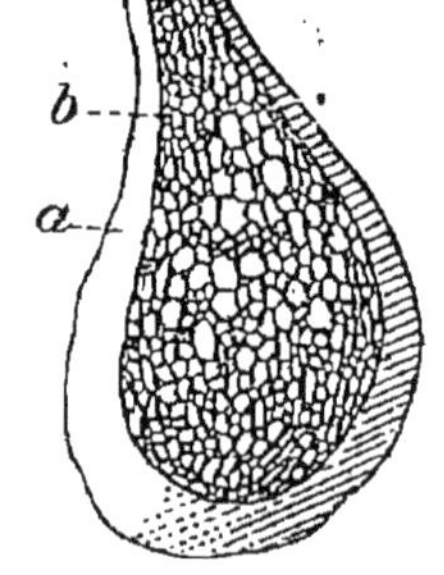

Fig. 213. — Coupe du bord de l'os iliaque. — *a*, substance compacte ; — *b*, réseau lamelleux.

*moelle jaune* (*d*), tissu conjonctif chargé de graisse ;

dans les épiphyses, sous une lame limitante mince de substance osseuse compacte (*a*), un réseau de lamelles osseuses, la *substance lamelleuse* ou *spongieuse* (*b*), qui intercepte un peu de moelle rougeâtre.

Les os plats et les os courts sont conformés dans toute leur étendue comme les épiphyses des os longs : réseau lamelleux intérieur et lame recouvrante de substance compacte (fig. 213).

Une membrane fibreuse résistante, le *périoste,* recouvre l'os (fig. 218, *A*) : sa zone profonde est formée de plusieurs rangées de cellules, dites *cellules ostéogènes,* ou *ostéoblastes* (*B*), parce que, effectivement, elles sécrètent de nouvelle substance osseuse (fig. 217, *f*) autour de l'os ancien et accroissent ainsi l'os en épaisseur.

Le périoste est sillonné de vaisseaux sanguins, qui, de là, pénètrent dans la substance osseuse par de nombreux pores superficiels et assurent sa nutrition ; d'autres vaisseaux, destinés aux épiphyses et à la moelle des os longs, y pénètrent par les extrémités.

**Structure des os**. — Pour étudier la structure des os, on prépare, par usure sur une roche dure, une lame mince de substance osseuse compacte. Une pareille préparation réduit l'os à sa matière squelettique inerte (sels de chaux,...) ; car les cellules sont entièrement détruites par l'usure, et leur emplacement apparaît en noir dans la préparation (fig. 215).

Pour voir les cellules osseuses, il faut faire des coupes minces dans un os décalcifié par un séjour dans l'acide chlorhydrique convenablement étendu.

Sur une lame osseuse faite transversalement, on voit çà et là des perforations, correspondant aux canaux longitudinaux, dits *canaux de Havers* (fig. 214, *a*, *b*), dans lesquels cheminent les capillaires sanguins. Ces canaux sont unis entre eux par des rameaux transverses ; de plus, les rameaux les plus extérieurs s'ouvrent à la surface par autant de pores, qui donnent passage aux vaisseaux périostiques.

Autour des canaux de Havers sont disposés circulairement, en zones à peu près concentriques, des cavités rameuses (*c*), reliées entre elles et aux canaux de Havers par leurs nombreux canalicules ; grâce à ces derniers se trouve assurée la nutrition des cellules incluses. Chaque cavité (fig. 215) ne contient qu'une seule cellule, de forme étoilée.

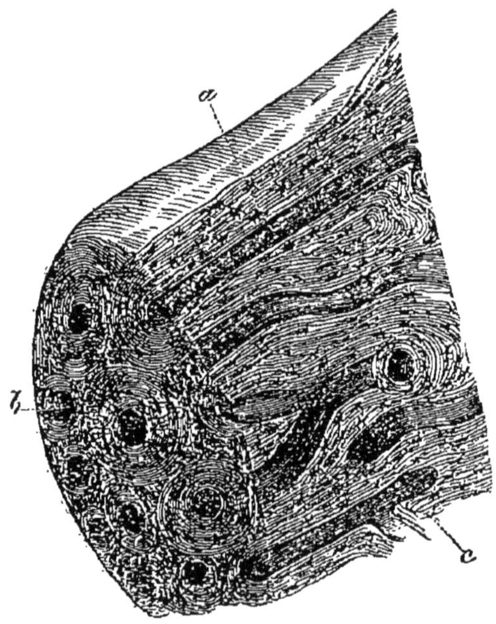

Fig. 214. — Structure des os. — *a*, canaux de Havers ; — *b*, leur section transv. ; — *c*, cellules osseuses étoilées.

On voit ainsi que le tissu osseux se résume en un réseau de cellules, dont les interstices sont occupés par une matière calcifiée très abondante, sécrétée par ces cellules et grâce à laquelle l'os est à même de remplir sa fonction de soutien ou de protection. Toutes ensemble, les cellules d'un os ne forment qu'une fraction négligeable de son poids.

**Composition chimique.** — La matière osseuse (abstraction faite des cellules) est un mélange intime de *sels minéraux* et d'un composé organique albuminoïde, l'*osséine*.

Les sels minéraux y entrent pour les deux tiers environ. Les principaux sont : d'abord, le phosphate de calcium, de beaucoup le plus abondant; puis le carbonate de calcium ou calcaire, qui fait effervescence

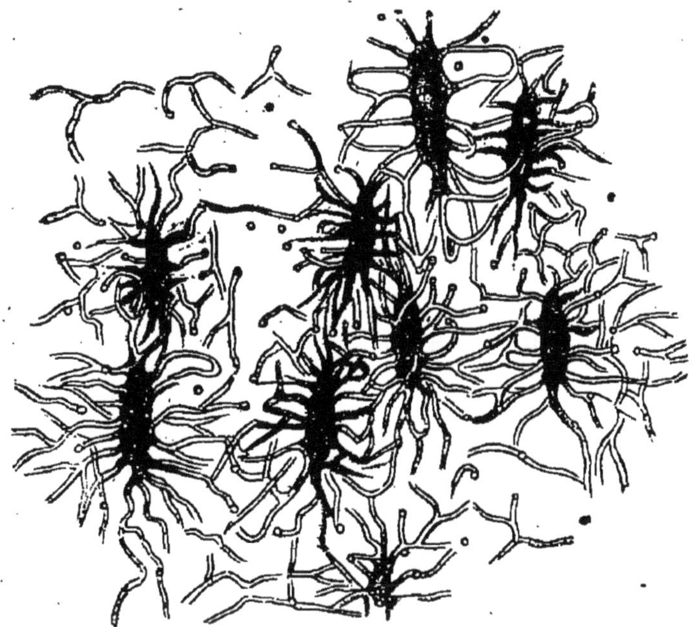

Fig. 215. — Lame mince d'os compact, montrant les cavités occupées par les cellules et leurs nombreux canalicules anastomosés.

en présence des acides; etc. Pour isoler les sels minéraux, il suffit de calciner des os à l'air libre : l'osséine est entièrement décomposée par la chaleur et l'oxygène atmosphérique, et il reste des os blancs, beaucoup moins résistants que les os intacts.

Pour isoler l'osséine, on fait séjourner un os dans l'acide chlorhydrique étendu, qui dissout les sels minéraux : l'os ne change pas de forme, mais il devient souple. Quelques heures suffisent pour décalcifier ainsi une côte, préalablement bien nettoyée. Par ébullition dans l'eau, mieux encore dans un autoclave (fig. 64), dont l'eau est portée à une température supérieure à 100 degrés, l'osséine est solubilisée à l'état de *gélatine*.

**Développement des os**. — La plupart des pièces du squelette passent, au cours de leur développement, par trois états :

1° L'*état muqueux* ou primitif, dans lequel les futurs os ne sont encore représentés que par un simple tissu cellulaire;

2° L'*état cartilagineux*, qui donne lieu à des pièces de cartilage, de la forme des futurs os : pour constituer ces cartilages, les cellules se séparent les unes des autres (fig .85, *d*) et excrètent dans leurs interstices une substance azotée amorphe, qui se change par l'ébullition dans l'eau en une sorte de gélatine, dite *chondrine*, distincte de la gélatine d'os ;

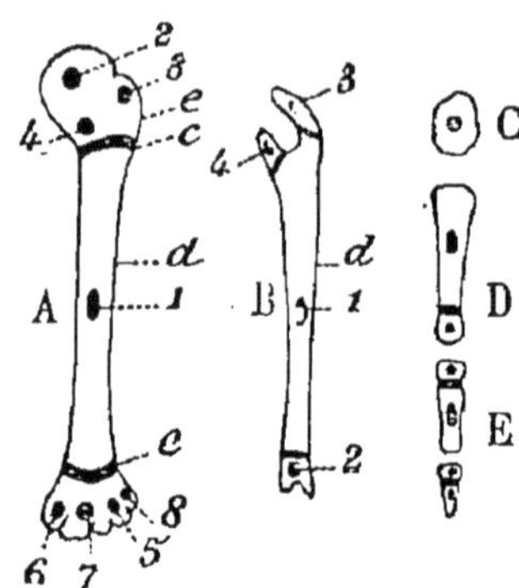

Fig. 216. — Points d'ossification. — A, humérus; — B, cubitus; — C, os tarsien; — D, métatarsien; — E, deux phalanges; — *e*, épiphyse; — *d*, diaphyse; — *c*, cartilages d'accroissement; — 1, 2, 3..., points d'ossification dans leur ordre d'apparition.

3° Enfin l'*état osseux*, résultant de l'ossification des cartilages.

*Marche de l'ossification*. — L'*ossification des cartilages* est *progressive*.

Ainsi, dans les os longs, elle commence toujours vers le centre de la diaphyse, où elle donne lieu à un nodule osseux ou *point d'ossification* (fig. 216, *1*), généralement peu développé à la naissance et qui plus tard se substitue graduellement à toute la diaphyse cartilagineuse. Les épiphyses offrent, tantôt un (fig. 217, *i*), tantôt plusieurs points d'ossification, qui, en s'accroissant, envahissent pareillement ces deux pièces terminales.

Les os de la jambe, tibia et péroné, naissent par trois points d'ossification ce qui est le cas le plus simple; le fémur en a cinq, et l'humérus, os du bras, huit (fig. 216, *A*). Dans le fémur, il n'existe, au moment de la naissance, que les nodules osseux primitifs de la diaphyse et de l'épiphyse inférieure, ce dernier nodule mesurant à peine, à cet âge, un demi-centimètre.

Dès le début de l'ossification, de nombreux vaisseaux sanguins, issus du périoste, se répandent dans les cartilages; ces vaisseaux sont couverts de cellules ostéogènes, elles aussi d'origine périostique, qui attaquent et dissolvent progressivement la matière cartilagineuse.

Tout en se multipliant, ces cellules osseuses se disposent autour des capillaires et déposent entre elles la substance squelettique (osséine et sels calcaires). Quant aux cellules du cartilage, mises en liberté par la résorption de la matière organique interposée, elles disparaissent, ou peut-être deviennent des cellules médullaires.

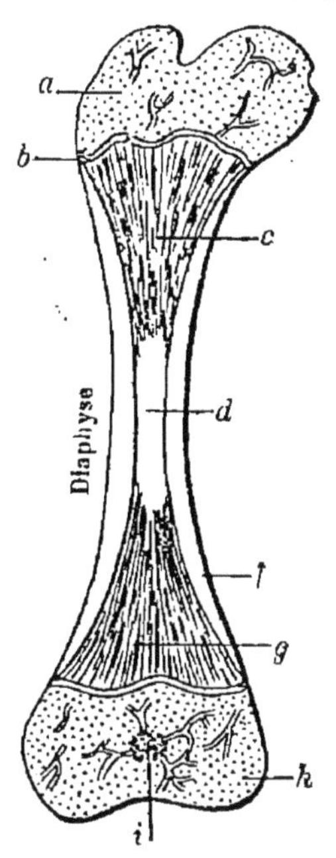



Fig. 217. — Ossification d'un os long. — *a*, épiphyse supérieure, encore cartilagineuse; — *b*, cartilage d'allongement; — *c, g*, os né dans le cartilage (os enchondral); — *d*, ébauche du canal médullaire; — *f*, os périostal; — *h*, épiphyse inférieure; — *i*, son point d'ossification.

On voit que, pour assurer une bonne ossification chez l'enfant, l'alimentation doit être riche, non seulement en principes organiques, mais encore en sels de chaux, fournis par l'eau, les boissons et les aliments. Le lait remplit toutes les conditions requises (p. 43).

Le manque de sels de chaux, par le retard qu'il

apporte à la consolidation des os, entraîne des défor-
mations du squelette (*rachitisme*), de la gêne dans les
mouvements qui demandent une certaine énergie, etc.

**Croissance des os.** — Quand la diaphyse et les épiphyses des os longs sont entièrement ossifiées, il subsiste entre elles une bande de cartilage (fig. 217, *b*), par
laquelle s'effectue la *croissance en longueur* de l'os.

L'*accroissement en épaisseur* s'opère par les ostéoblastes sous-périostiques (fig. 218). A cet effet, les ran-

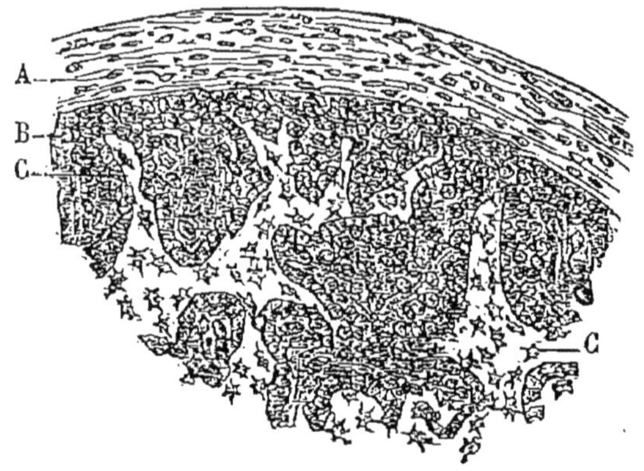


Fig. 218. — Coupe transv. d'un os. — A, périoste; — B, ostéoblastes, produisant de nouvelle matière osseuse; — C (en blanc), limite de l'os ancien; on
y voit les cellules osseuses.

gées profondes et serrées de ces cellules (*B*), qui se multiplient pendant toute la période de croissance, se séparent les unes des autres, prennent la forme étoilée,
s'unissent entre elles par leurs prolongements et déposent dans leurs interstices la substance osseuse nouvelle,
dont la matière première leur est apportée par les
vaisseaux sanguins. Par ce mécanisme, l'os s'épaissit
progressivement sur tout son pourtour (fig. 217, *f*).

Si l'on vient à séparer un lambeau de périoste sur le
tibia d'un Chien ou d'un Lapin, en ménageant d'un
côté l'adhérence de la membrane à l'os et intercalant
la partie libre entre les muscles, ce lambeau continue

à produire de la substance osseuse, comme dans sa situation originelle, si bien qu'à la longue une plaque osseuse de plusieurs centimètres d'épaisseur se trouve interposée aux chairs.

*Greffe osseuse.* — On peut même transplanter des fragments de périoste dans d'autres régions du corps, sous la peau par exemple, et l'ossification se poursuit pareillement, pourvu que la nutrition soit assurée dans ces nouvelles conditions, c'est-à-dire que la soudure s'établisse avec les tissus adjacents.

C'est ainsi qu'un lambeau de périoste vivant, déposé à la surface d'une partie fracturée ou nécrosée d'un os, peut cicatriser la plaie et régénérer l'organe : on fait de la sorte une *greffe osseuse.*

**Régions du squelette**. — Décrivons successivement la conformation du squelette dans le *tronc*, dans la *tête* et dans les *membres,* c'est-à-dire dans les trois grandes *régions* du corps humain.

I. **Tronc**. — Le squelette du tronc comprend (fig. 219) : 1° la *colonne vertébrale*, axe osseux caractéristique du type Vertébré (Mammifères, Oiseaux, Reptiles, Batraciens, Poissons) ; 2° les *côtes ;* 3° le *sternum,* os médian de la poitrine.

Avec la partie dorsale de la colonne vertébrale, les côtes et le sternum limitent la *cage thoracique.*

1° La *colonne vertébrale* (fig. 220) est une suite de 33 vertèbres, savoir : 7 cervicales ou du cou; 12 dorsales, auxquelles s'articulent les douze paires de côtes ; 5 lombaires, contre lesquelles sont adossés les reins; 5 sacrées, élargies et soudées en une pièce osseuse unique, le *sacrum* (fig. 219, *G*); enfin 4 vertèbres coccygiennes, formant ensemble une pièce arquée, le *coccyx,* rudiment d'appendice caudal.

La colonne vertébrale n'est pas rectiligne : elle présente une courbure à convexité extérieure dans la région dorsale, et une autre au niveau du sacrum ;

une courbure concave dans les régions cervicale et lombaire.

Chez l'Homme, l'attitude debout est corrélative de la *verticalité de la colonne vertébrale*, disposition propre

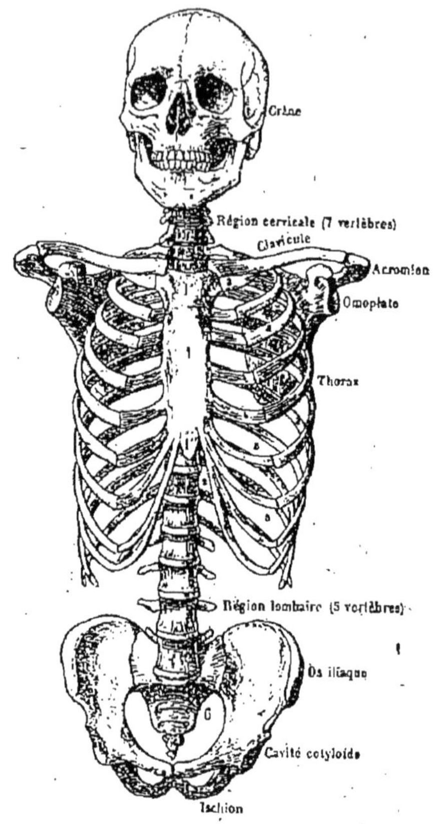


Fig. 219. — Squelette de la tête et du tronc. — 1, sternum; — 2, vertèbres dorsales (on voit les disques élastiques intervertébraux); — 3, côtes; — 4, cartilage; — 5, place des muscles intercostaux; — 6, sacrum et coccyx.

à l'espèce humaine; chez les Singes, même les plus élevés (Chimpanzé), l'axe osseux est au contraire toujours plus ou moins infléchi vers la terre.

Dans une vertèbre normale (fig. 224), une vertèbre dorsale par exemple, on distingue : 1° le *corps verté-*

*bral* (5), pièce fondamentale pleine, en forme de cylindre légèrement évidé en arrière ; 2° un arc osseux dorsal (*6*), dit *arc neural*, formant avec ses analogues le *canal rachidien*, dans lequel passe la moelle épinière ; 3° enfin des *apophyses*, donnant attache à divers muscles, savoir, en arrière l'*apophyse épineuse* (épine dorsale, *1*) et latéralement les *apophyses transverses* (*2*).

Les corps vertébraux sont séparés les uns des autres par des disques épais de tissu élastique (*disques intervertébraux*, fig. 219), qui assurent les flexions du corps en avant et en arrière. Quant aux arcs neuraux, ils s'articulent entre eux par le moyen de quatre *facettes articulaires* (fig. 221), deux supérieures (*4*) et deux inférieures.

La première vertèbre ou *atlas* (fig. 222) est en forme d'anneau, son corps étant très évidé ; par deux

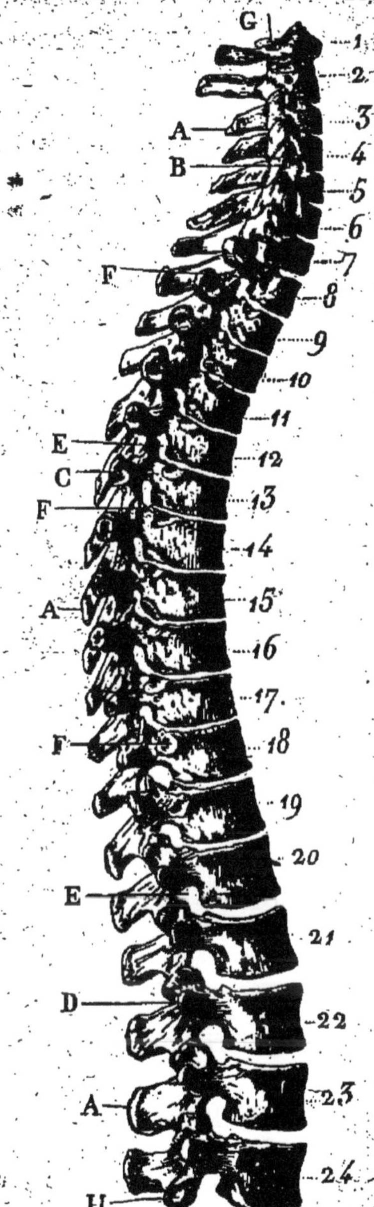


Fig. 220. — Colonne vertébrale. — 1-7, vertèbres cervicales ; — 8-19, vertèbres dorsales ; — 20-24, vertèbres lombaires ; — G, niveau du trou occipital ; — A, épine dorsale ; — B, C, D, apophyses transverses ; — E, trou intervertébral ; — F, facette articulaire pour les côtes.

facettes concaves, elle s'articule avec les deux condyles occipitaux (fig. 224, *3'*). La seconde vertèbre ou *axis* (fig. 223) porte en avant un prolongement vertical (*apophyse odontoïde*), sorte de pivot, qui passe dans le trou de l'atlas et autour duquel tourne l'ensemble solidaire formé par l'atlas et la tête.

2° Les *côtes*, au nombre de douze paires (très rare-

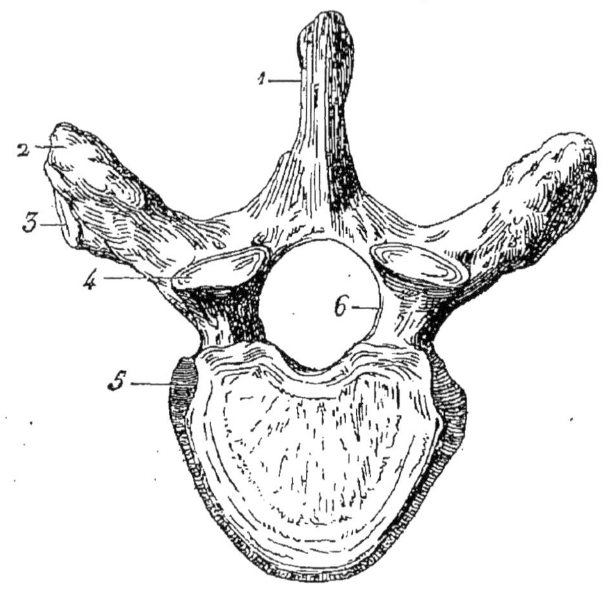

Fig. 221. — Parties d'une vertèbre dorsale. — 1, épine dorsale ; — 2, 3, apophyse transverse ; — 4, facettes articulaires sup., de profil ; — 6, pédicule, limitant avec la base de 1, l'arc neural ; — 5, corps vertébral.

ment un nombre supérieur ou inférieur), au lieu de s'être entièrement ossifiées, sont restées cartilagineuses dans leur partie antérieure, confinant au sternum, ce qui donne plus de souplesse à la cage thoracique et facilite les mouvements respiratoires.

On les divise en *vraies côtes* (fig. 219, *3*), au nombre de sept paires, directement reliées au sternum (*1*) par leur cartilage propre (*4*) ; *fausses côtes*, au nombre de deux ou trois paires (*5*), reliées par leurs cartilages entre elles, puis au cartilage de la septième vraie côte ; enfin *côtes flottantes,* plus courtes, unies simplement entre elles par les muscles intercostaux.

On nomme *segment vertébral* l'ensemble constitué par une vertèbre, par la paire de côtes et la pièce sternale correspondantes. Il représente en quelque sorte l'élément organique du squelette, le tronc tout entier n'étant squelettiquement qu'une succession de segments vertébraux. Seulement, les segments ne sont complets que dans la région thoracique ; ils se réduisent aux vertèbres dans les régions cervicale, lombaire et sacrée.

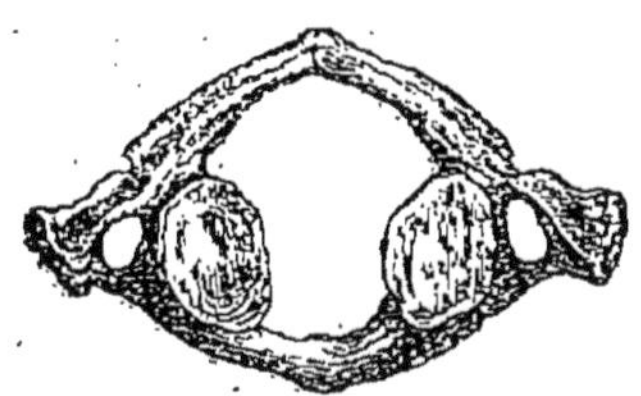
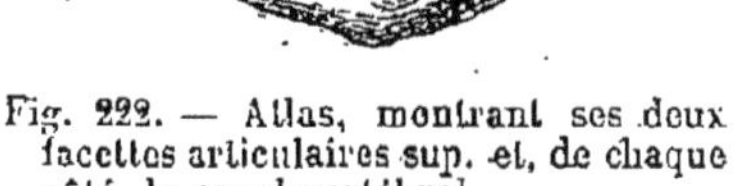

Fig. 222. — Atlas, montrant ses deux facettes articulaires sup. et, de chaque côté, le canal vertébral.

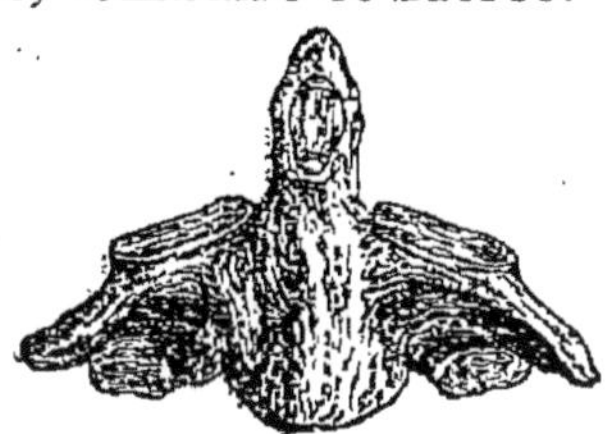

Fig. 223. — Axis, de profil.

**II. Tête.** — La tête osseuse comprend 22 os, qui sont tous soudés entre eux, à l'exception de la mâchoire inférieure : 8 de ces os composent la boîte cranienne et 14 la face.

Dans le crâne, les os sont non seulement soudés, mais solidement engrenés (fig. 224). Quatre d'entre eux sont pairs, et quatre impairs.

Les os craniens impairs sont, d'avant en arrière : le *frontal (1),* qui limite le bord supérieur de l'orbite de l'œil ; l'*ethmoïde* ou os criblé *(10),* donnant passage aux nombreux nerfs olfactifs (p. 192) ; le *sphénoïde (9),* développé latéralement en deux ailes, qui s'étendent jusque sur les côtés de la boîte cranienne ; enfin l'*occipital (3),* percé d'un large trou, donnant passage à la moelle épinière ; par deux condyles latéraux, l'occipital s'articule avec l'atlas (fig. 222).

Les os craniens pairs complètent la boîte cranienne

en haut et sur les côtés. Ce sont les deux *temporaux* (7),
dont l'épaississement intérieur ou *rocher* renferme
l'oreille moyenne et interne (p. 197), et les deux *pariétaux* (2), grands os quadrilatères, articulés avec les
temporaux, l'occipital et le frontal.

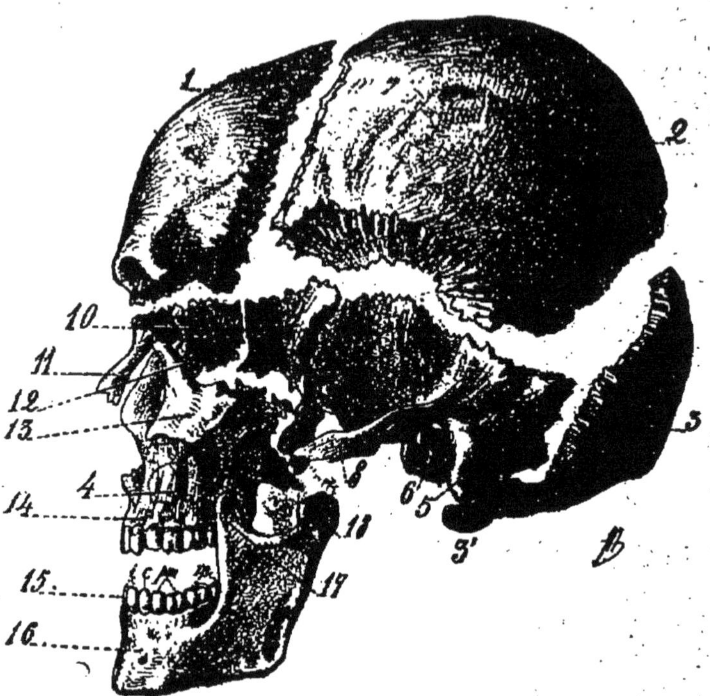

Fig. 224. — Squelette de la tête. — 1, os frontal; — 2, pariétal; — 3, occipital; — 3', condyle occipital gauche; — 5, apophyse mastoïde du temporal; — 6, trou auditif; — 7, temporal; — 8, apophyse zygomatique; — 9, sphénoïde; — 10, ethmoïde; — 11, os nasal; — 12, os unguis; — 13, os malaire; — 14, maxillaire supérieur; — 4, sinus maxillaire; — 15, dents : incisives (i), canine (c), prémolaires (pm), machelières (m); — 16, mâchoire inférieure; — 17, apophyse coronoïde; — 18, condyle maxillaire, s'articulant avec la la cavité glénoïde de l'os temporal, située entre 6 et 8.

La face inférieure du crâne est percée de nombreux
orifices, donnant passage aux vaisseaux sanguins, ainsi
qu'aux nerfs encéphaliques.

Le crâne a une *constitution vertébrale*, comme l'axe
osseux qui lui fait suite. On considère généralement la

boîte cranienne comme formée de quatre vertèbres, différenciées en vue de la protection de l'encéphale : ces vertèbres portent respectivement les noms des **os craniens impairs**. De fait, l'os occipital rappelle encore nettement une vertèbre, mais dont l'arc neural se serait très élargi.

Des quatorze os de la face, deux seulement sont impairs, savoir : la *mâchoire inférieure*, articulée aux os temporaux par deux condyles ovoïdes (fig. 224, *18*), et le *vomer*, os losangique, qui forme la partie postéro-inférieure de la cloison nasale osseuse et sépare les arrière-narines (p. 191).

Les douze os pairs sont : les deux *maxillaires supérieurs* et les *palatins*, limitant la voûte du palais ; les os *nasaux* (*11*) ; les os *malaires* ou os des pommettes (*13*) ; les os *unguis* (*12*), lamelles quadrangulaires occupant la face interne de l'orbite de l'œil ; enfin les os **du cornet inférieur** des fosses nasales (fig. 53, *i*), articulés avec le cornet moyen (*m*), lequel dépend de l'ethmoïde.

III. **Membres.** — Les membres s'insèrent sur une base, dite *ceinture scapulaire* ou *épaule* pour les membres supérieurs, et *ceinture pelvienne* ou *bassin* pour les membres inférieurs.

1° L'*épaule* (fig. 219) comprend : 1° l'*omoplate*, posée à plat sur les côtes et retenue seulement par les muscles qui la relient à la cage thoracique (fig. 235, *6-8*) ; 2° la *clavicule*, sorte d'arc-boutant, qui s'étend de l'acromion, crête saillante de l'omoplate, au sternum. Les clavicules empêchent les omoplates de se rapprocher en avant, ce qui permet aux bras de déployer pleinement leur effort pour soulever ou enserrer un fardeau.

Le *membre supérieur* commence par l'*humérus* (fig. 214 et 216), os du bras, dont la tête s'articule avec une surface à peine concave de l'omoplate (fig. 228). Le *radius* et le *cubitus* (fig. 214, *g, f*), os de l'avant-bras, lui font suite : le radius s'articule, par une tête évidée en cupule, avec le condyle inférieur de l'humérus, autour duquel s'effectue le mouvement de rotation de l'avant-bras et de la main ; le cubitus, par une profonde cavité articulaire (fig. 241 et 216), s'emboîte avec une sorte de poulie, la *trochlée*, autour de laquelle se fait la flexion de l'avant-bras sur le bras.

Vient ensuite le squelette de la main (fig. 225), qui se

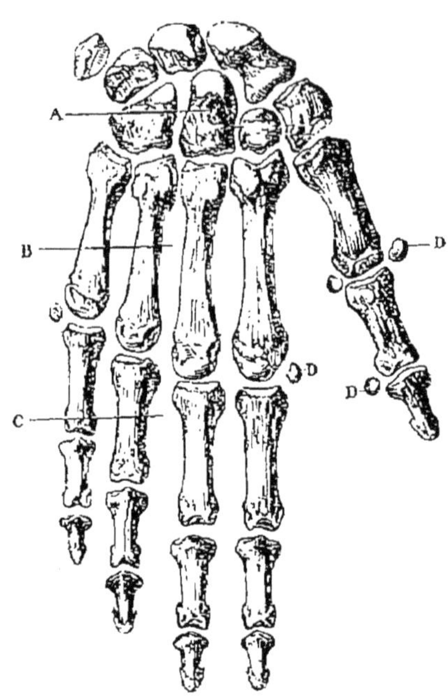


Fig. 225. — Squelette de la main. — A, les huit os du carpe ; — B, métacarpe ; — C, phalanges ; — D, os supplémentaires ou sésamoïdes, en nombre variable.

décompose en *carpe*, assemblage des huit osselets du poignet ; *métacarpe*, comprenant les cinq os de la paume, et *phalanges*, au nombre de trois par doigt, sauf le pouce, qui n'en a que deux.

2° Le *bassin* (fig. 219) est formé des deux *os iliaques* (os des hanches, os coxaux), soudés en arrière au sacrum (6) et unis en avant l'un à l'autre.

Chaque os iliaque est lui-même formé de trois pièces soudées : l'*ilion*, pièce principale supérieure, très élar-

gie, limitant le contour des hanches (fig. 211, *s*);
l'*ischion*, branche descendante, et le *pubis*, branche
horizontale, unie à son analogue par un disque élastique, ce qui constitue la
*symphyse pubienne.*
L'ilion et le pubis cir-
conscrivent le *trou sous-
pubien.*

Le *membre inférieur*
comprend : le *fémur*, os
de la cuisse (fig. 211, *r*),
homologue de l'humé-
rus; sa *tête* sphérique
(fig. 212, *a*) s'engage dans
la cavité articulaire hé-
misphérique de l'os ilia-
que; ses deux apophyses,
dites *trochanters* (*c, d*),
voisines du *col*, ainsi que
la ligne rugueuse ou *ligne
âpre* (*g*), qui longe son
bord postérieur, donnent
insertion à des muscles;
le *tibia* et le *péroné* (fig.
211, *l, m*), os de la jambe;
ce dernier est réduit à
une baguette grêle, qui
en haut s'insère sur le
tibia et non sur le fémur,
ce qui en fait un simple
os de consolidation du
tibia; en bas et en dehors,
le péroné forme la saillie,
dite *malléole externe;*

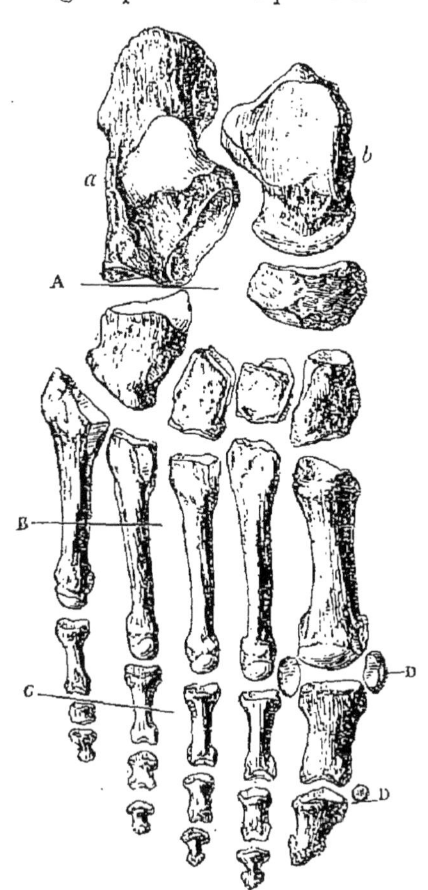

Fig. 226. — Squelette du pied. — A.
les sept *os* du tarse; — *a*, calcanéum;
— *b*, astragale; — B, métatarse; —
C, phalanges; — D, os supplémentaires, variables avec les individus.

enfin le squelette du pied (fig. 226), qui se subdivise
en *tarse*, réunion des sept os du cou-de-pied, dont le
plus gros, le *calcanéum* (*a*), forme en arrière la saillie
du talon; *métatarse*, cinq os de la plante du pied;

enfin *phalanges* ou os des orteils, en même nombre que dans les doigts.

Entre la cuisse et la jambe se trouve la *rotule* (fig. 211, *q*), os du genou, qui ne se constitue qu'après la naissance, non aux dépens d'un cartilage, selon la règle générale, mais dans l'épaisseur du tendon du muscle droit antérieur de la cuisse (fig. 239, *a*), lequel, en se contractant, étend la jambe en avant dans le prolongement de la cuisse.

**Articulations**. — Les articulations ou jointures des os se ramènent à trois sortes principales :

1° Les *articulations immobiles* ou *sutures*, dans lesquelles les os sont fortement soudés entre eux, par interposition d'un peu de tissu fibro-cartilagineux. Tel est le cas des vertèbres du sacrum, ainsi que des os craniens, qui sont en outre engrenés ;

2° Les *articulations semi-mobiles* ou *symphyses*, constituées par interposition entre les os d'un tissu fibreux élastique, comme dans la colonne vertébrale (fig. 219).

3° Enfin les *articulations mobiles* ou *diarthroses*, qui forment les centres de mouvement. Dans ce mode complexe (fig. 227), plusieurs tissus interviennent pour donner à l'articulation sa solidité et lui permettre d'exécuter ses mouvements sans frottement.

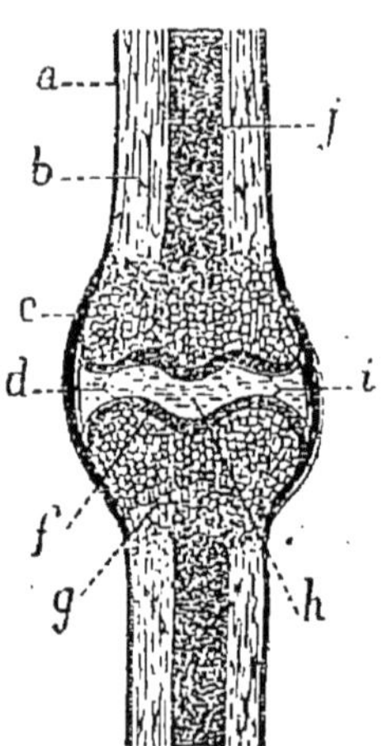

Fig. 227. — Articulation mobile (les deux surfaces articulaires ont été écartées). — *c*, capsule fibr. · — *i*, synoviale ; — *d*, synovie ; — *f*, cartilage ; — *a*, périoste ; — *b*, os compact ; — *j*, moelle ; — *g*, os lamelleux.

D'abord, les surfaces articulaires, dont l'une est d'ordinaire renflée en tête ou *condyle* et l'autre plus ou moins évidée en cavité articulaire, sont recouvertes d'une couche de *cartilage* (*f*), qui amortit les chocs pendant la marche, la course. Une enveloppe fibreuse très résistante, dite *capsule articulaire* (*c*), maintient les os en place (fig. 228, *8*). Enfin, pour empêcher le frottement, un liquide albumineux, la *synovie* (fig. 227, *h*), inclus dans une membrane close, la *membrane synoviale*, se trouve interposé entre les deux cartilages.

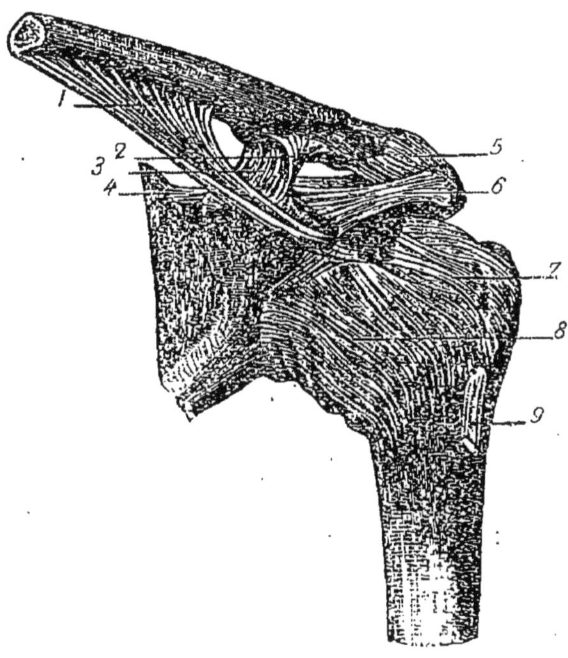

Fig. 228. — Articulation de l'omoplate avec l'humérus. En haut, la clavicule. — 7, 8, capsule fibreuse; — 9, l'un des tendons sup. du biceps. On voit, en outre, les nombreux *ligaments* de consolidation, unissant l'omoplate, la clavicule et l'humérus entre eux.

A l'état normal, la synovie, fort peu abondante, ne fait que lubrifier l'articulation : les cartilages sont donc au contact l'un de l'autre, et ce n'est que sur le pourtour de la synoviale qu'il existe un peu de liquide. Par contre, cette sécrétion s'accumule en excès en cas d'inflammation, comme il arrive dans le genou à la suite d'une chute, et alors les mouvements de l'articulation distendue deviennent douloureux, sinon impossibles.

# CHAPITRE II

## LES MUSCLES

*Définition.* — Les *muscles*, organes *actifs* du mouvement, sont ces masses rouges charnues, qui recouvrent les os (fig. 234) et forment la chair. Leur nombre total est d'environ 400 ; leur poids équivaut presque à la moitié du poids total du corps.

Par leur *contraction*, les muscles mettent en jeu les leviers osseux, organes *passifs* du mouvement et donnent lieu ainsi à la locomotion. La contraction musculaire résulte d'une excitation émanée d'un centre nerveux et transmise au muscle par un nerf moteur (fig. 233, *B*) : le centre nerveux est le cerveau, quand le mouvement est volontaire ; le bulbe ou la moelle épinière, quand il est involontaire (p. 238).

Outre les *muscles locomoteurs* ou muscles volontaires, que nous étudions plus spécialement dans ce chapitre, il existe des *muscles viscéraux*, de teinte rose pâle, dont les contractions involontaires assurent les mouvements des organes intérieurs (p. 31) : telles sont les *tuniques musculaires* de l'estomac et de l'intestin (fig. 36, *B*), qui déterminent la progression des aliments dans le tube digestif.

**1° Conformation des muscles.** — 1° *Muscles longs.* — Les *muscles des membres* sont en majorité *fusiformes* (fig. 239). Ils comprennent le *ventre* ou muscle proprement dit (fig. 229, *A*), partie rouge renflée, formée de fibres musculaires, et deux *tendons* (parfois davantage), cordons blanchâtres élastiques (*B*), par lesquels les muscles s'insèrent aux os.

Des tendons particulièrement longs terminent les muscles de l'avant-bras, du côté de la main : ils s'étendent en effet jusqu'à la face supérieure ou inférieure des phalanges. Les tendons supérieurs sont ceux des

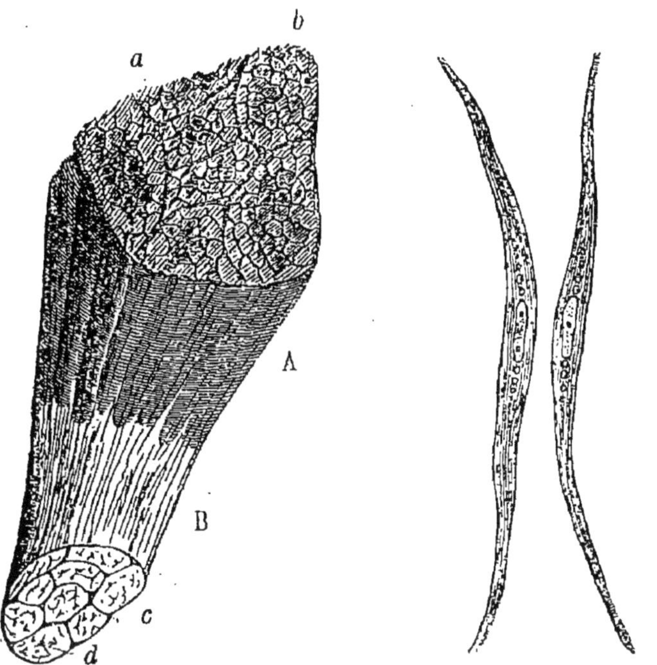

Fig. 229. — Muscle. — A, ventre; B, tendon; — *a*, *c*, cloisons conjonctives; — *b*, faisceaux de fibres musculaires striées; — *d*, faisceaux de fibres élastiques, mêlées de cellules étoilées.

Fig. 230. — Fibres musculaires lisses isolées, très grossies (paroi du tube digestif).

*muscles extenseurs des doigts,* les inférieurs ceux des *muscles fléchisseurs.*

Le *biceps brachial* (fig. 231, *B*), muscle *fléchisseur de l'avant-bras* sur le bras, qui longe la face axillaire du membre, se termine supérieurement, comme son nom l'indique, par deux tendons ou chefs d'insertion (fig. 241, *ab*), tous deux fixés à l'omoplate; en bas,

son tendon unique (*d*) s'insère au radius. L'antagoniste du biceps, le *triceps brachial* (fig. 231, *T*), muscle
*extenseur de l'avant-bras*, qui occupe la face externe
du bras (fig. 234), a en haut trois chefs d'insertion.

Dans le membre inférieur, le *biceps fémoral*, qui
occupe la face postérieure de la cuisse, fléchit la jambe
sur la cuisse. Le *triceps fémoral*, renforcé du *muscle
droit antérieur de la cuisse* (fig. 239, *a*), occupe tout
le côté antérieur du fémur : ces deux muscles ont pour

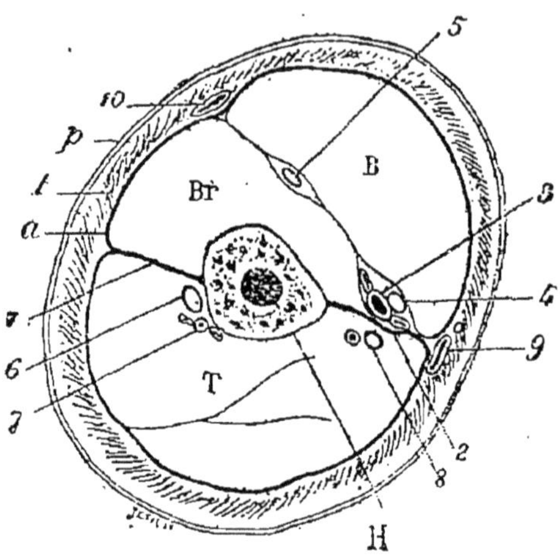


Fig. 231. — Coupe transv. du bras. — B, biceps; — Br, muscle brachial
ant.; — T, biceps; — H, humérus; — *pt*, peau; — le reste, vaisseaux sanguins
et nerfs.

rôle de ramener la jambe dans le prolongement de la
cuisse; en particulier, ils interviennent activement dans
le saut à pieds joints.

La masse musculaire fusiforme la plus épaisse est
celle du *mollet* (fig. 239, *b*), reliée en bas au calcanéum (p. 273) par le tendon d'Achille (*c*). Elle comprend
essentiellement les deux *muscles jumeaux*, et accessoirement les deux *muscles soléaires ;* ces derniers
sont recouverts par les précédents, mais les dépassent
un peu sur le côté. Le mollet soulève le corps sur les
orteils et par là est indispensable à la locomotion.

2° *Muscles plats.* — Les *muscles du tronc et de la tête* sont d'ordinaire aplatis (fig. 232) et insérés aux os par une simple bordure tendineuse (*a*).

Tels sont : le muscle *masséter* (fig. 37), principal muscle masticateur, inséré par un bord tendineux à l'angle du maxillaire inférieur, et par un tendon à l'os malaire (pommette) ; le *grand pectoral* (fig. 234), qui couvre de chaque côté la poitrine et s'insère, d'une part à la clavicule et au sternum, d'autre part à l'humé-rus, qu'il amène en avant par sa contraction ; ses fibres diver-gent en éventail. L'antagoniste du grand pectoral est le *grand dorsal* (fig. 235, *1*), qui s'étend de la partie supérieure de l'humérus à la région lombaire de la colonne vertébrale et au bassin, où il s'étale en une large plage tendineuse blanche ; il tire le bras en arrière contre le dos.

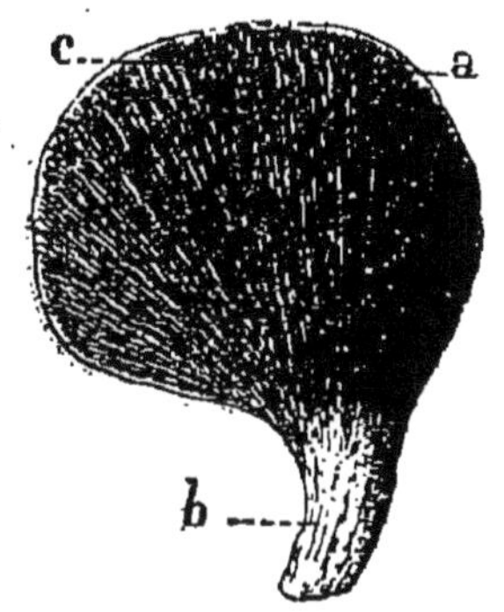


Fig. 232. — Muscle temporal. — *a*, aponévrose d'insertion ; — *b*, tendon ; — *c*, fibres mus-culaires.

Sur le dos se trouve étendu le *trapèze* ou *triangulaire du dos* (fig. 235, 5), inséré en haut à la nuque, latéralement aux omoplates et en bas aux apophyses épineuses des vertèbres dorsales. Par ses faisceaux supérieurs, ce vaste muscle renverse la tête en arrière ; par ses faisceaux moyens transversaux, il rap-proche les épaules l'une de l'autre.

Les muscles longs, comme les muscles plats, sont en-tourés d'une membrane conjonctive, dite *aponévrose*, qui acquiert une teinte blanchâtre, lorsqu'elle se charge de graisse, comme on l'observe dans les viandes de boucherie.

3° *Muscles circulaires.* — Quelques muscles sont *cir-culaires* et sans insertion osseuse, par exemple l'*orbi-culaire des lèvres*, qui se contracte dans le sifflement, et l'*orbiculaire des paupières*, qui ferme l'œil.

Indépendamment de leurs vaisseaux nourriciers, tous les muscles renferment des *nerfs moteurs*, qui les animent.

**2° Structure des muscles**. — Le muscle est un assemblage de *fibres musculaires* cylindriques (fig. 229), pouvant atteindre quelques centimètres de longueur et qui se dissocient facilement dans le bœuf bouilli.

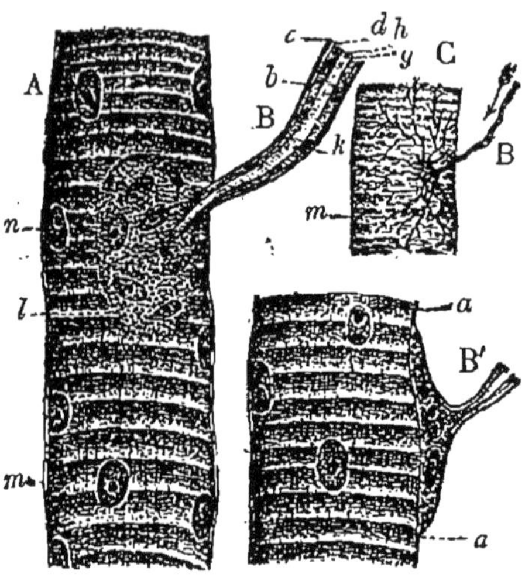


Fig. 233. — A, fibre muscul. striée ; — B, la fibre nerveuse motrice qui s'y ramifie ; — B', la même, de profil ; — en C, on voit les ramifications de la fibre nerveuse.

Au microscope (fig. 233), les fibres des muscles locomoteurs, qui sont les plus complexes, se montrent marquées de bandes transversales alternativement claires et sombres : ce sont, comme l'on dit, des *fibres striées* ou fibres parfaites ; elles obéissent à la volonté. Les stries sombres (*a*) représentent la substance protoplasmique, condensée en disques transversaux ; les disques clairs consistent en un suc aqueux, de réaction acide, due à l'acide lactique.

Au contraire, les fibres des muscles viscéraux (estomac,...) sont de simples cellules fusiformes (fig. 230), de moins d'un millimètre de longueur et n'offrant aucune différenciation en stries transversales. On les qualifie de *fibres musculaires lisses* ; elles se contractent indépendamment de la volonté, par action nerveuse réflexe inconsciente (p. 238).

Par exception, le cœur, quoique effectuant des mouvements purement réflexes, est formé de fibres striées (fig. 108). C'est que, seules, les fibres striées sont capables d'une *contraction énergique*, à l'inverse des fibres lisses, dont le mouvement est généralement lent (*mouvements péristaltiques* du tube digestif,...).

Des ramifications très déliées des nerfs moteurs pénètrent jusque dans l'intérieur des fibres musculaires (fig. 233, C) et s'y épanouissent en arborescence, transmettant de la sorte l'ordre du mouvement à toutes les parties de la fibre musculaire.

**3° Contraction musculaire**. — La structure des fibres striées permet de comprendre le mécanisme de la contraction énergique qu'elles sont à même d'effectuer. Sous l'excitation nerveuse, les disques sombres se rapprochent les uns des autres, en absorbant l'eau des disques clairs ; celle-ci, refoulée sur les côtés, détermine un élargissement des disques sombres et par suite un gonflement de la fibre.

Le muscle contracté est donc plus court et plus gros que le muscle au repos ; mais, comme il ne s'agit dans ce changement de forme que d'un déplacement d'eau, il ne se produit aucun changement de volume, l'eau étant incompressible. Cette constance du volume du muscle se vérifie du reste expérimentalement.

Une excitation électrique, appliquée à un muscle ou à son nerf moteur, provoque une contraction brusque et instantanée, dite *secousse musculaire*.

Dans l'état de contraction, le muscle est d'autant plus durci, plus *tendu*, que l'effort de contraction est plus intense, comme on peut le vérifier pour le mollet, quand le corps est soulevé sur la pointe des pieds, ou pour le biceps, quand ce muscle continue à exercer son effort, après avoir fléchi l'avant-bras sur le bras. Cela revient à dire que la puissance élastique du muscle augmente pendant la contraction, puisque, plus court,

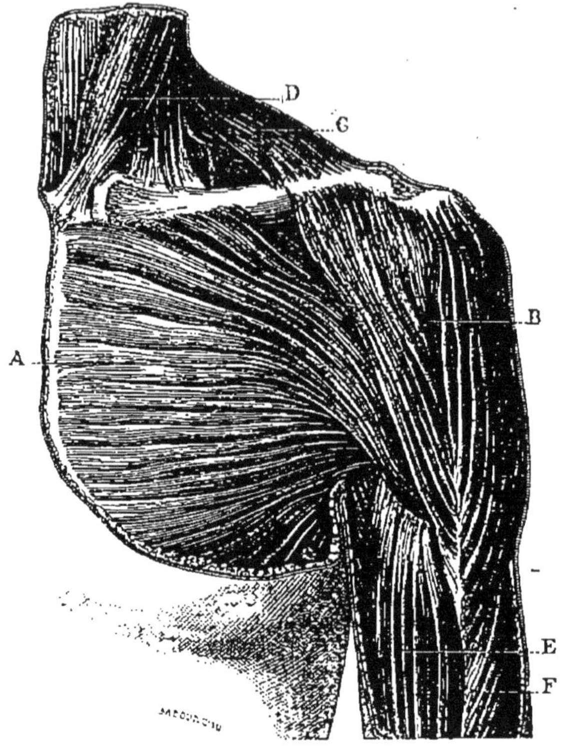

Fig. 234. — a, muscle grand pectoral; — b, deltoïde; — c, bord du trapèze; — d, sterno-cléido-mastoïdien (va à l'os temporal); — e, biceps; — f, triceps.

le muscle est à même de faire équilibre à une charge beaucoup plus grande qu'au repos, et cette élasticité acquise lui permet de revenir à sa forme de repos, dès que la contraction vient à cesser. Dans le caoutchouc, c'est exactement le contraire qui se produit : l'élasticité augmente par l'effet d'une traction, d'un allongement, et non par une contraction, comme dans le muscle.

Lorsqu'ils sont fortement contractés, les muscles sont le siège d'un état vibratoire assez intense et assez

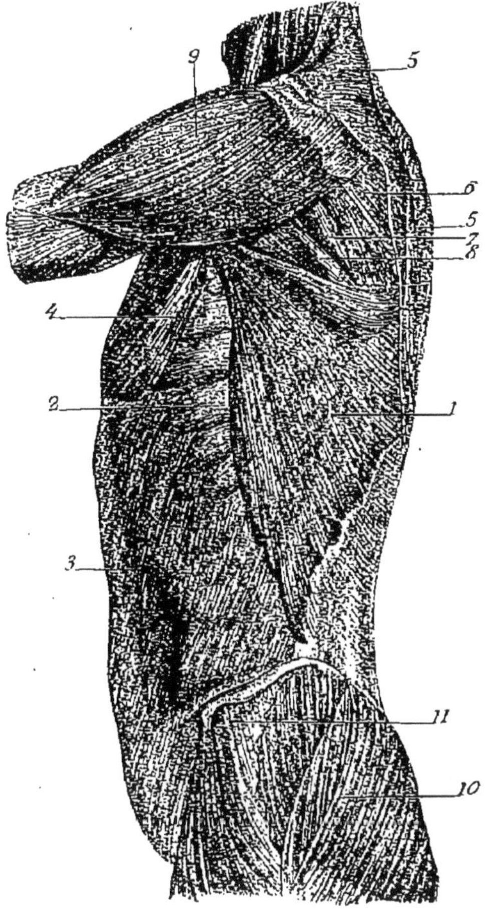

Fig. 235. — Muscles du tronc. — 1, muscle grand dorsal; — 2, grand dentelé; — 3, grand oblique; — 4, grand pectoral; — 5, 5, trapèze (de profil); — 6, muscle sous-épineux; — 7, petit rond; — 8, grand rond; — 9, deltoïde; — 10, 11, grand et moyen fessiers.

rapide pour donner lieu à un *son musculaire*, qui peut être perçu, soit directement, soit au microphone. Ainsi, lorsqu'on serre les dents les unes contre les autres, en contractant fortement le masséter, on perçoit, si l'on

a soin d'appliquer la tête contre un oreiller, un bour-
donnement qui cesse et reprend avec la contraction.

**Diverses formes de la contraction musculaire.** —
1° La contraction musculaire la plus simple est la

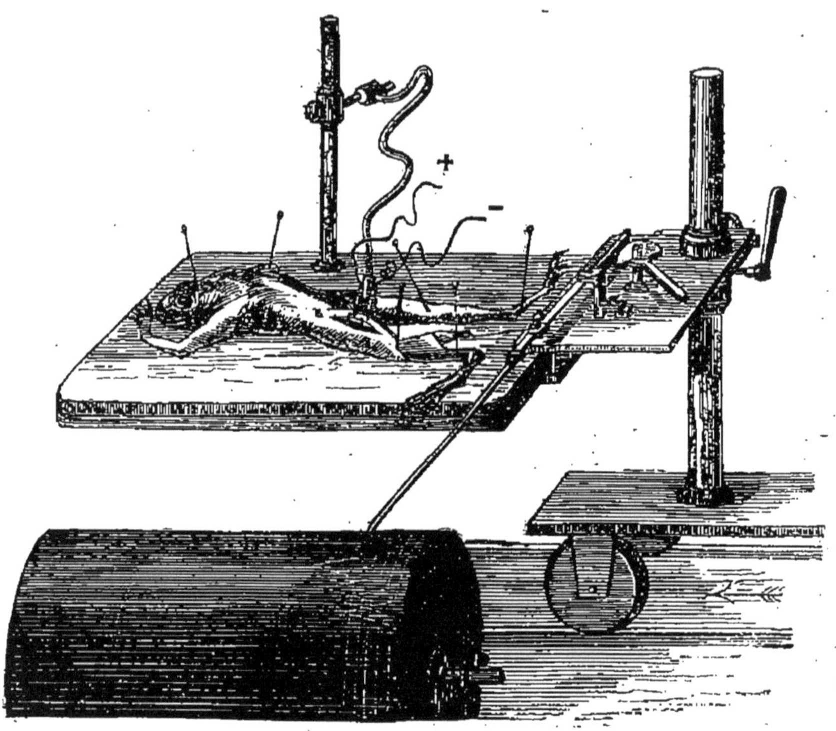

Fig. 236. — Myographe.

*secousse musculaire* ou *contraction élémentaire*, que
produit une excitation électrique ; elle dure environ
1/10 de seconde.

On peut l'inscrire sur un cylindre, animé d'un mouvement de rotation uniforme, au moyen de l'appareil
qui a déjà servi comme cardiographe (fig. 118) : la
membrane de caoutchouc de l'explorateur (*a*) est reliée
par un fil métallique fin au tendon inférieur sectionné

du muscle du mollet de la Grenouille. Les contractions sont provoquées par l'excitation du nerf sciatique.

Dans le *myographe* plus simple de la figure 236, le tendon est directement relié à l'aiguille inscriptrice, et, après chaque contraction, l'aiguille est ramenée à sa position initiale par un excentrique, couvert d'une bande de caoutchouc.

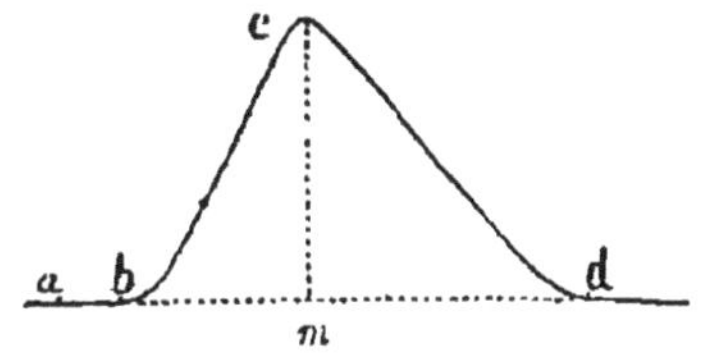

Fig. 237. — Tracé de la secousse musculaire. — *a*, moment de l'excitation; — *bc*, phase de contraction; — *cd*, décontraction.

Le tracé obtenu (fig. 237) montre que la phase de contraction (*bc*) est sensiblement plus courte que la phase de décontraction ou retour élastique (*cd*), la pre-

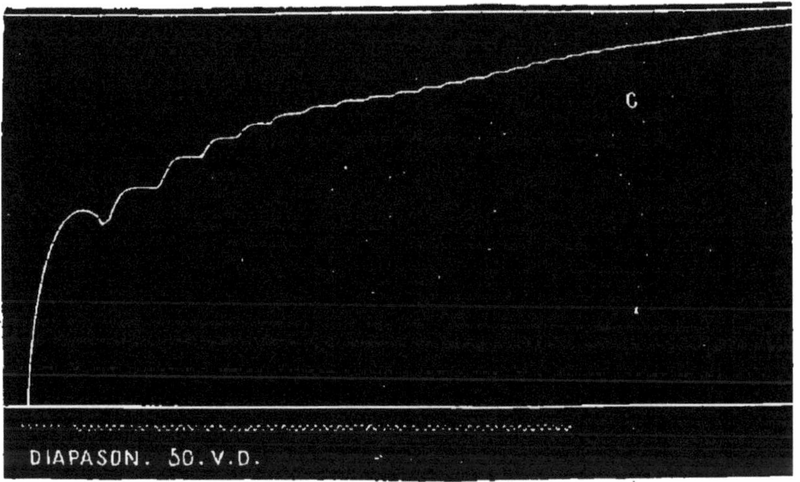


Fig. 238. — Tracé d'une contraction tétanique; — à partir de C, le tétanos est entièrement réalisé. Les vibrations du diapason (50 vibrations doubles par seconde) mesurent la durée des contractions.

-mière se produisant pendant que le cylindre tourne de la longueur *bm*, et la seconde, pendant le parcours, parfois double, *md*; tous ces mouvements se produisent régulièrement, sans soubresauts.

2° La *contraction musculaire* peut être *associée* ou *composée*. Ainsi, quand les excitations électriques se succèdent par exemple vingt fois par seconde, la secousse due à la première excitation se trouve dans la phase de retour ou décontraction, quand survient la seconde excitation; une nouvelle contraction se produit (fig. 238, à gauche), et, les choses se répétant de la sorte à chaque nouvelle excitation, le tracé prend une forme ondulée, qui traduit le court mouvement de va-et-vient du muscle.

Quand les excitations électriques se succèdent au nombre d'au moins 32 par seconde, le muscle reste en contraction permanente ou *tétanos physiologique* : il est frappé de rigidité, ou, comme l'on dit, contracturé, tétanisé. Le tracé (fig. 238, à droite) devient alors sensiblement rectiligne. Le levier ne fléchit que si l'on excite trop longtemps le muscle, parce qu'alors, du fait de l'excès d'acide carbonique produit, intervient la fatigue musculaire, et avec elle l'amoindrissement de l'excitabilité. Le muscle fortement tétanisé vibre et émet un son, perceptible au microphone, exactement comme le masséter en contraction naturelle (p. 283).

Remarquons que la tétanisation des muscles peut être occasionnée aussi par une *infection microbienne*, due à un Bacille, qui se développe à la surface des plaies mal aseptisées (p. 22) et de là répand sa toxine tétanisante dans tout l'organisme ; la rigidité que provoque ce poison frappe d'abord la mâchoire, puis la langue, la nuque. C'est là la grave maladie du *tétanos naturel.*

**4° Nutrition des muscles**. — Le muscle en contraction diffère du muscle au repos par une remarquable *suractivité de la respiration* : l'échange gazeux (absorption d'oxygène et dégagement d'acide carbonique) peut, en effet, devenir quatre et cinq fois plus actif au cours d'un travail musculaire énergique. Le sang veineux est alors foncé (*sang noir*) au sortir du muscle.

Le surcroît d'oxygène ainsi consommé pendant la

contraction a pour but de créer, par une combustion supplémentaire d'aliments, *l'énergie nécessaire à l'accomplissement du travail musculaire*. Même, il se dégage en outre un peu de chaleur, qui élève légèrement, d'un demi-degré par exemple, la température du corps au-

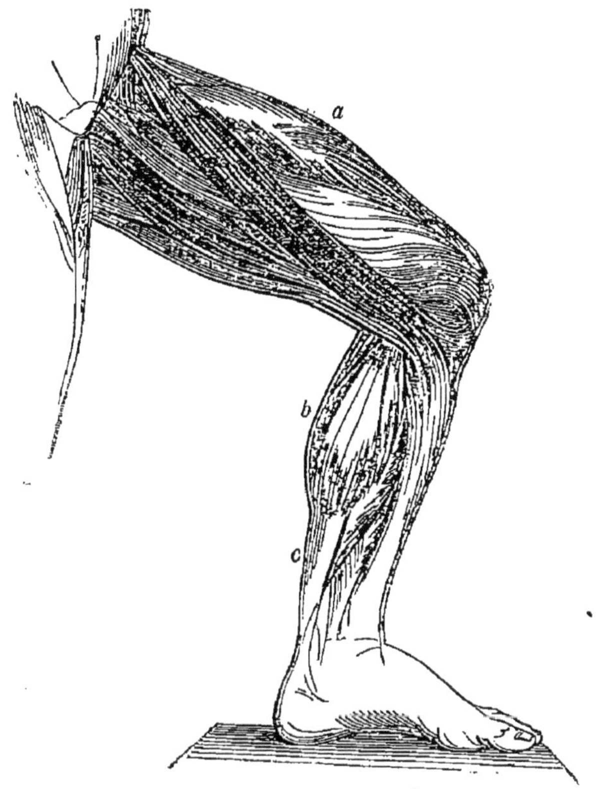

Fig. 230. — *a*, muscle droit antérieur de la cuisse; au-dessous, en foncé, le muscle couturier et le droit interne; — *b*, mollet; — *c*, tendon d'Achille.

dessus du degré normal; mais cette chaleur, surajoutée ainsi à la chaleur normale, n'est nullement nécessaire à l'organisme, puisque, dès qu'elle devient notable, la sudation entre en jeu, et c'est l'évaporation de la sueur qui absorbe l'excédent de calorique et maintient la température au degré normal (p. 161).

*Le sucre, combustible musculaire.* — En ce qui concerne le combustible qui fournit l'énergie musculaire, remarquons qu'un travail musculaire très intense n'augmente pas sensiblement la teneur de l'urine en déchets azotés. Les aliments albuminoïdes ne sont donc pas les aliments énergétiques des muscles; ils n'interviennent en petite proportion que pour réparer l'usure de la machine, c'est-à-dire pour régénérer la substance protoplasmique des fibres musculaires.

Restent donc les aliments ternaires ou non azotés (sucres et corps gras). Or, l'expérience prouve que ce sont les *sucres* qui *fournissent aux muscles l'énergie nécessaire à leur fonctionnement.*

Ce point important résulte de la comparaison du sang artériel et du sang veineux du muscle masséter du Cheval (fig. 37), d'une part lorsque ce muscle est au repos, d'autre part lorsque l'animal mâche son avoine.

A cet effet, on prélève de petites quantités de sang rouge et noir pour les soumettre à l'analyse. Or, on trouve que l'augmentation de la teneur en acide carbonique dans le sang veineux, pendant le travail, est exactement proportionnelle à la diminution de la teneur en glucose. Ce sucre, issu des féculents, les muscles le brûlent, précisément à l'aide du supplément d'oxygène absorbé pendant la contraction, et le convertissent ainsi en acide carbonique et eau, ce qui libère l'énergie contenue en puissance dans le glucose et la rend disponible pour le travail mécanique :

$$C^6H^{12}O^6 + 12\,O = 6\,CO^2 + 6\,H^2O$$

Pendant la contraction musculaire, l'acidité, due à l'*acide lactique* ($C^3H^6O^3$), augmente et, dans le cas d'un travail excessif, peut occasionner un commencement de rigidité (courbature), par suite de la coagulation du suc musculaire, exactement comme l'acide lactique du lait fermenté coagule la caséine (p. 20, 44).

Quand l'organisme qui accomplit le travail musculaire est à jeun, le sucre nécessaire aux combustions est prélevé sur la réserve de *glycogène* du foie, que ce viscère émet dans la veine cave inférieure à l'état de glucose (p. 66). Des expériences faites sur le Chien ont montré que cinq heures d'un travail musculaire très intense à jeun suffisent à épuiser la provision de glycogène : l'animal est alors incapable de déployer un nouvel effort. Mais il suffit d'un seul repas substantiel, riche en féculents, ou, ce qui revient au même, en sucre, pour régénérer cette réserve hydrocarbonée.

**5° Locomotion : leviers osseux.** — Dans la locomotion, les os des membres jouent le rôle de *leviers*, actionnés par les muscles. Les leviers squelettiques appartiennent en général au type mécanique, dit du *troisième genre* (fig. 240), dans lequel le point d'application (*A*) de la puissance (effort musculaire) est intermédiaire entre le point d'appui et le point d'application (*B*) de la résistance (poids des organes mis en mouvement).

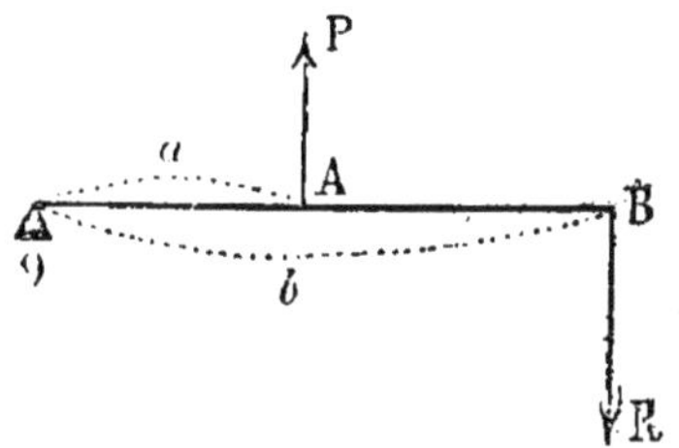

Fig. 240. — Levier du troisième genre. — P, puissance ; — *a*, son bras de levier ; — R, résistance ; — *b*, son bras de levier ; — O, point d'appui.

Pour que le levier soit en équilibre, il faut que les forces *P* et *R* soient inversement proportionnelles aux bras de leviers correspondants, c'est-à-dire que l'on ait :

$$\frac{P}{R} = \frac{b}{a} ; \qquad \text{d'où} : \quad P = R\,\frac{b}{a} > R.$$

On voit que, dans un levier du troisième genre, l'effort musculaire à déployer est toujours supérieur à la résistance à équilibrer ; mais on a en compensation, pendant le travail, un déplacement de la résistance plus grand que celui de la puissance.

*Exemples de leviers.* — 1° Dans la *flexion de l'avant-bras* sur le bras par le biceps (fig. 241), ce sont les os de l'avant-bras et de la main qui jouent le rôle de levier. La puissance est l'effort de contraction du biceps, et la résistance le poids des organes mis en mouvement (avant-bras et main) ; ce poids est une force verticale, appliquée au centre de gravité du système.

Remarquons toutefois qu'une partie seulement de la puissance musculaire (fig. 242) est employée à produire le mouvement, sauf lorsqu'elle est dirigée normalement au levier, auquel cas elle est intégralement utilisée.

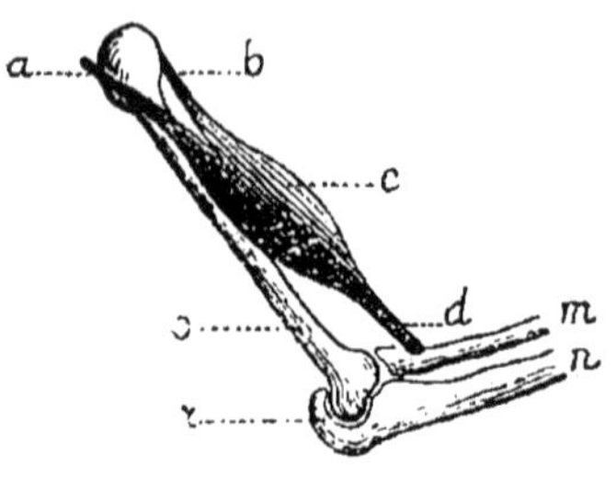


Fig. 241. — ab, tendons sup. du biceps ; — c, ventre ; — d, tendon inf. ; — m, radius ; — n, cubitus ; — r, apophyse olécranienne ; — o, humérus.

En effet, décomposons la force F en deux composantes rectangulaires, l'une (f), normale au levier, l'autre (f'), dirigée suivant l'axe même du levier.

La composante f' est détruite par la résistance du coude, et seule la composante f produit le mouvement. Or, f croît avec l'angle FAd et devient égale à F, quand cet angle est de 90°, c'est-à-dire quand la puissance F est normale au levier OB : dans cette position,

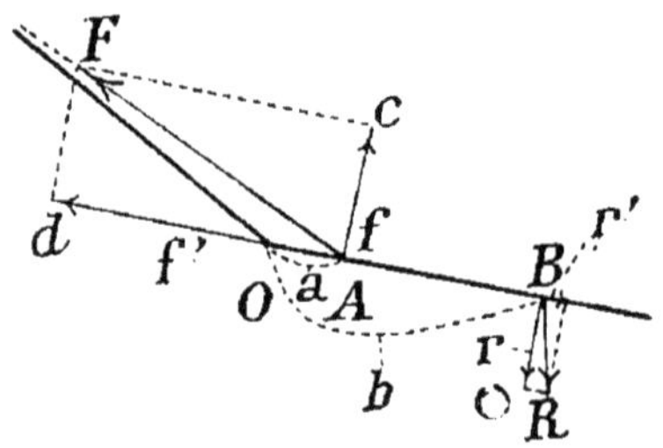


Fig. 242. — Schéma du système précédent. — OB, levier ; — O, point d'appui (coude) ; — F, puissance, suivant l'axe du biceps ; — f, f', ses deux composantes ; — R, résistance ; — r, r', ses composantes ; — f et r seules sont actives (comparer à la fig. 240) ; — a, b, les bras de levier.

l'effort musculaire est intégralement utilisé à équilibrer la résistance. De là vient que le soulèvement du corps à la barre fixe est plus pénible dans la première phase du mouvement, quand le bras commence seulement à ployer sur l'avant-bras (angle FAd très petit), que lorsque l'avant-bras et le bras sont dans une position voisine de la normale (angle $FAd$ droit).

De même, la composante $r'$ de la résistance se borne à exercer une traction sur le coude, et c'est la composante $r$, normale au levier, qui seule fait opposition à l'effort musculaire utile $f$.

Il y a donc équilibre quand : $f\,a = r\,b$.

2° Dans le travail d'*extension de l'avant-bras* sur le bras, la résistance est la même que dans le cas précédent, et la puissance est représentée par l'effort de contraction du triceps.

3° Un levier locomoteur important est celui de la jambe (tibia), qu'actionnent notamment le biceps fémoral, muscle fléchisseur de la jambe sur la cuisse, et le triceps, muscle extenseur (fig. 239).

4° Dans la *marche*, mieux encore dans l'action de soulever le corps sur la pointe des pieds joints, le levier osseux est constitué par le squelette du pied. La puissance est ici l'effort de contraction du mollet, et la résistance le poids du corps entier. Ce levier se rattache au type mécanique, dit du *second genre*.

Pendant la marche, le corps ne quitte jamais le sol complètement, l'un des pieds achevant son levé, quand l'autre a déjà commencé son appui ou foulée; dans la course, au contraire, les levés et appuis consécutifs sont séparés par un léger temps de suspension du corps tout entier.

# CHAPITRE III

## HYGIÈNE DES MUSCLES

**I. Exercices physiques.** — On a vu que, dans l'état de contraction, les muscles sont le siège de combustions beaucoup plus actives qu'au repos. Or, le supplément d'oxygène, absorbé du fait de cette suractivité de la respiration, ne va pas intégralement aux muscles : une partie de ce gaz comburant est distribuée par le sang aux autres organes, dont l'activité vitale se trouve ainsi accrue.

De là l'utilité des *exercices physiques* et de la vie au grand air, si l'on veut assurer le plein épanouissement de la vie générale ; car la santé physique de l'organisme est la condition de la santé intellectuelle et morale, comme la vie nutritive des cellules cérébrales est le support de la vie mentale.

L'hygiène individuelle est donc grandement intéressée à ce que tout travail intellectuel, et plus généralement toute occupation assidue, qui condamne le corps à l'immobilité, soit corrigée dans son action anémiante par une promenade au dehors ou par des exercices physiques appropriés, pratiqués à l'air libre ; cela sans excès, sans surmenage, chacun dans la limite de ses forces. La santé, dans bien des professions sédentaires, est à ce prix, et ceux qui s'amollissent dans les douceurs apparentes de l'inaction physique voient surgir de bonne heure tout un cortège de malaises qu'un peu de volonté aurait suffi à éviter, ou tout au moins à atténuer et à retarder.

*Maintien de l'attitude normale.* — Au nombre des
exercices les plus simples, on peut citer les mouve-

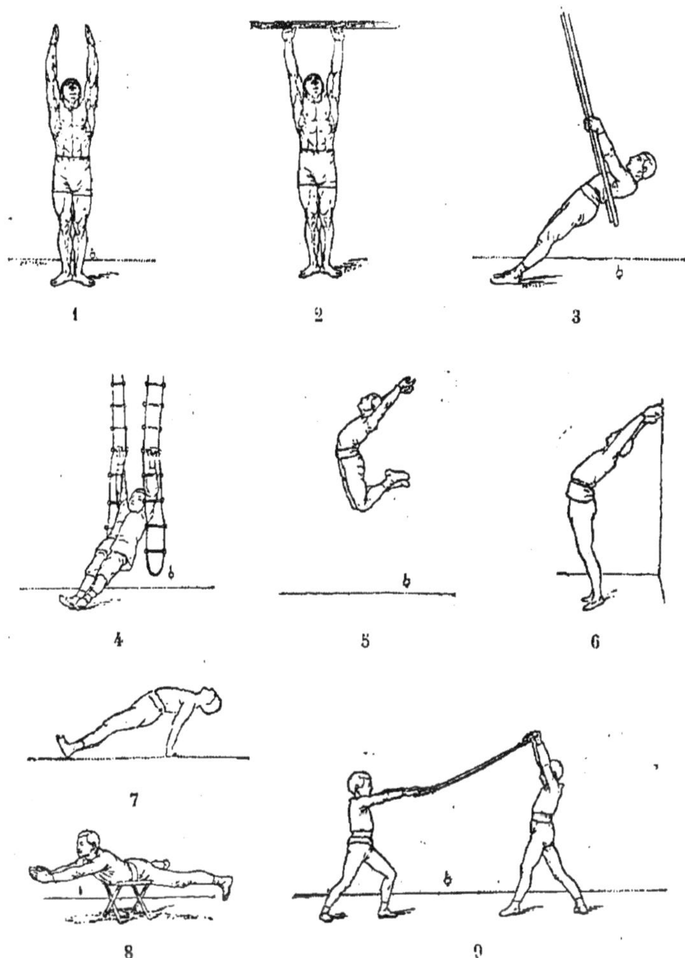

Fig. 243 à 251. — Exercices favorables à la fixation de l'épaule. — 1, élévation
des bras; — 2, poussée verticale avec effort d'extension; — 3, suspension
oblique aux perches, le corps tendu; — 4, suspension oblique, l'épaule tendue en arrière; — 5, saut cambré; — 6, appui incliné au mur; — 7, appui
oblique sur le sol; — 8, natation sur le chevalet; — 9, opposition à l'élévation des bras.

ments du tronc, ceux des bras et des jambes, qui non seulement entretiennent l'activité des tissus, mais encore

contribuent à maintenir la rectitude du corps et l'harmonie des formes. Un comptable, un menuisier, un ajusteur, etc., sans cesse penchés sur leur travail, se voûtent forcément en peu d'années, s'ils n'opposent aux attitudes déformantes qui leur sont habituelles l'action antagoniste de flexions du corps en arrière, maintenues le plus longuement possible.

*Gymnastique respiratoire.* — Les mouvements d'élévation des bras (fig. 95), de même que la flexion du

Fig. 252. — Attitude de la *sirène*, défavorable à la fixation de l'épaule.

corps en arrière, donnent lieu à une traction des côtes vers le haut et par conséquent tendent à dilater la poitrine ; il faut donc, pour ne pas entraver la respiration, mais bien l'aider et l'amplifier, effectuer ces mouvements en concordance avec une inspiration d'air, lente et prolongée. Inversement, l'abaissement des bras et la flexion du tronc en avant doivent coïncider avec l'expiration.

Par ce genre de mouvements, répétés quotidiennement, on favorise l'ampliation de la cage thoracique, et par suite le développement des mouvements respiratoires : on fait de la *gymnastique respiratoire.*

La figure 243 représente diverses attitudes favorables à la contraction énergique des *muscles fixateurs de l'épaule.* Les épaules ne sont si fréquemment tombantes que parce que la traction, exercée vers le bas par le poids du bras, ne trouve pas d'action antagoniste suffisante dans les muscles qui rattachent l'épaule au tronc : ces derniers restent généralement faibles, parce qu'ils ne sont que rarement appelés à entrer en jeu dans les mouvements ordinaires.

Dans l'attitude de la *sirène* (fig. 252), les muscles fixateurs de l'épaule, loin d'être contractés, sont, au contraire, relâchés. Et en effet, le poids du tronc, en distendant les muscles pectoraux, occasionne un rapprochement des omoplates en arrière, et par suite un relâchement des muscles fixateurs de ces dernières.

**II. Entretien de l'activité musculaire.** — Le travail musculaire étant corrélatif d'une consommation proportionnée de *sucre* (p. 288), chaque fois que l'organisme, soumis à un travail intense et de longue durée, a épuisé la masse alimentaire disponible, provenant du repas immédiatement antérieur, il ne peut prolonger l'état d'activité qu'à la condition d'attaquer ses réserves

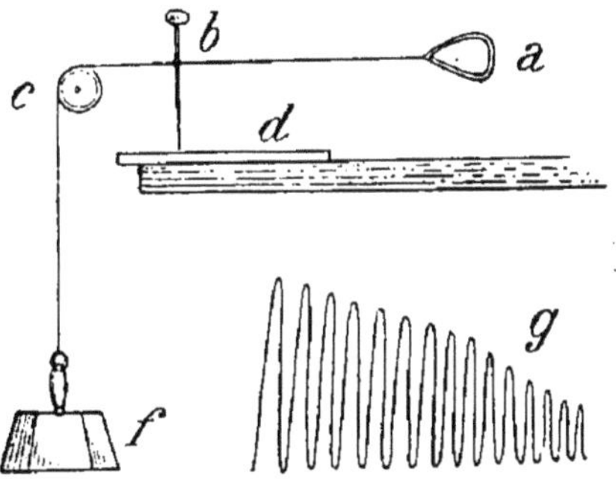


Fig. 253. — Schéma de l'ergographe. — *a*, bague de cuir, recevant le doigt ; — *b*, stylet inscripteur ; — *c*, poulie ; — *f*, poids à soulever ; — *d*, planchette mobile ; — *g*, tracé obtenu, correspondant à 15 soulèvements, dont l'amplitude décroissante traduit la *fatigue musculaire* croissante.

(glycogène du foie,...), ou d'ingérer de nouveaux aliments énergétiques.

Pour prolonger la durée de la période de travail, il suffit d'absorber de temps en temps une petite quantité de sucre (25 à 30 grammes), en employant comme dissolvant, non simplement de l'eau, mais du café, du thé ou une infusion de kola (p. 245), qui agissent comme excitants du système nerveux (caféine) et du système musculaire (théobromine de la kola). Le *café sucré*, tel est donc l'adjuvant temporaire par excellence des muscles fatigués : il permet à des troupes déjà épuisées par une action antérieure de déployer en cas d'urgence un nouvel effort, sans autre alimentation.

On a constaté, à cet égard, qu'un Homme qui se soumet à un jeûne absolu pendant une journée entière fournit à peine plus de la moitié du travail musculaire que celui qu'il est à même de déployer, lorsqu'il consomme, pendant ce même temps, 500 grammes de sucre, pris de quart d'heure en quart d'heure, par petites quantités.

On peut même vérifier l'effet énergétique bienfaisant du sucre, en se bornant à mettre en jeu un groupe restreint de muscles. C'est ainsi qu'à jeun, les muscles fléchisseurs du doigt médian sont capables de soulever une charge un plus grand nombre de fois, sans fatigue, lorsque la personne ingère, un quart d'heure avant l'expérience, un verre d'eau sucrée (30 grammes de sucre), que lorsqu'elle reste réduite à ses seuls moyens.

Le dispositif de la figure 253 permet d'inscrire ces mouvements et d'évaluer le travail effectué : on le nomme *ergographe*.

La sensation de fatigue que fait naître un travail prolongé est due à une intoxication temporaire des muscles, par suite de l'accumulation des produits de désassimilation, dont les principaux sont l'acide carbonique, des toxines, composés azotés, et l'acide lactique ; un repos assure l'élimination de ces déchets par le sang veineux.

**L'alcool, déprimant musculaire.** — L'alcool doit être proscrit dans le travail musculaire.

La quantité de ce composé, utilisable comme stimulant du système nerveux et comme combustible, est si minime que la question de la substitution, même partielle, de l'alcool aux véritables aliments énergétiques (sucre,...) ne se pose même pas, surtout qu'à égalité de valeur énergétique, l'alcool est d'un prix beaucoup plus élevé que les hydrocarbonés.

En outre, dès qu'il est ingéré en excès, soit sous forme de vin, soit à plus forte raison sous forme d'eau-de-vie, il exerce sur les muscles une action franchement nuisible, action paralysante, qui va à l'encontre du service demandé à l'alcool.

Tous les faits expérimentaux s'accordent à établir que l'alcool, même à petite dose, est un composé défavorable au travail musculaire.

**Influence des excitations sensorielles sur le travail musculaire**. — Grâce aux actions nerveuses réflexes qu'elles provoquent, les excitations sensorielles sont à même de stimuler l'activité musculaire et par là d'atténuer, du moins temporairement, la sensation de fatigue.

Ainsi, il est notoire que le travail manuel est plus actif et plus prolongé à la lumière qu'à l'obscurité ; la lumière rouge surtout est douée de propriétés stimulantes. Le matin, au réveil, la lumière du jour contribue à ramener chacun de nous à l'activité. De même encore, le bruit de l'atelier incite au début l'ouvrier au travail : le silence prolongé exerce, d'une manière générale, une action déprimante.

Certaines odeurs, celles du poivre et du musc par exemple, sont pareillement douées d'une action dynamogène remarquable ; on sait du reste qu'une odeur pénétrante suffit à ramener à elle une personne tombée en faiblesse.

Parmi les saveurs, le sulfate de quinine est plus stimulant que le sel, et ce dernier plus que le sucre ; etc.

Il faut donc, on le voit, dans l'ensemble des excitants de l'activité organique, distinguer les excitants pondérables, comme la caféine, des excitants d'ordre sensoriel (lumière, sons,...)

**Parasites des muscles**. — Les deux principaux parasites des muscles, le Ténia embryonnaire ou *cysticerque* et la Trichine, ont été antérieurement étudiés (p. 76).

# CHAPITRE IV

## LARYNX ET PHONATION

*Définition*. — Le larynx ou organe de la voix est par excellence l'organe de relation dans l'espèce humaine, puisqu'il permet à l'Homme d'extérioriser sa pensée et de la communiquer à ses semblables, sous forme de langage articulé.

Il est constitué aux dépens de la portion initiale de la trachée (fig. 254, *A*), où il est à même d'utiliser le courant d'air d'expiration pour mettre en vibration les deux *cordes vocales*, ses parties essentielles.

**I. Conformation du larynx.** — Le larynx (fig. 254) a la forme générale d'un prisme triangulaire, dont l'arête vive antérieure dessine, vers le haut du cou, la saillie, dite *pomme d'Adam*, au niveau de laquelle se trouvent les cordes vocales (fig. 255, *f*). Ces dernières, qui font saillie dans la cavité laryngienne, limitent entre elles un espace triangulaire étroit, la *fente glottique* (fig. 260), qui est la partie la plus resserrée de cette cavité.

En haut, le larynx se rattache à l'os hyoïde (fig. 255, *a* et 259) par une membrane fibreuse et des ligaments (fig. 257); en bas, il se continue avec la trachée proprement dite. L'orifice supérieur ou *glotte* (fig. 256, *f*) s'ouvre largement dans le pharynx.

*a*) Le *squelette du larynx* consiste en quatre *cartilages* mobiles, deux impairs et deux pairs, auxquels s'ajoute le cartilage épiglottique ou *épiglotte*, que la langue abaisse sur la glotte au moment de la déglution des aliments (fig. 54, *g*).

Les deux cartilages impairs sont :

1° Le cartilage *cricoïde* (fig. 257, *f*, *f*), en forme d'anneau, beaucoup plus haut en arrière qu'en avant ; il surmonte le premier demi-cerceau cartilagineux de la trachée ;

2° Le cartilage *thyroïde* (fig. 257, *h* et 260, *f*), de beaucoup le plus volumineux, en forme de bouclier ou d'angle dièdre : ses deux faces limitent le larynx latéralement et lui donnent sa forme générale ; son arête vive

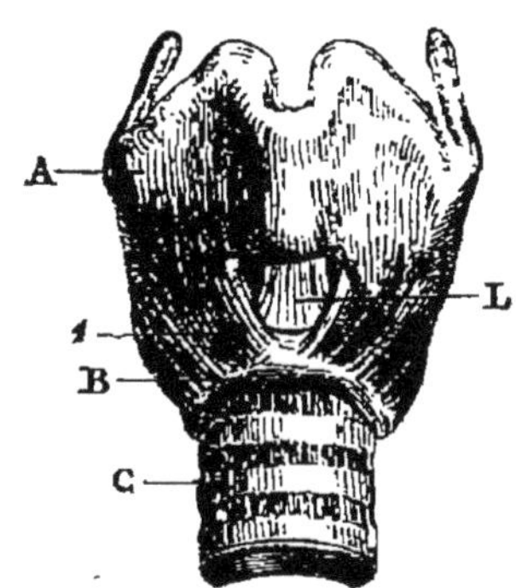

Fig. 254. — Larynx (face ant.). — A, cartilage thyroïde ; — B, c. cricoïde ; — C, trachée ; — L, ligament crico-thyroïdien ; — 1, muscles cricothyroïdiens.

antérieure porte la proéminence, dite pomme d'Adam ; en bas, le cartilage thyroïde s'articule avec le cricoïde (fig. 257, *i*), en haut avec l'os hyoïde (*ac*) par des ligaments (*d, ce*).

Les deux cartilages pairs, dits cartilages *aryténoïdes* (fig. 258, *cd*), ferment le larynx en arrière : de forme triangulaire, ils reposent sur le cricoïde ; leur sommet est arqué en manière de bec d'aiguière, d'où leur nom.

*b*) La *charpente musculaire* du larynx comprend 9 muscles, qui servent à tendre ou à détendre les cordes vocales, à rétrécir ou à élargir la fente glottique.

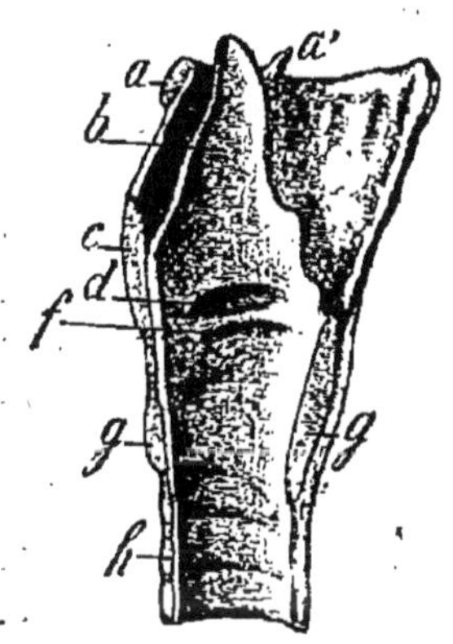

Fig. 255. — Coupe vert. antéropost. du larynx. — *a*, os hyoïde ; — *a'*, apophyse ; — *b*, épiglotte ; — *c*, cart. thyroïde ; — *d*, cordes vocales sup. ; — *f*, cordes voc. inf. ; *gg*, cart. cricoïde ; — *h*, cartil. de la trachée.

L'un de ces muscles, le seul impair, unit les cartilages aryténoïdes l'un à l'autre (fig. 261, *b*). Par sa contraction, il rapproche l'un de l'autre ces cartilages, et par suite les cordes vocales, qui s'insèrent sur leur base ; il en résulte un rétrécissement de la fente glottique (fig. 262, *ac*), ce qui est une accommodation du larynx à l'émission de sons plus aigus.

Les deux muscles laryngiens les plus importants, qui forment l'épaisseur même des cordes vocales,

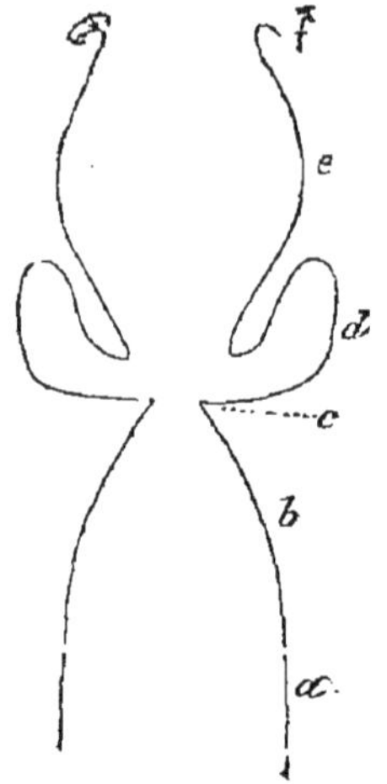

Fig. 256. — Coupe verticale transverse de la cavité du larynx. — *f*, jonction avec le pharynx ; — *e*, partie élargie ; — *d*, ventricules de Morgagni ; — *c*, cordes vocales et fente glottique ; — *ba*, trachée.

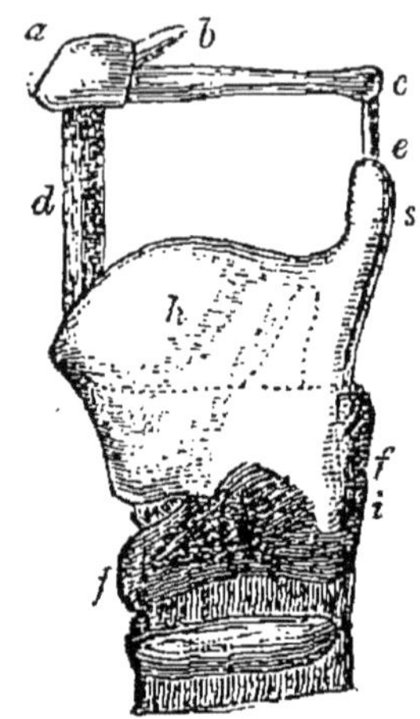

Fig. 257. — Larynx (face latérale) — *ac*, os hyoïde ; — *d*, *ce*, ligaments thyro-hyoïdiens ; — *h*, cartilage thyroïde ; — *ff*, cartilage cricoïde ; — *i*, *s*, cornes du thyroïde. — Le pointillé horizontal correspond au niveau des cordes vocales.

s'étendent de la pomme d'Adam à la base des cartilages aryténoïdes, d'où leur nom de *muscles thyro-aryténoïdiens* (fig. 260, *b*). En se contractant, ils ne peuvent guère, de par leurs insertions, se raccourcir, d'où résulte qu'ils *se tendent* d'autant plus que l'effort de contraction qu'ils déploient est plus grand. Or, plus ces muscles sont tendus, plus les cordes vibrent rapidement et plus le son qu'elles émettent est aigu.

*c*) La *cavité laryngienne* (fig. 256), rétrécie au niveau des cordes vocales (*c*), est tapissée d'une muqueuse rosée, dont l'épithélium est uni, et non plus vibratile, comme celui de la trachée (p. 89); cette condition est indispensable à la pureté des sons.

On voit que les cordes vocales, partie essentielle du larynx, se résument en deux muscles, qui se tendent par leur propre contraction et entrent en vibration sous l'impulsion de l'air expiré. En introduisant dans la gorge à 45 degrés un miroir plan, soutenu par un manche (*laryngoscope*), on peut voir par réflexion

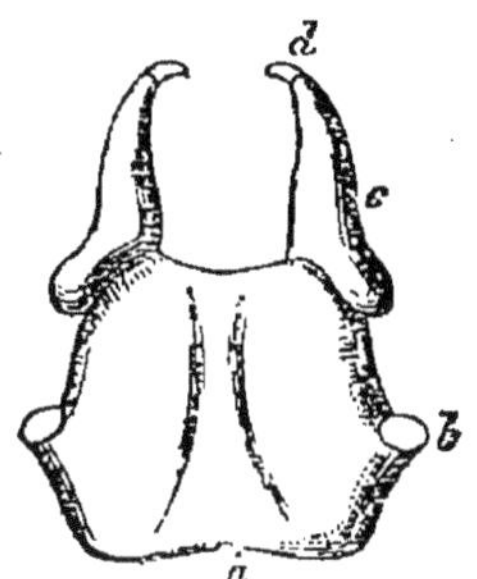

Fig. 258. — Face postérieure du larynx. — *a*, cartilage cricoïde; — *b*, articulation avec le thyroïde; — *cd*, cartilages aryténoïdes.

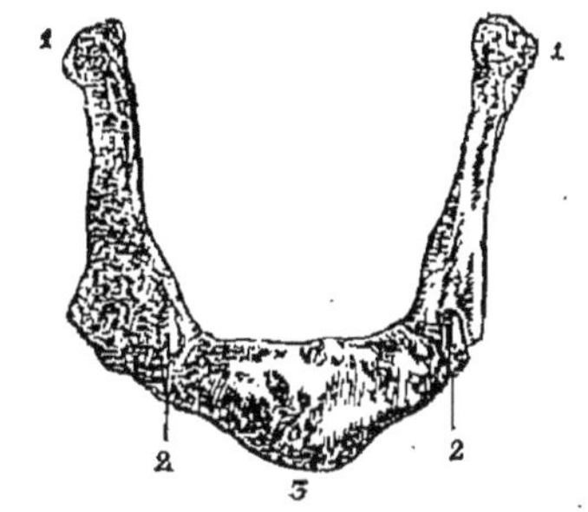

Fig. 259. — Os hyoïde. — 1, grandes cornes; — 2, petites cornes; — 3, corps antérieur.

l'image les cordes vocales, observer leurs vibrations et constater que la fente glottique qu'interceptent les cordes s'élargit ou se rétrécit, selon que les sons émis deviennent plus graves ou plus aigus.

II. **Phonation; langage articulé**. — 1° *Son glottique*. — Le son glottique ou son laryngien est caractérisé, comme tout autre son, par trois attributs : 1° l'*intensité*, ou force du son, définie physiquement par l'amplitude des vibrations; 2° la *hauteur*, mesurée par le nombre des vibrations : ce nombre passe du simple au double, lorsqu'on s'élève d'une note à son octave; 3° enfin le *timbre*, caractère spécifique du son, qui permet à l'oreille de distinguer des sons de même intensité et de même hauteur, émis par des instruments différents.

De même que les lumières élémentaires de la radiation solaire (rouge, vert, violet) peuvent, par leur mé-

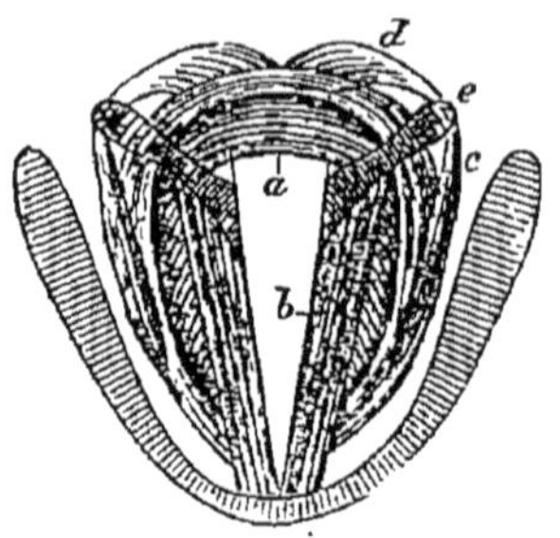

Fig. 260. — Principaux muscles du larynx, vus d'en haut. — *f*, coupe du cart. thyroïde ; — en dedans, le cartilage cricoïde ; — *e*, cart. aryténoïdes ; — *b*, muscles thyro-aryténoïdiens ; — *d*, *c*, muscles crico-aryténoïdiens, post. et lat., faisaut tourner *c* ; — *a*, muscle aryténoïdien.

Fig. 261. — Face postérieure du larynx. — *b*, muscle aryténoïdien ; — *a*, muscles crico - aryténoïdiens postérieurs.

lange, donner des lumières résultantes de tons très variés, de même un son, une note de violon ou un son

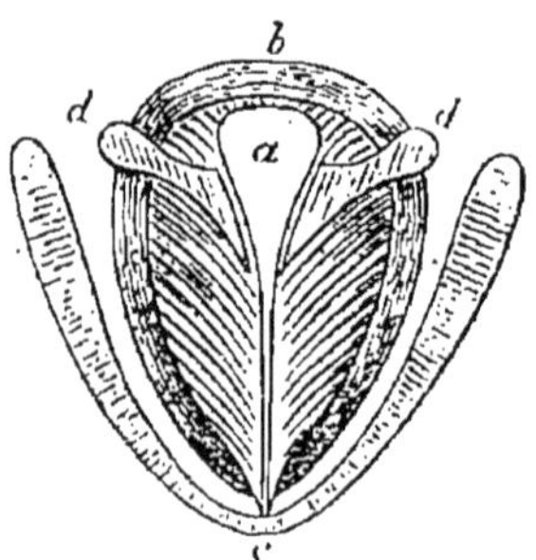

Fig. 262. — Coupe horizontale du larynx. — *ac*, fente glottique rétrécie, préparée pour émettre un son ; — *a*, sa partie respiratoire ; — *c*, cartilage thyroïde, donnant attache aux cordes vocales, hachées ; — *b*, cartilage cricoïde ; — *d*, les deux cartilages aryténoïdes.

de cloche, par exemple, est la résultante complexe d'un *son fondamental*, qui est prédominant et qui définit la hauteur de la note considérée, et d'un nombre variable de tons plus aigus, dits *harmoniques* ou *tons supérieurs*. Or, le nombre et la hauteur des harmoniques, greffés sur un même son fondamental, varient avec la nature de la substance qui émet le son, et c'est la résultante générale qui fait naître en nous telle ou telle sensation de timbre.

2° *Sons articulés*. — Avant d'être émis au dehors, le son glottique éprouve une modification importante : pendant son passage dans la bouche, il devient un *son articulé*, c'est-à-dire un élément du *langage*, voyelle ou consonne.

La cavité buccale se comporte à cet effet comme un

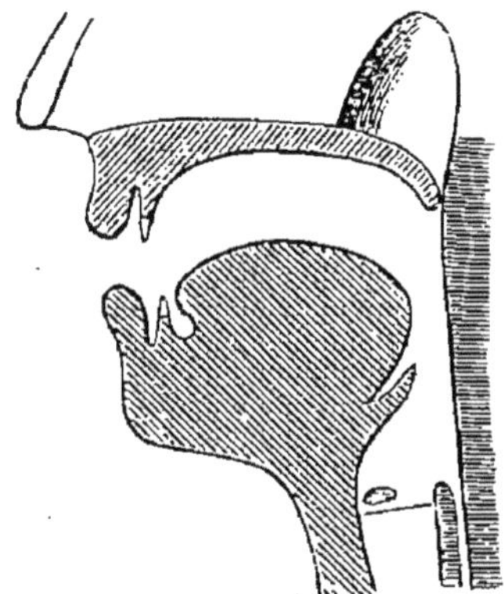

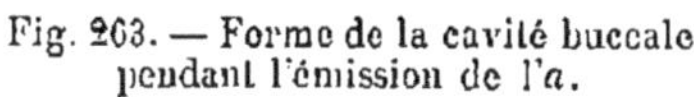

Fig. 203. — Forme de la cavité buccale pendant l'émission de l'*a*.

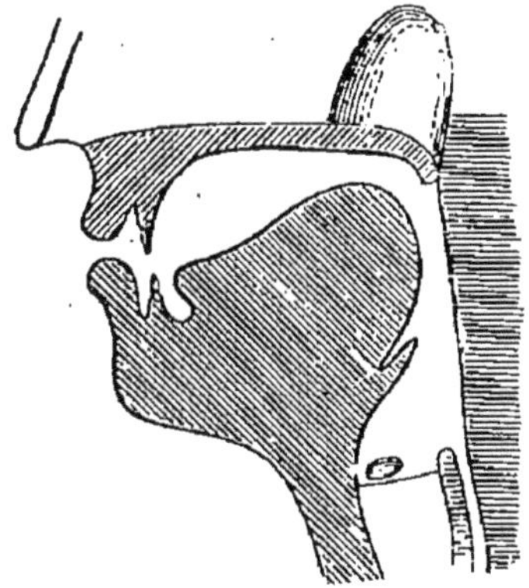

Fig. 204. — Forme du résonnateur buccal pendant l'émission de l'*ou*.

résonnateur ; il s'y produit un *son de résonance* ou *vocable*, dû au renforcement de certains harmoniques du son glottique, et le timbre de la vocable varie avec la forme de la cavité buccale. Or, c'est la résultante du son glottique et de la vocable qui constitue en définitive le son articulé, doué du timbre spécial qui nous le fait appeler *voyelle* ou *consonne*.

Voyelles et consonnes sont les éléments des *mots* et, par suite, des *phrases* qui expriment nos pensées.

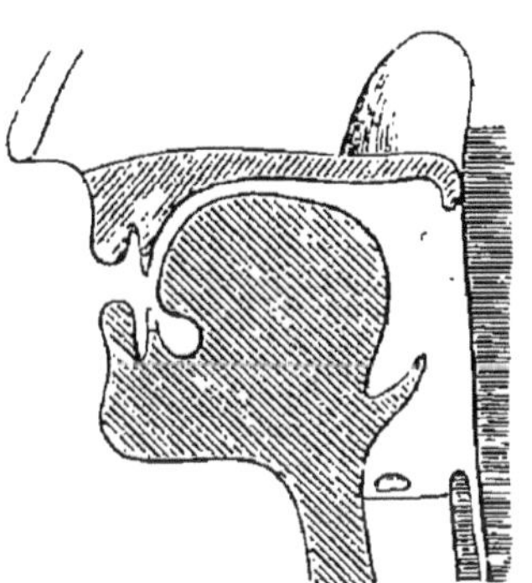

Fig. 205. — Forme de la cavité buccale et pharyngienne dans l'émission de l'*i*.

On voit par là l'importance des muscles de la bouche, surtout de ceux des lèvres et de la langue, dans l'émission de la parole ou langage articulé. Le centre nerveux directeur du langage articulé réside dans la troisième circonvolution frontale gauche (p. 243); toute lésion de ce centre cérébral, comme tout affaiblissement des muscles articulateurs de la bouche, entraînent des défectuosités de prononciation.

*Voyelles.* — Pour que le son glottique devienne la voyelle *a* dans le résonnateur buccal, il faut que la bouche soit largement ouverte (fig. 263), et la langue abaissée; au contraire, pour l'émission de l'*o* et plus encore pour l'*ou* (fig. 264), la bouche s'arrondit, et la langue, abaissée en avant, se relève fortement en arrière. Pour l'*i* (fig. 265), la langue se relève en avant, presque contre la voûte du palais; etc.

Le son à articuler peut d'ailleurs venir du dehors. Ainsi, pour faire parler un diapason, il suffit de le mettre en vibration devant la bouche, en donnant à cette dernière les formes appropriées aux diverses voyelles.

*Consonnes.* — Quant aux consonnes, leur sonorité leur vient d'ordinaire, comme leur nom l'indique, des voyelles qui les précèdent ou les suivent; par elles-mêmes, elles représentent de simples bruits, dus à l'interposition d'obstacles sur le parcours de la colonne d'air expiré.

Les consonnes sont dites *muettes*, lorsqu'elles se produisent indépendamment d'une vibration laryngienne; *sonores*, quand le larynx émet un son.

On distingue les *consonnes labiales, linguales* et *gutturales*.

Ainsi, *b* et *p* se produisent, lorsque les lèvres, d'abord au contact, sont forcées par l'air expiré, ce qui donne lieu à une petite explosion : ce sont deux consonnes *labiales explosives*. La forme douce *b* est toujours accompagnée d'une vibration laryngienne.

*R* est une *linguale vibrante*, due à la vibration de la pointe de la langue contre la voûte du palais; *s*, une *linguale de frottement*, l'air passant avec frottement dans le canal étroit ménagé entre la langue relevée et le palais.

Dans la *consonne gutturale k*, ainsi que dans l'*r* grasseyé, l'obstacle est formé par le voile du palais et la base de la langue plus ou moins rapprochés.

**Sourds-muets**. — Lorsque l'enfant est sourd de naissance, par suite d'atrophie de l'oreille interne, il est forcément muet, puisque l'enfant n'apprend à émettre les sons articulés et à les assembler en mots qu'à force d'entendre parler. Si la surdité se produit au cours de l'existence, par exemple du fait d'affections survenues à l'oreille interne, le malade perd progressivement l'usage de la parole. Dans l'un et l'autre cas, il est sourd-muet.

On remédiait jadis à cette infirmité par la *dactylologie*, éducation qui consiste à exprimer les diverses lettres de l'alphabet par des groupements et des attitudes déterminés des doigts.

Aujourd'hui, on a recours de préférence à la *méthode orale*, qui permet de rendre aux sourds-muets l'usage de la parole. L'éducateur articule distinctement les mots devant l'élève, de manière que le sourd puisse saisir les mouvements effectués par les lèvres et chercher ensuite à les reproduire. Quand il y arrive, ou bien il parle simplement en chuchotant, c'est-à-dire qu'il se borne à souffler de l'air dans la bouche, sans faire vibrer simultanément les cordes vocales, ce qui donne lieu exclusivement à la vocable (p. 303); ou bien, les cordes vocales entrent elles aussi en action, et alors la parole se trouve émise avec ses caractères normaux.

Par la méthode orale, les deux tiers environ des sourds-muets finissent par recouvrer plus ou moins complètement la faculté du langage articulé.

# TROISIÈME PARTIE

## LES ANIMAUX UTILES A L'HOMME : CAPTURE; DOMESTICATION; ÉLEVAGE.

Dans les chapitres suivants se trouvent réunies diverses indications, concernant : d'une part, les animaux domestiques et les espèces sauvages auxquelles ils se rattachent; en second lieu, l'élevage de quelques espèces sauvages, telles que l'Autruche, le Castor, etc.; enfin la pêche et la pisciculture.

## CHAPITRE PREMIER

### LES ANIMAUX DOMESTIQUES

**Domestication.** — De temps immémorial, l'Homme a su associer à son existence divers Mammifères et Oiseaux, auxquels il demande soit du travail, soit des aliments, soit la matière première de ses vêtements, soit enfin simplement de l'agrément.

Les espèces aptes à être domestiquées sont toutes caractérisées à l'état sauvage par un *instinct naturel de sociabilité,* c'est-à-dire qu'elles vivent en troupeaux, parfois fort nombreux (Bovidés,...). Précisément, la domestication consiste à développer, par un régime approprié, les aptitudes à la vie sociale des espèces prises à l'état de nature.

A la longue, les nouvelles conditions d'existence qui leur sont faites entraînent chez les animaux domestiqués des modifications organiques qui les éloignent peu à peu de leur type originel et en font la souche de nouvelles *races* ou *variétés*, parfois nombreuses pour une seule et même espèce.

Les animaux qui vivent isolément à l'état sauvage, comme les Félins (Tigre,...), sont rebelles à la domestication, ou bien ne sont susceptibles que d'une domestication partielle, qu'ils subissent plutôt qu'ils ne s'y prêtent et qui mérite mieux le nom d'*apprivoisement*; car elle ne correspond qu'à une simple atténuation d'un instinct naturel d'indépendance. Ainsi, le Chat, à l'inverse du Chien, n'est qu'à demi domestiqué, et il ne demeure tel que parce que l'Homme lui assure sa subsistance; certaines races de Chats reprennent du reste la vie sauvage avec la plus grande facilité, pour ne plus subsister ensuite que de gibier, comme l'espèce type.

**Élevage.** — La domestication a pour prolongement naturel l'*élevage*, c'est-à-dire l'application rationnelle à la machine animale des données scientifiques relatives à la nutrition, en vue d'une adaptation plus complète des races domestiques aux besoins de l'Homme.

C'est ainsi que, chez certaines races, on se propose de développer plus spécialement les aptitudes organiques au travail musculaire; à d'autres, on demande une production abondante de viande et de graisse; à d'autres encore, le lait, la toison; etc.

L'élevage en vue de l'alimentation s'applique plus particulièrement au Bœuf, au Mouton et au Porc.

Les aptitudes à se transformer étant très inégalement accentuées dans les diverses races d'une même espèce, et même dans les divers individus d'une race donnée, il est essentiel de ne choisir, pour chaque sorte d'élevage, que ceux des individus qui offrent au plus haut degré le caractère qu'il s'agit de perfectionner : on procède, en un mot, par *sélection*.

C'est ainsi que, pour les Bœufs destinés à la boucherie, on s'adresse aux races à squelette réduit, en provoquant le développement de la musculature et de la graisse par une alimentation riche en farineux. Au contraire, on recherchera les races à squelette solide, lorsqu'il s'agira de les perfectionner en vue du travail.

Indépendamment de la sélection, on peut développer aussi certains traits d'organisation par le *croisement* de races différentes, judicieusement choisies.

**Dressage**. — Parallèlement à l'élevage, l'Homme procède au *dressage* de divers animaux domestiques.

Le dressage s'entend de l'éducation spéciale qui permet aux animaux domestiques de rendre pleinement le service qu'on en attend ; elle exige plus ou moins de peine, selon que les aptitudes naturelles des diverses races sont plus ou moins marquées. Une seule et même race peut du reste se prêter au dressage dans plusieurs directions différentes, telle la race chevaline, qu'on forme pour le trait ou pour la monture. Dans nombre de cas, le dressage demande une grande somme de patience ; la douceur est nécessaire, les mauvais traitements ne faisant que rebuter l'animal, surtout s'il est naturellement rétif, comme l'Ane et le Mulet.

Indépendamment du dressage ordinaire, on pratique, pour certaines espèces ou races particulièrement intelligentes, comme l'Eléphant, le Singe, le Chien, le Cheval, etc., un dressage plus compliqué ou *dressage savant*, grâce auquel l'animal arrive à exécuter au commandement, avec une remarquable adresse, les exercices les plus variés, tels que ceux dont les Chevaux et les Eléphants de cirque nous rendent témoins.

*Dressage du Faucon*. — L'élevage et le dressage des Oiseaux en vue de la chasse ou de la pêche constitue un sport qui n'est plus guère en usage aujourd'hui que dans certaines contrées asiatiques et n'a par conséquent plus qu'un intérêt historique.

C'est ainsi que les *Faucons*, en particulier le Faucon

pèlerin, qui niche au bord de la mer dans les falaises à pic, plus rarement les *Sacres* et les *Gerfauts*, jadis fréquemment dressés en France, en vue de la chasse au Lièvre, à la Perdrix, au Héron, au Milan, etc., ne le sont plus qu'exceptionnellement de nos jours.

Le dressage doit commencer sur l'Oiseau très jeune. En lui ménageant une nourriture toujours prête, telle que de la viande de Cheval, fixée à une petite planchette ou *taquet*, et en le maintenant pendant quelque temps

Fig. 266. — Faucon. — La mandibule supérieure offre une dent caractéristique.

captif au moyen d'une filière, on lui donne l'habitude d'y revenir, ce qu'il continuera de faire encore, lorsque, plus tard, on lui aura rendu la liberté. Il reviendra d'autant plus volontiers au taquet, après chacune de ses croisières, qu'il n'aura pas encore la force nécessaire à se procurer lui-même sa proie.

Le fauconnier exerce ensuite l'Oiseau à se tenir sur son poing ganté et à y revenir chaque fois qu'il s'en est éloigné. Puis il lui donne des leçons de leurre, en faisant tourner rapidement devant lui, comme une fronde, une proie, telle qu'une Perdrix, attachée à l'extrémité d'une filière ; si le Faucon la manque, il y revient, attiré par le repas copieux qu'il est sûr de trouver.

En chasse, le fauconnier porte l'Oiseau sur le poing droit, en le coiffant d'un chaperon, destiné à lui masquer les yeux et à le faire tenir tranquille. Dès qu'une proie, un Milan par exemple, se présente, il le déchaperonne et provoque son départ, en balançant le poing. Le Faucon s'élève alors, en décrivant une spirale

Fig. 267. — Faucon et sa proie.

de plus en plus large ; puis, avec une rapidité vertigineuse, il fond sur sa proie, les ailes fermées, et lui enfonce dans les chairs son avillon ou griffe d'arrière. Peu après, il retombe sur le sol avec sa victime et, d'un violent coup de bec, lui brise la colonne vertébrale en arrière de la tête, ce qui la fait aussitôt expirer. Après quoi, l'Oiseau revient sur le poing du fauconnier, tandis que les Chiens rapportent la proie.

*Pêche au Cormoran,* etc. — Le *Cormoran* et le *Péli-*

*can,* deux Oiseaux palmipèdes, peuvent être pareillement dressés pour la pêche.

Le Cormoran commun, au plumage noir et au bec long et recourbé en crochet à son extrémité, niche régulièrement en été sur les côtes de la Manche et de l'Océan ; le Pélican, au contraire, ne se montre qu'exceptionnellement dans nos parages. L'un et l'autre sont de grands mangeurs de Poissons.

La pêche au Cormoran a pris naissance en Extrême-Orient et est encore pratiquée de nos jours en Chine et au Japon ; elle se fait de nuit. Les Cormorans, dressés dans ce but, portent à la base du cou un anneau, destiné à arrêter le Poisson qu'ils capturent ; un cordeau les maintient reliés à l'embarcation.

Chaque fois que l'Oiseau plonge et s'empare d'un Poisson, il remonte un instant à la surface avec sa proie dans le bec, l'avale aussitôt, puis replonge. Quand la provision de Poisson ainsi emmagasinée est jugée suffisante, on ramène le pêcheur à la barque, et on lui fait dégorger le butin qui remplit son œsophage distendu, en lui donnant de petites tapes sur la tête : c'est du reste un peu de cette manière, quoique plus violemment, et à coups de bec, que procèdent les Palmipèdes de leurre, comme les Labbes et les Frégates, lorsqu'ils dépouillent d'autres Oiseaux de mer du Poisson qu'ils viennent d'avaler.

Seuls, les Poissons déchirés par les coups de bec du Cormoran lui sont abandonnés en pâture.

Un seul Cormoran pouvant prendre en une nuit, dans les cas les plus favorables, plusieurs centaines de Poissons, on comprend que, dans les parages où ces Oiseaux abondent, comme en certains points des côtes anglaises, le dépeuplement des rivières et des côtes cause un sérieux préjudice aux populations qui vivent de la pêche : aussi leur fait-on une guerre acharnée et ne néglige-t-on aucune occasion de les détruire.

## PRINCIPALES ESPÈCES DOMESTIQUES

Les Mammifères domestiques sont principalement des *Ruminants*, des *Porcins*, des *Equidés*, et, parmi les Carnivores, le seul genre *Chien*; les Oiseaux domestiques, eux, appartiennent aux ordres des Gallinacés et des Palmipèdes.

**1° Ruminants**. — Les Ruminants domestiques comprennent le Bœuf, le Mouton, la Chèvre, le Chameau, le Dromadaire ou Méhari, enfin le Renne.

Outre leur estomac quadruple (fig. 269), ces animaux sont caractérisés par le manque d'incisives à la mâchoire supérieure et de canines aux deux mâchoires (fig. 268); leurs molaires sont sillonnées de *croissants longitudinaux d'émail*, assurant une bonne mastication.

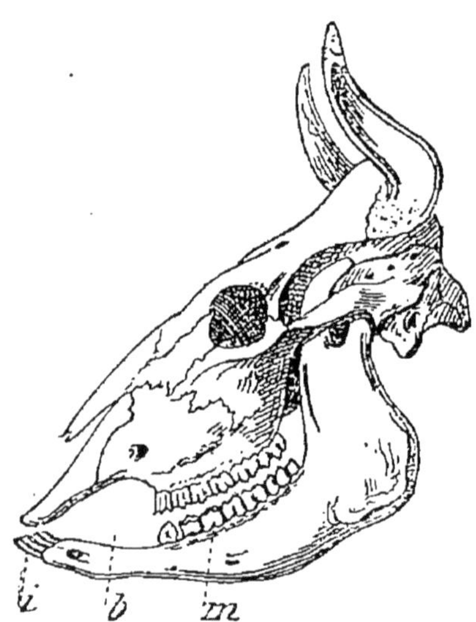

Fig. 268. — Dentition du Bœuf. — *i*, incisives; — *b*, barre; — *m*, molaires.

Les mâles (parfois aussi les femelles : Renne) sont armés de cornes et portent en outre deux canines à la mâchoire supérieure. Par exception, les Caméliens (Chameau, Dromadaire,...) manquent de cornes, mais offrent en compensation des canines aux deux mâchoires.

Les Ruminants constituent le principal ordre des Ongulés à doigts pairs : leur pied (fig. 271) est terminé par deux ou quatre doigts, précédés d'un double os métatarsien, très haut, le *canon* (*b*).

I. **Bovidés**. — Dans l'espèce *bovine,* le mâle se nomme *taureau,* la femelle, *vache* et le jeune, *veau :* le

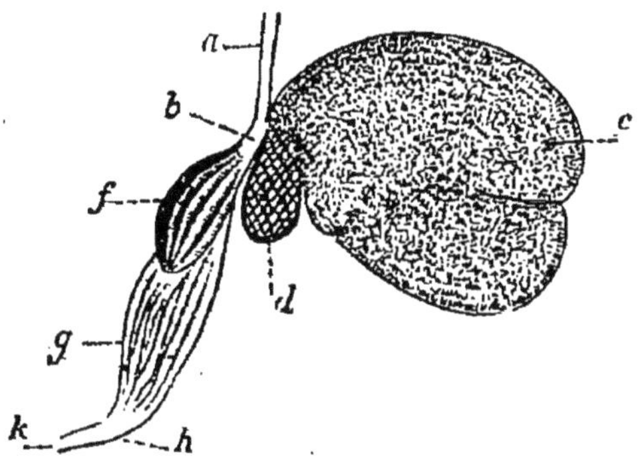

Fig. 269. — Estomac de Ruminant. — *c*, panse ; — *d*, bonnet ; — *f*, feuillet ; — *g*, caillette ; — *h*, pylore ; — *k*, intestin ; — *a*, œsophage.

*bœuf* est l'individu inapte à la reproduction, spécialement élevé pour le travail et la boucherie. Les nombreu-

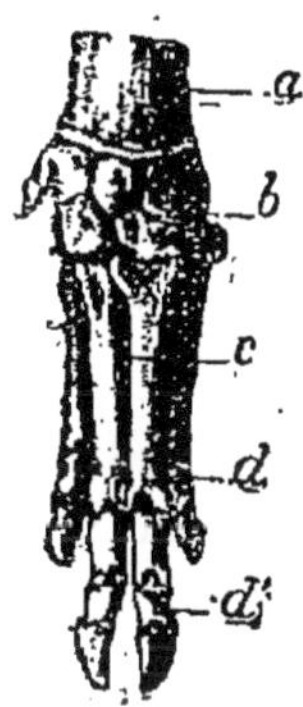

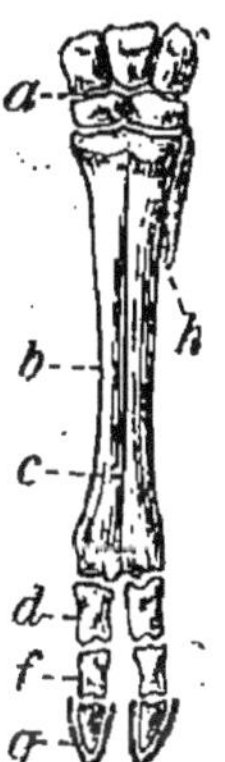

Fig. 270. — Pied antérieur droit du Porc. — *a*, radius ; — *b*, carpe (l'osselet saillant, sous *b*, portait jadis le premier métacarpien) ; — *c*, métacarpe ; — *d*, phalanges.

Fig. 271. — Pied antérieur gauche du Bœuf. — *a*, carpe ; — *b* canon ; — *c*, ligne de suture des deux métacarpiens ; — *h*, rudiment du cinquième métacarpien ; — *d*, *f*, *g*, phalanges.

ses races se subdivisent en *races de travail,* employées pour le trait ou le labour ; en *races alimentaires* ou races de boucherie ; enfin en *races laitières.*

Dans l'élevage des races bovines de boucherie, on vise surtout à l'engraissement et au développement de la musculature (fig. 272). Or, on sait que la graisse naît en grande partie, dans les tissus, de la transformation du sucre (glucose) : aussi fait-on une large part, dans l'alimentation à l'étable, aux féculents (pommes de terre, maïs...), substances que la digestion amène précisément à l'état de glucose.

L'engraissement est d'autant plus rapide que l'animal

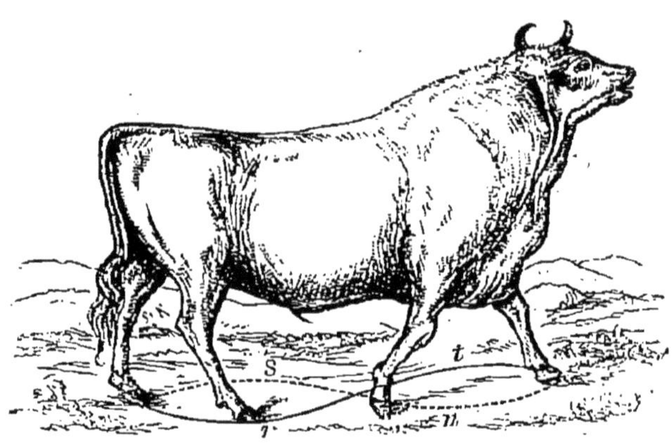

Fig, 272. — Bœuf Chillingham, à musculature puissante et à tête réduite. — *t*, courbe du pied ant. gauche ; — *s*, du pied post. gauche ; — *n*, *r*, du pied ant. et post. droits. — La courbe des quatre membres est en forme de 8.

effectue moins de mouvements ; car le travail musculaire ne va pas sans une suractivité des combustions respiratoires (p. 288) et par conséquent sans une dépense correspondante d'aliments. Aussi maintient-on les Bœufs et les Porcs à l'étable pendant quelques mois pour hâter leur engraissement, dès qu'ils ont atteint leur taille définitive.

Parmi les races bovines favorables à la production de la viande et de la graisse ainsi conduites (fig. 273), on remarque la race anglaise de Durham, dite à courtes cornes, la plus précoce de toutes les races de boucherie : la tête en est fine et le squelette réduit.

Citons, en outre, les Durhams français, issus d'un

croisement de la race type avec nos races indigènes de l'Ouest (Sarthe, Mayenne,...) et du centre (Nivernais,...); la race charolaise, qui fournit de beaux Bœufs, au pelage d'un blanc crème; la race limousine; etc.

Par contre, les Vaches de ces diverses races n'ont d'ordinaire que de médiocres qualités laitières.

Les bonnes Vaches laitières sont relativement rares;

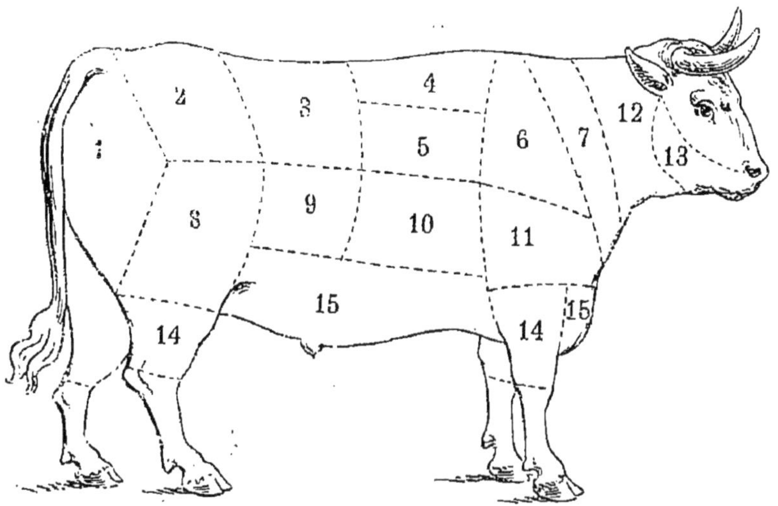


Fig. 273. — Viande de Bœuf. — 1ʳᵉ qualité : 1, gîte à la noix ou semelle; — 2, culotte; — 3, aloyau; — 4, entrecôtes; — 8, tranche grasse. — 2ᵉ qualité : 5, côtes; — 6, paleron; — 7, talon de collier; — 9, bavette d'aloyau; 11, plats de côtes découverts, sous l'épaule. — 3ᵉ qualité : 10, plats de côtes couverts; — 12, collier; — 14, gîtes; — 15, pis; — 13, plats de joues.

elles ne prospèrent que sous les climats tempérés et humides. En France, les races normandes et bretonnes comptent au nombre des meilleures, et leur lait est non seulement abondant, mais encore riche en crème : les Vaches normandes peuvent donner jusqu'à 25 et 30 litres de lait par jour, titrant de 30 à 40 grammes de beurre par litre. Avec de bons pâturages, le rendement de ces animaux peut rester rémunérateur jusqu'à l'âge de dix et même de quinze ans.

Parmi les races laitières étrangères les plus estimées,

citons la race danoise de Fionie, la race suisse de Schwitz, etc.

Transportées sous les climats chauds, en Algérie par exemple, les meilleures Vaches laitières dégénèrent vite et finissent par ne plus donner que fort peu de lait, d'aillleurs pauvre en crème, ce qui est précisément le cas des Vaches indigènes (race arabe,...).

**Principaux Bovidés.** — 1° *Bœufs.* — L'espèce bovine

Fig. 274. — Zébu.

unique actuelle, répandue dans toute l'Europe, est celle du *Bœuf domestique,* type des Ruminants à cornes creuses ou Cavicornes; elle se subdivise, selon le climat et le mode d'élevage, en onze races principales, elles-mêmes subdivisibles en variétés.

Le Bœuf domestique est le descendant d'espèces préhistoriques (époque quaternaire), dont les ossements se rencontrent, associés à ceux de l'Homme primitif, dans les sables et graviers superficiels du globe.

Il est remplacé en Orient par plusieurs espèces distinctes, également domestiquées, mais qui y vivent en outre encore à l'état sauvage.

Parmi ces Bœufs asiatiques, citons :

*a*) Le *Zébu* (fig. 274), de la taille de nos Bœufs, caractérisé par la bosse qui relève son garrot. Domestiqué depuis fort longtemps dans l'Inde et dans d'autres contrées asiatiques, il a été de là répandu en Egypte et jusqu'à Madagascar, où il sert communément de bête de somme.

*b*) Le *Gayral* est une espèce voisine du Zébu, domestiquée dans l'Inde orientale.

Fig. 275. — Bison.

*c*) Enfin le *Yack*, le plus grand de tous les Bœufs, au corps couvert d'une longue toison et à la queue garnie de longs poils rappelant les crins du Cheval, vit dans les montagnes de l'Asie centrale (Thibet, Himalaya) et a pu être domestiqué, comme les espèces précédentes.

2° *Buffles*. — A côté du genre Bœuf prend place le genre *Buffle*, dont une seule espèce, l'*Arni*, d'origine asiatique, a été domestiquée dans l'Inde et s'est de là propagée en Egypte et même dans l'Europe orientale et méridionale (Italie,...). Les Buffles africains (Abyssinie, Soudan, Cap,...) vivent au contraire exclusivement à l'état sauvage.

3° *Bison*. — Quant au genre *Bison* (fig. 275), puissant Bovidé, au corps protégé par une épaisse fourrure, surtout développée dans la région antérieure, l'espèce d'Europe, qui peut atteindre trois mètres de longueur, est localisée aujourd'hui dans certains districts forestiers du Caucase et de la Lithuanie, où elle est du reste protégée contre une destruction complète.

L'espèce d'Amérique vivait encore au siècle dernier en nombreux troupeaux dans les immenses prairies du Far-West, mais les trappeurs en ont fait des massacres tels que l'espèce a aujourd'hui presque disparu.

Fig. 276. — Dromadaire.

II. **Ovidés**. — Dans l'espèce *ovine*, le mâle se nomme *bélier*, la femelle, *brebis* et le jeune, *agneau*; le Mouton est l'individu inapte à la reproduction, spécialement élevé en vue de l'alimentation.

Le lait de brebis, relativement peu consommé, est utilisé à la fabrication du fromage de Roquefort, dont la teinte verte est due à une Moisissure.

L'élevage a créé de nombreuses races de Moutons. Les centres principaux de production sont les plaines de la Brie et de la Beauce, ainsi que le Limousin. De nombreux troupeaux transhument sur les plateaux calcaires ou causses de l'Aveyron, notamment sur le causse de Larzac. En Normandie, les Moutons élevés au voisinage de la mer prennent le nom de *prés-salés*.

D'après la conformation de la tête, les races ovines se divisent en *dolichocéphales*, caractérisées par le crâne notablement plus long que large (race de Larzac,

Fig. 277. — Renne.

race berrichonne, race mérinos, p. 167) et en *brachycéphales*, à tête à peu près aussi large que longue (race limousine).

Le Mouton est représenté à l'état sauvage par l'*Argali* de l'Inde, qui paraît en être la souche originelle, et par le *Mouflon* de Perse et de Corse.

**2° Porcins.** — Les races porcines dérivent du *Sanglier*, unique Porcin sauvage d'Europe.

Mais, tandis que le Sanglier est uniquement végétarien, le Porc ou Cochon domestique est devenu omnivore, et les résidus alimentaires de toute sorte, de nature animale ou végétale, peuvent servir à sa nourriture, ce qui facilite grandement son élevage. Les farineux (pommes de terre, farine de maïs, glands, châtaignes,...) conviennent tous à son engraissement.

Le Porc est utile à la fois pour sa chair, pour sa graisse (lard, saindoux), pour ses soies (brosses), etc. ; on peut dire de lui qu'il est l'animal domestique le plus entièrement mangeable.

Les races porcines françaises sont les unes haut sur pattes et alors bonnes marcheuses [races de Normandie, de Craon (Mayenne), du Périgord (race *truffière*,...] ; les autres trappues, arrondies, et alors sédentaires et paresseuses, mais éminemment aptes à l'engraissement ; ces dernières proviennent d'un croisement de races anglaises (race du Yorkshire,...) avec des races françaises.

La propreté des exploitations permet seule d'éviter les deux maladies les plus communes du Porc, la *trichinose* et la *ladrerie,* occasionnées par deux Vers parasites (p. 76).

**3° Équidés.** — Le genre Cheval (lat. *Equus*) est réduit dans la faune actuelle à l'unique espèce du *Cheval domestique,* dont les formes ancestrales remontent à l'époque géologique quaternaire. De nombreux troupeaux de Chevaux ont existé en France à cette époque, et l'accumulation de leurs ossements en des lieux fréquentés par l'Homme primitif, notamment dans des cavernes, montre que ce dernier chassait le Cheval, comme le Bœuf, etc., pour assurer sa subsistance.

L'Homme quaternaire a du reste laissé des représentations de Chevaux et autres Ongulés, gravées sur l'ivoire ou sur des ossements.

La domestication du Cheval paraît remonter à l'âge du bronze.

Le Cheval mâle adulte se nomme *étalon;* le jeune,

*poulain*. Le Cheval femelle adulte est la *jument*; jeune, la *pouliche*. Il peut vivre environ trente ans.

Des *Chevaux sauvages* existent encore en Asie occidentale. Tels sont notamment les *Tarpans*, à robe brune, des steppes russes et asiatiques; on les consi-

Fig. 278. — Cheval au pas. — *a*, tracés des battues des pieds de gauche (en blanc, pied de devant); — *b*, battues des pieds de droite (en blanc, pied de derrière. — La succession des battues est : pied ant. droit; — pied post. gauche; — pied ant. gauche; — pied post. droit. — Le point blanc, vers le milieu du tracé, correspond à l'instant de la notation.

dère comme issus d'individus domestiqués, qui ont ensuite repris la vie libre.

Les Chevaux sauvages d'Amérique, en particulier les nombreux troupeaux des pampas de l'Argentine, proviennent de Chevaux originaires d'Europe, introduits au nouveau monde par les Espagnols; car l'espèce chevaline, largement représentée à l'état fossile en Amérique, s'est entièrement éteinte dans ce pays à la fin de l'époque préhistorique.

En France, un Cheval de petite taille vit en liberté dans la Camargue.

**1° Dentition du Cheval**. — Le Cheval porte, à chaque mâchoire (fig. 280), six grosses incisives (deux *pinces* médianes, deux *mitoyennes* et deux *coins*) et douze

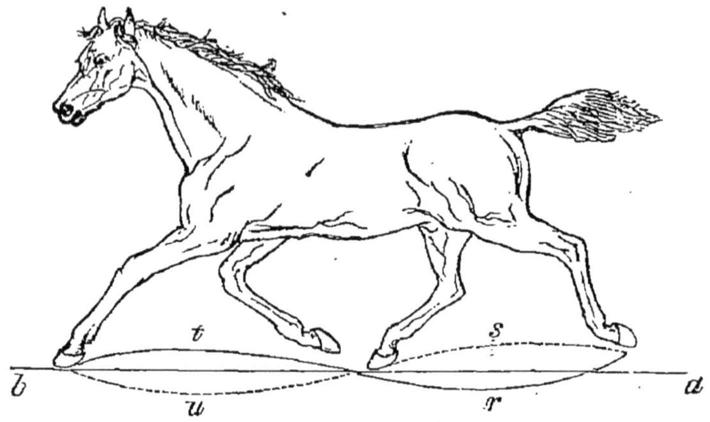



Fig. 279. — Cheval au trot. — Les pieds, dont deux touchent ensemble le sol, décrivent une courbe en forme de 8. — *t*, courbe du pied ant. droit ; — *u*, du pied ant. gauche ; — *s*, du pied post. droit ; — *r*, du pied post. gauche.

molaires, marquées de replis d'émail sinueux (fig. 281,*c*), bien distincts de ceux des molaires de Ruminants.

L'étalon a en outre quatre canines (fig. 282, *d*), moins grosses que les incisives et placées immédiatement à leur suite, de manière qu'il reste encore une barre très apparente (*f*) pour loger le mors.

La couronne des incisives est creusée d'une fossette (fig. 281,*a*), et c'est le degré d'usure de ces dents qui permet de déterminer l'âge du Cheval jusqu'à environ huit ans. Quand la fossette a entièrement disparu et que la surface de mastication est devenue plane, la dent est dite rasée (*b*).

Pendant la première année, le Cheval forme succes-

sivement ses incisives de lait : il a les pinces ou incisives médianes (fig. 282, *i*, *a*) peu après la naissance,
les mitoyennes (*b*) de trois à six mois, et les coins ou

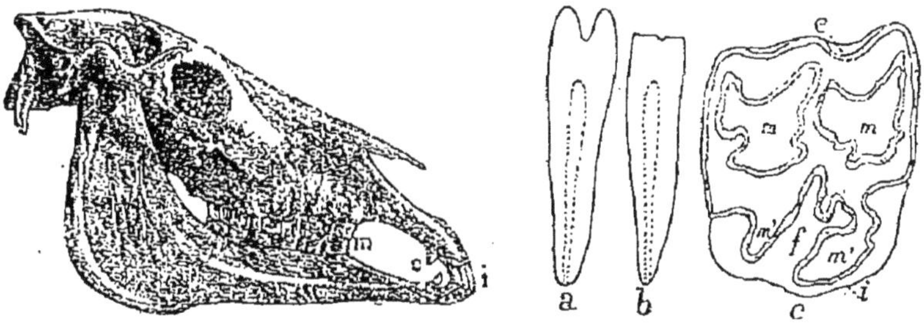

Fig. 280. — *i*, incisives du Cheval; — *c*, canines; — *m*, molaires.

Fig. 281. — *a*, incisive avec sa fossette; — *b*, la même, rasée; — *c*, molaire
sup. droite; — *e*, son bord interne; — *m*, îlots entourés d'émail; — *f*, repli
sinueux d'émail.

incisives latérales (*c*) de six mois à un an. Ces dents
rasent dans l'ordre où elles sont nées, savoir, les pinces
de douze à seize mois, les mitoyennes de seize à vingt,
et les coins de vingt mois à deux ans.

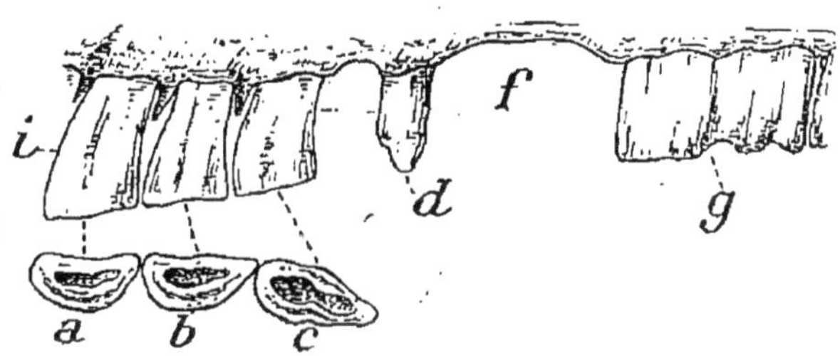

Fig. 282. — *i*, incisives gauches du Cheval (en bas, leurs fossettes); — *a*, pince
— *b*, mitoyenne; — *c*, coin, avec fossette moins usée que *a*; — *d*, canine;
— *f*, barre; — *g*, première molaire.

Puis se produit le remplacement des dents de lait par
les incisives définitives, qui sont plus hautes et plus
grosses. Les pinces définitives apparaissent entre deux
et trois ans, les mitoyennes entre trois et quatre, et les

coins entre quatre et cinq ans. Enfin le rasement s'opère
successivement de cinq à huit ans.

L'usure des dents progressant toujours, la cavité
renfermant la pulpe dentaire finit par être mise à nu.

**2° Pied du Cheval**. — Le pied du Cheval (fig. 283, *e*) est
remarquablement adapté à la course, en ce que, très
haut et entièrement relevé, il ne présente plus qu'un

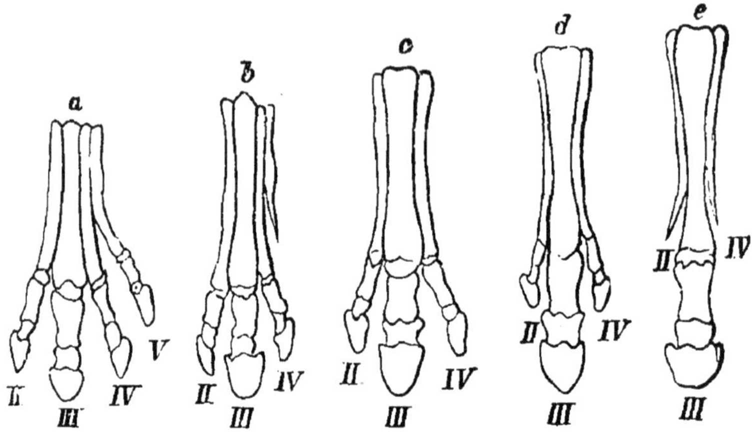

Fig. — 283 à 287. — Pied du Cheval actuel (*e*) de ses ancêtres fossiles (*a-d*).
— II-V, *doigts, avec leurs os métatarsiens*. — *a*, Orohippus (4 doigts et
4 métatarsiens complets); — *b*, Mésohippus (3 doigts et stylet non encore
résorbé du 5° métatarsien); — *c*, Miohippus ou Palæotherium (3 doigts); — *d*,
Protohippus ou Hipparion (doigts latéraux plus courts); — *e*, pied du Cheval.
— Le Canon (3° métatarsien) est flanqué des rudiments des 2° et 4° métatarsiens, qui portaient les doigts latéraux précédents.

doigt unique, au lieu des trois doigts, et plus anciennement encore quatre et cinq, de ses ancêtres des temps
géologiques tertiaires. Le *Palæothérium*, du gypse de
Paris (*c*), et l'*Hipparion* (*d*) sont les genres à trois doigts.

La troisième phalange du doigt (*e*, III) est entourée
par le sabot, qui est largement développé; la zone de
jonction de la seconde et de la troisième phalanges,
qui correspond au pourtour du sabot, est dite *couronne*;
enfin on nomme *paturon* la première phalange.

Le doigt est précédé d'un os métatarsien unique très
haut, le *canon* (*e*), qui correspond à notre métatarsien

médian ; contre lui s'adossent en haut deux *stylets* osseux (II, IV,) qui sont les restes du deuxième et du quatrième métatarsiens. Chez les espèces ancestrales tertiaires, ces deux os étaient complets et supportaient deux petits doigts latéraux (fig. 283, *c, d*). Ces deux doigts étaient élevés au-dessus du sol, par suite du développement prépondérant acquis par le doigt médian, qui joue le rôle principal dans le soutien du corps ; ils ont disparu lentement depuis, faute d'usage, et seuls les rudiments de ces métatarsiens sont encore présents.

A la jonction du canon et du paturon du Cheval, on remarque, en arrière, deux os spéciaux arrondis, qui épaississent cette partie du pied, ce qui lui a valu le nom de *boulet*.

Ajoutons que, vers le tiers inférieur de l'avant-bras au membre antérieur, et vers le haut du canon au membre postérieur, se trouve en saillie une excroissance cornée de la peau, la *châtaigne*, qui n'existe chez l'Ane qu'au membre antérieur.

**3° Principaux Équidés.** — Les nombreuses races chevalines françaises et étrangères se groupent d'après leur destination, en trois catégories, savoir : les *Chevaux de selle*, comme le Cheval pur sang anglais, type des Chevaux de course, issu du Cheval arabe ; les *Chevaux de trait léger* ; enfin les *Chevaux de gros trait*.

On désigne d'ordinaire les races du nom des régions qui les produisent. Ainsi, d'excellents Chevaux de gros trait sont fournis par la race percheronne et la race boulonnaise ; la race de Tarbes, élevée dans les gras pâturages de la vallée de la Garonne, fournit de nombreux Chevaux de cavalerie ; etc.

Les Équidés domestiques autres que le Cheval sont l'*Ane* ; le *Mulet*, excellente bête de somme, issue du croisement de l'Ane et de la Jument ; enfin le *Bardot*, hybride plus rare, sans intérêt pratique, provenant du Cheval et de l'Anesse. L'élevage des Mulets est particulièrement important en Poitou, en Gascogne et en Corse.

Les Equidés sont à peu près exclusivement élevés en vue de travail; pourtant, on consomme de plus en plus la viande de Cheval (boucheries hippophagiques), et même celle de l'Ane et du Mulet.

Les genres sauvages, voisins de l'Ane, sont : l'*Onagre,* qui vit en Asie et en Afrique ; l'espèce d'Abyssinie est considérée comme la souche de l'Ane domestique ; le *Zèbre,* au pelage jaune, entièrement rayé de brun (Afrique australe); le *Couagga,* également originaire de l'Afrique du Sud, sorte de Zèbre rayé seulement en avant, mais dont l'espèce est depuis peu éteinte.

**4° Carnivores**. — Les Carnivores domestiques, que l'Homme utilise spécialement à la chasse, sont le Chien, le Furet et exceptionnellement le Guépard.

1° Le *Chien* a été domestiqué dès la plus haute antiquité. Il procède d'espèces sauvages quaternaires ; plusieurs espèces actuelles, voisines du Chien domestique, existent du reste encore à l'état de liberté.

Les races fort nombreuses de Chiens domestiques peuvent être rapportées à quatre groupes principaux, représentés respectivement :

*a)* Le premier, par le *Chien de Berger* (Chien de Brie, de Beauce) et plus généralement par le groupe de races, dites *lupoïdes,* qui rappellent le Loup par leurs oreilles dressées; le Chien de Berger paraît être la souche de toutes les autres races canines ;

*b)* Le second groupe est celui du *Braque,* de l'*Épagneul* et de divers autres *Chiens de chasse;*

*c)* Le troisième a pour type le *Terre-Neuve,* le *Chien de Saint-Bernard* et le *Molosse* d'Asie, tous Chiens de grande taille;

*d)* Le quatrième groupe enfin est celui de *Lévrier,* aux formes grêles et élancées, et à tête longue et fine.

Les *Chiens de chasse* se répartissent en deux groupes :

*a)* Les Chiens *d'arrêt* ou *couchants,* qui se tiennent en arrêt devant le gibier et rapportent les pièces abattues ; ce sont les *braques*, les *pointers* anglais, les *épagneuls*, etc. ;

*b*) Les Chiens *courants*, qui forcent le gibier à la course ; parmi eux prennent place notamment les *Bassets*, les *Lévriers*, les Chiens normands, les races du Poitou, de Vendée, de Saintonge, etc.

Le Chien ne vit guère au delà d'une quinzaine d'années.

2° On dresse également à la chasse le *Furet*, Carnas-

Fig. 286. — Chien épagneul.

sier vermiforme, au pelage jaunâtre, parfois presque blanc. Pour l'empêcher de saigner dans les terriers les Lapins qu'il poursuit et de se gorger de leur sang, il est nécessaire de le museler ; on le munit en outre d'un grelot pour ne pas perdre sa trace.

3° Citons enfin le *Guépard*, Carnassier de la famille des Félins, à corps élancé et haut sur pattes, très agile, que l'on dresse encore exceptionnellement dans l'Inde pour la chasse aux Gazelles. Contrairement aux autres Félins, qui sont d'un naturel insociable, le Guépard se laisse facilement apprivoiser ; il est vrai que, par l'ensemble de ses caractères, il forme comme la transition entre les Félins et les Canidés.

**5° Oiseaux**. — Les Oiseaux domestiques appartiennent à l'ordre des Gallinacés (Dindon, Pintade,...) et des Palmipèdes (Oie, Canard,...).

Chez les Gallinacés, le mâle ou coq a le métatarse armé d'un ergot, organe de défense.

Dans cet ordre, les Poules forment de beaucoup l'objet de l'élevage le plus important.

Certaines races de ces Gallinacés sont plus particulièrement propres à l'engraissement (poulardes du Mans,...) ; d'autres à la ponte (races de Houdan, de la Bresse,...) ; d'autres enfin sont bonnes couveuses (race commune, race cochinchinoise,...).

La durée d'incubation de l'œuf de la Poule est de vingt et un jours, temps nécessaire au développement du *germe* (fig. 43) en un jeune poussin, aux dépens du blanc et du jaune. Une Poule peut fournir par an jusqu'à 225 œufs, cela pendant plusieurs années, si la nourriture est substantielle. Le Sarrasin et le Blé forment le fond de son alimentation ; on la renforce de temps à autre de quelques débris de viande, à moins que les Poules ne vivent en liberté dans les champs, auquel cas elles trouvent elles-mêmes ce supplément de nourriture azotée, sous forme d'Insectes, de Vers, d'Escargots, etc. On favorise aussi la ponte par l'emploi de préparations phosphatées spéciales, le phosphore entrant dans la constitution des principes albuminoïde du jaune.

Les coquilles d'Huîtres ou d'œufs broyés sont nécessaires à la sécrétion de la coquille : si le calcaire vient à manquer, l'œuf est pondu avec sa seule membrane coquillière.

L'œuf frais se tient horizontalement dans l'eau. Plus il est ancien, et plus son axe se relève, par suite de l'élargissement progressif de la chambre à air, qui se forme au gros bout de l'œuf.

# CHAPITRE II

## ÉLEVAGE DE QUELQUES ESPÈCES SAUVAGES

I. **Autruche**. — Jadis, les belles plumes d'Autruche provenaient presque toutes de Syrie, d'Arabie et

Fig. 289. — Autruche. — Le pied n'a que deux doigts.

d'Egypte, et la chasse était l'unique moyen de se les procurer ; car l'Oiseau vivait alors exclusivement en liberté.

Ce n'est qu'en 1865 que l'élevage en grand de l'Autruche a commencé dans l'Afrique du Sud, en vue du commerce des plumes. Toutefois, des essais encourageants, mais non poursuivis, avaient été tentés déjà auparavant par des Français en Algérie, et ce n'est que lorsque la possibilité de la domestication eût été bien reconnue dans ce pays que les Anglais et les Hollandais résolurent d'introduire cette industrie dans la colonie du Cap. Or, elle y a pris une extension telle que le nombre des individus domestiqués s'élève aujourd'hui à plus de 300.000, ce qui a provoqué du même coup une baisse considérable du prix des plumes.

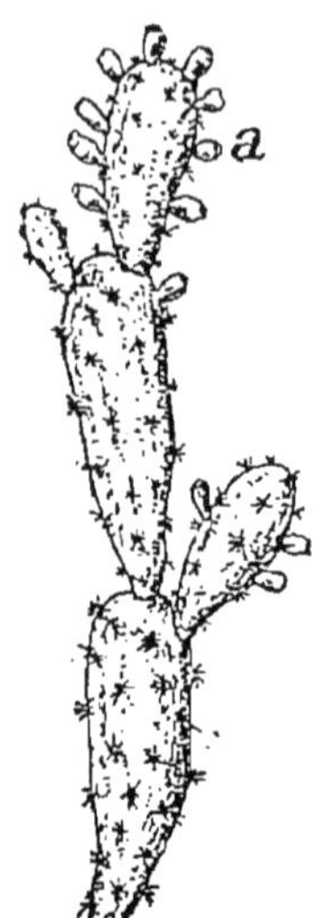

Fig. 290. — Rameaux charnus aplatis ou raquettes du Cactus Opuntia ; — *a*, fruits.

Pour être rémunérateur, l'élevage de l'Autruche exige de vastes pâturages, et ces derniers, dans l'Afrique du Sud, ne produisent des herbes favorables qu'à partir d'une assez grande distance des côtes. Les herbages de la zone côtière offrent une trop grande acidité.

Les *fermes à Autruches* sont divisées en une série de parcs, solidement clôturés de treillis de fil de fer : pendant que les troupeaux séjournent dans certains d'entre eux, les autres reconstituent leur végétation. Un excellent fourrage est la Luzerne, que l'on a intérêt à cultiver partout où l'on peut irriguer. L'Autruche mange aussi avec avidité la figue de Barbarie, fruit d'une plante grasse de la famille des Cactées, le Cactus Opuntia (fig. 290), aux tiges vertes aplaties ou raquettes et qui se multiplie avec la plus grande facilité dans ces régions, comme aussi dans la région méditerranéenne.

Les nids sont de simples excavations du sol, tapissées d'herbes ; les Autruches les entourent d'un petit talus de gravier, qu'elles ramènent avec leur bec. Chaque couple reproducteur est installé dans un camp spécial de petite dimension et donne annuellement deux couvées de douze à dix-sept œufs chacune : ceux-ci, d'un blanc jaunâtre, pèsent chacun en moyenne 1.400 grammes, ce qui équivaut à deux douzaines d'œufs de Poule. La femelle incube les œufs pendant

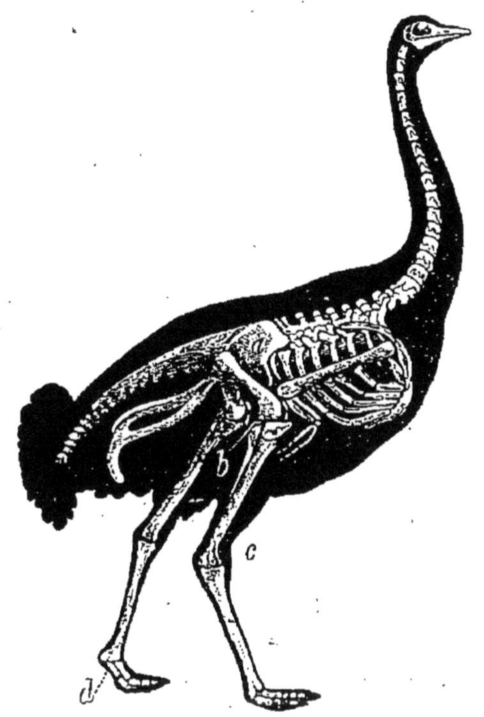

Fig. 291. — Squelette d'Autruche. — *a*, bassin et fémur ; — *b*, tibia et péroné (ce dernier réduit à l'état de stylet) : — *c*, articulation du tibia et du métatarse, les os de ce dernier soudés ; — *d*, phalanges des deux doigts. — Le sternum est dépourvu de bréchet.

le jour ; pendant la nuit, c'est le mâle qui couve. L'éclosion se produit au bout de six semaines : de grandes précautions sont alors nécessaires pour éviter l'approche des Carnivores.

L'élevage se fait surtout artificiellement, c'est-à-dire au moyen d'*incubateurs* ; dans ces appareils, la durée d'incubation est la même qu'à l'état naturel. La meilleure nourriture pour les jeunes est la Luzerne hachée ; il est bon de tenir aussi à leur disposition des graviers, dont ils remplissent leur gésier, ainsi que des fragments d'os, qui favorisent l'ossification.

Les jeunes ou *autruchons* gardent leurs premières plumes jusqu'à l'âge de sept ou huit mois ; les plumes définitives qui les remplacent n'atteignent leur dimension marchande que vers l'âge de trois ans. Pour arracher les grandes plumes de l'aile et de la queue, sans avoir à redouter les coups de pied très violents de l'animal, on fait entrer l'Autruche dans une petite stalle étroite, annexée à la clôture du parc, et on récolte les plumes par en haut ; l'opération se fait tous les sept ou huit mois. Les plumes blanches sont propres au mâle.

**II. Élevage d'Oiseaux pour la chasse.** — Le dressage du Faucon pour la chasse et celui du Cormoran pour la pêche ont été précédemment indiqués (p. 308).

**III. Élevage de Mammifères à fourrures.** — La mode des fourrures ayant pris une extension considérable dans ces dernières années, la chasse des animaux qui les fournissent (*Carnassiers vermiformes* : Martre, Zibeline, Vison, Loutre,… ; *Rongeurs* : Castor, Lièvre, Chinchilla ;…) est elle-même devenue intensive, au point que plusieurs espèces se trouvent menacées d'extinction à bref délai.

Tel est le cas du Castor et du Renard bleu du Canada, dont les trappeurs font chaque année, surtout en Nouvelle-Écosse, de véritables hécatombes. Le Castor, jadis assez répandu aussi en Europe, y est devenu presque introuvable, d'autant plus que, dans les rares stations du bord du Danube et du Weser où quelques couples de ces Rongeurs existent encore, ils se tiennent dans des terriers, au lieu de construire des cabanes, comme au Canada.

Depuis quelques années, on se préoccupe de remédier à cette disparition, en tentant l'élevage des espèces qui produisent les plus belles fourrures dans des parcs ou fermes, spécialement aménagés dans ce but, de manière à pouvoir ainsi subvenir à toutes les demandes de l'industrie de la pelleterie.

C'est ce qui a été réalisé notamment pour le Castor et le Renard bleu.

*Castor.* — Des *fermes à Castors* ont été établies aux États-Unis dans la province de Georgie. L'emplacement consiste en un étang ou un lac, dont les eaux peuvent être maintenues à un niveau constant, grâce à des écluses ; l'alimentation des Castors est assurée par des

Fig. 292. — Loutre.

plantations de Peupliers et de Saules, dont ces Rongeurs mangent l'écorce.

Dans ces conditions, les Castors établissent le long de l'eau leurs huttes, qui abritent chacune une famille d'une douzaine d'individus, tant jeunes que vieux. On s'empare facilement des individus destinés à être sacrifiés, en asséchant l'étang ; leur fourrure est surtout longue et belle à l'entrée de l'hiver, avant la mue.

Il existe aussi en Amérique, au bord des grands cours d'eau, des fermes destinées à l'élevage des *Caïmans* ou *Alligators,* Crocodiliens dont la peau est très employée en maroquinerie et qu'une chasse excessive dans les lacs et fleuves américains menace aussi de faire bientôt disparaître.

19.

*Renard bleu*. — On tente de même depuis un petit nombre d'années la multiplication du *Renard bleu* en captivité. Cette espèce, dont la fourrure, rousse en été, argentée en hiver, est si recherchée, est propre aux régions septentrionales d'Amérique (presqu'île d'Alaska,...), où elle vit en colonies pendant la belle saison.

A l'approche de l'hiver et de la longue nuit polaire, ces animaux émigrent vers le sud, en quête de stations plus clémentes. Beaucoup périssent, faute de nourriture, sur les terres glacées ou les banquises.

C'est dans quelques îles de la mer de Behring (îles des Renards, îles Pribyloff, ...) que se font, et avec succès, les essais d'élevage du Renard bleu. Les couples de ces Carnivores qui y sont introduits sont non seulement dans l'impossibilité de fuir, mais encore préservés des atteintes de leurs ennemis naturels. Des postes spéciaux assurent leur alimentation pendant la mauvaise saison.

La nourriture du Renard bleu consiste en poisson frais, principalement en Saumon, que les fleuves de l'Alaska fournissent en immenses quantités. Le poisson de conserve peut être employé aussi ; mais il doit être peu salé, l'excès de sel nuisant à la qualité de la fourrure.

# CHAPITRE III

## PÊCHE. OSTRÉICULTURE. PISCICULTURE

### I. — Éponges et Coraux

**1° Éponges**. — Les Éponges qui servent aux usages
domestiques forment le groupe des *Éponges cornées*
(fig. 294). Leur squelette, ferme et foncé à l'état brut,
souple lorsqu'il a subi une préparation appropriée, est
formé de filaments d'une substance organique, la spon-
gine, et non de calcaire ou de silice, comme dans d'autres
familles d'Éponges.

**Pêche et préparation**. — Les pêcheries d'Éponges les
plus importantes sont échelonnées le long du littoral
sud et oriental de la Méditerranée, notamment sur les
côtes de Tunisie, de Tripolitaine, de Grèce et de Syrie :
ces gisements fournissent les trois quarts environ de la
production totale, notamment en Éponges fines.

Des gîtes abondants sont exploités aussi aux Antilles
(Cuba), en Floride, etc.

La pêche des Éponges se fait généralement par de
faibles profondeurs, de 3 à 5 mètres seulement dans la
Méditerranée, de 9 à 12 mètres en Amérique : ce sont
des plongeurs, mieux aujourd'hui des scaphandriers, qui
vont directement arracher les Éponges fixées aux
rochers. Pour descendre au fond, les plongeurs sont
simplement attachés à une corde, dont l'un des bouts
reste fixé à l'embarcation, tandis que l'autre est lesté
par une pierre ; au premier signal, transmis par la

corde, le pêcheur est ainsi à même de se faire remonter

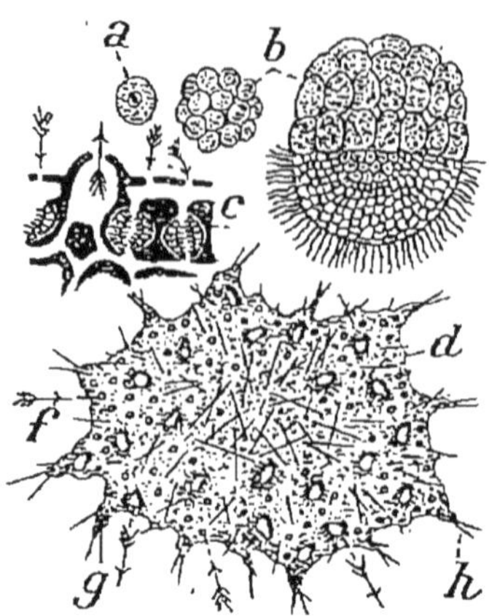

Fig. 293. — *a*, œuf de Spongille ou Eponge d'eau douce ; — *b*, larves, celle de droite ciliée ; — *d*, Spongille adulte (5 cent.) ; — *h*, spicules (squelette) ; — *f*, orifices inspirateurs ; — *g*, orifices expirateurs ; — *c*, coupe, montrant les corbeilles vibratiles, garnies de cellules ciliées.

à la surface. Chaque plongée dure un quart et jusqu'à une demi-minute.

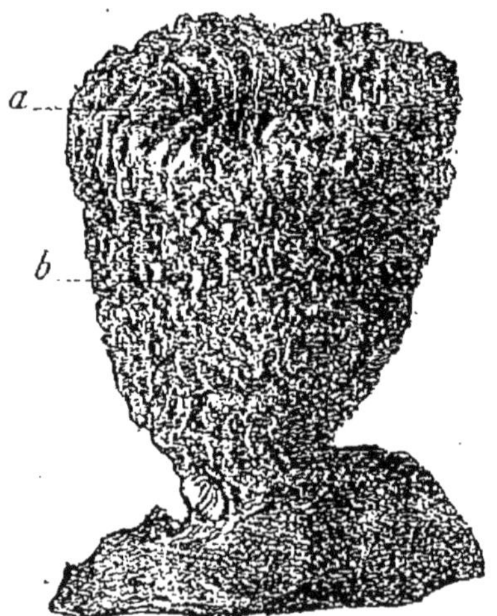

Fig. 294. — Eponge de Syrie. — *b*, pores inhalants ; — *a*, oscule.

Les pêcheurs d'Éponges ne sont pas sans avoir à

redouter aux mains et aux jambes l'action urticante des Anémones de mer et autres Polypes, qui souvent vivent entremêlés avec les Éponges. Mais ce sont surtout les nombreuses plongées qu'ils effectuent quotidiennement qui altèrent gravement leur santé.

Au sortir de l'eau, les Éponges, de consistance coriace, sont froissées, pressées et débarrassées de leur enduit cellulaire foncé et gluant, tant superficiel qu'intérieur. On les blanchit au moyen de l'acide sulfurique étendu d'eau, ou encore avec de l'eau bromée et de l'acide chlorhydrique dilué.

**Essais de spongiculture.** — Les gîtes d'Éponges s'appauvrissant de plus en plus, par suite des prélèvements excessifs qui y sont faits, on s'est préoccupé de recher-

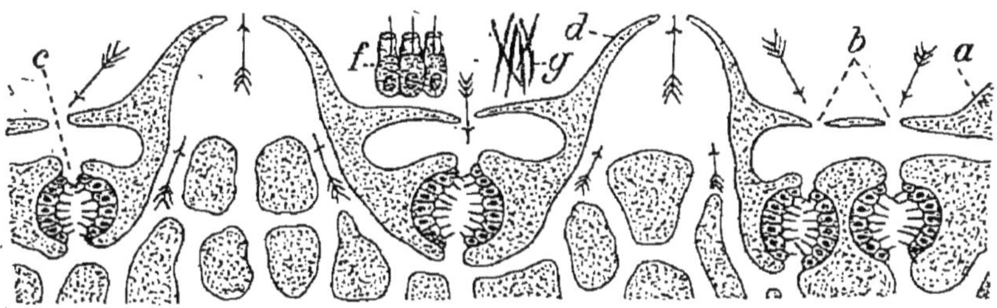


Fig. 295. — Coupe de la Spongille. — *a*, squelette; — *b*, pores inspirateurs; — *c*, corbeilles à cellules vibratiles; — *d*, oscule; — *f*, cellules ciliées isolées; — *g*, spicules siliceux du squelette.

cher s'il ne serait pas possible d'élever et de multiplier ces Zoophytes dans des parcs, à la manière des Huîtres, en partant, soit des larves (fig. 293, *b*), soit des adultes ; mais les essais réalisés en ce sens en Italie, dans l'Adriatique, tout en démontrant la possibilité de la spongiculture, n'ont pas donné jusqu'ici tous les résultats espérés.

Les Éponges que l'on veut élever et multiplier doivent être jeunes et récoltées aussi intactes que possible ; le mieux est de les détacher avec un fragment de la roche qui les porte. Il faut aussi que les parcs ou viviers destinés à les recevoir soient baignés par une eau pure, de température et de composition appropriées.

Dans ces conditions, les Eponges s'accroissent assez rapidement.

On peut même bouturer les Éponges, tant leur organisation est simple et homogène. On sait en effet que les canaux intérieurs, à l'endroit des renflements ou *corbeilles vibratiles* (fig. 293, *c*), sont simplement tapissés de cellules ciliées, et c'est le mouvement des cils (fig. 295, *c, f*) qui assure la circulation de l'eau nourricière à travers le corps de l'animal. C'est ainsi qu'on a constaté que des fragments ou boutures d'Éponges d'environ 10 centimètres cubes peuvent acquérir un volume triple ou quadruple en une année.

Ces intéressantes études demandent à être méthodiquement poursuivies.

**2° Coraux**. — Parmi les Coralliaires, le Corail rouge de la Méditerranée (fig. 296, 297) est le seul qui

Fig. 296. — Arbuscule de Corail, fixé à un rocher, et portant de nombreux polypes. (Réduit.)

soit l'objet d'un commerce de quelque importance, en raison de l'emploi de son squelette ou *polypier* en bijouterie. Les autres Coraux (Madréporaires), propres aux mers chaudes et de formes si variées, ne sont guère récoltés qu'en vue de collections scientifiques.

La pêche du Corail est surtout active dans les parages de la Sicile et sur les côtes d'Algérie et de Tunisie. Elle est pratiquée, comme celle des Eponges, par des plongeurs ou des scaphandriers, partout où les arbuscules du Corail (colonies de polypes) se développent en bordure des côtes, à de faibles profondeurs.

Par de plus grands fonds, comme au large de La Calle ou de Bizerte, on emploie une drague spéciale, nommée *faubert* (fig. 298), formée de quatre solides filets, fixés

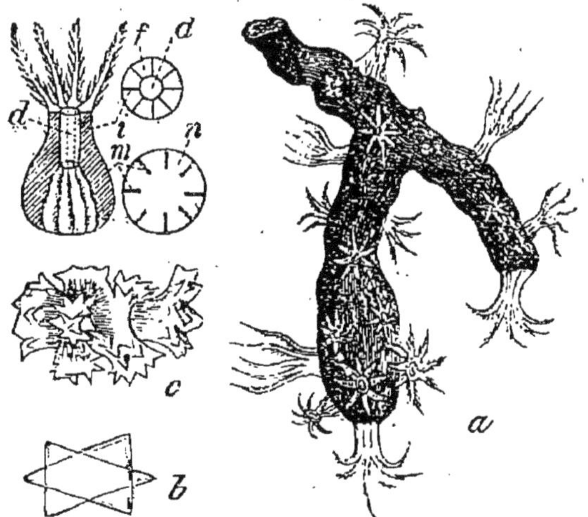

Fig. 297. — *a*, branche de Corail, avec polypes épanouis; — *b, c*, spicules composant le polypier; — *d*, coupe d'un individu ou polype; — *d*, estomac, ouvert en bas; — *mi*, cloisons charnues rayonnantes, portant les œufs sur leurs bords; — *f*, loges complètes; — *n*, loges incomplètes.

Fig. 298. — Pêche du Corail, à l'aide du faubert.

à l'extrémité de deux tiges de bois croisées à angle droit. Des embarcations traînent cet engin sur le fond : les branches de Corail qu'il rencontre se brisent et restent attachées aux filets.

Le Corail frais doit être débarrassé de la couche vivante charnue, parsemée de polypes, qui entoure le polypier calcaire; ce dernier seul est utilisable industriellement.

## II. — CRUSTACÉS

*Principaux genres*. — A part l'Écrevisse de rivière, les Crustacés comestibles, qui appartiennent comme elle, à l'ordre des Décapodes, sont tous marins.

Les principaux sont : la Langouste et le Homard; la Crevette rouge, dite *bouquet* (*Palémon*) ; la Crevette grise (*Crangon*); enfin le Crabe, notamment l'énorme Crabe tourteau, qui pèse jusqu'à 6 kilogrammes : il diffère des genres précédents par son abdomen rudimentaire, replié en dessous.

**Homards et Langoustes.** — Les Langoustes (fig. 301) sont abondantes dans la Méditerranée ; la grande pêche se fait sur les côtes d'Espagne et de Portugal. Les côtes de

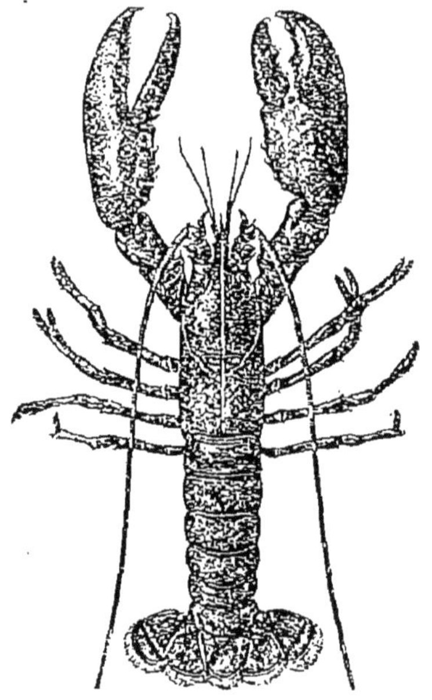

Fig. 299. — Homard : les petites antennes sont courtes et bifurquées ; — les grandes, longues et simples, sont rejetées en arrière.

Bretagne (Finistère) en fournissent aussi de grandes quantités et sont en outre très abondamment pourvues de Homards (fig. 299). Ceux-ci diffèrent des Langoustes par leur carapace marbrée et unie, ainsi que par les grosses pinces qui terminent leur première paire de pattes locomotrices.

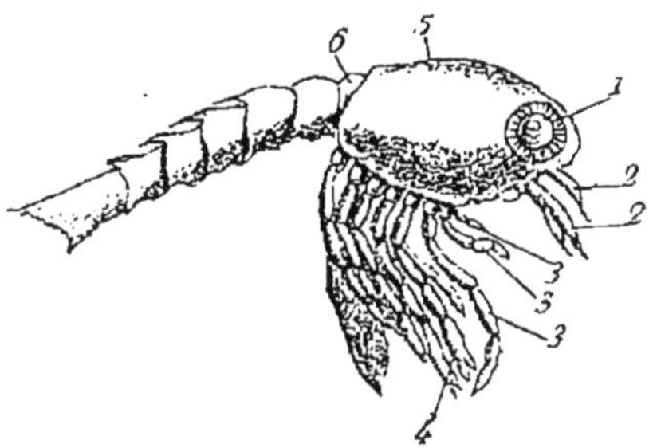

Fig. 300. — Larve de Homard au sortir de l'œuf (6 millimètres). — 1, œil; — 2, antennes; — 3, pattes-mâchoires; — 4, pattes locomotrices (5 paires); — 5, céphalothorax; — 6, abdomen.

De vastes *viviers* en maçonnerie, dans lesquels Homards et Langoustes sont mis en réserve ou achèvent

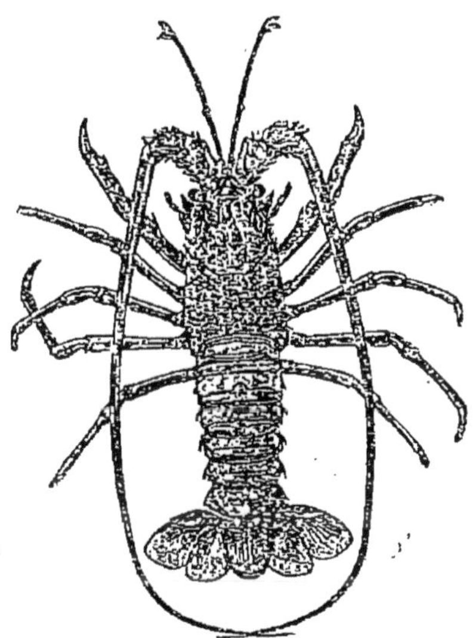

Fig. 301. — Langouste.

leur développement, ont été installés à Roscoff, Argenton et Concarneau (Finistère), à Saint-Malo, etc.

On capture ces Crustacés au moyen de *nasses*

(fig. 303), dans lesquelles on dispose, comme appât, du poisson mort. Ces engins sont de simples paniers en osier, de forme variable, lestés avec une plaque de fer, qui les maintient sur les fonds. Leur entrée est garnie d'un entonnoir que franchit aisément l'animal, mais par lequel il lui est impossible de sortir.

Les nasses employées pour les Homards portent le nom de *casiers*.

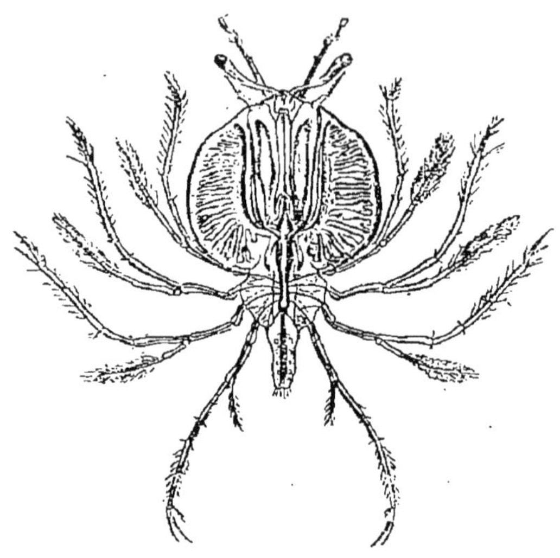

Fig. 302. — Larve de Langouste, dite Phyllosome.

Les œufs des Homards et Langoustes, au lieu d'être abandonnés aux hasards de la mer, s'agglomèrent, comme chez l'Ecrevisse, aux courtes rames de l'abdomen, lequel se reploie autour d'eux pour leur constituer une sorte de chambre incubatrice naturelle. Un Homard de grande taille peut en pondre jusqu'à 80.000.

*Élevage.* — Dans les *bassins* ou *viviers*, notamment à Concarneau, l'éclosion des œufs de Homards s'effectue aussi régulièrement qu'en pleine mer.

Au sortir de l'œuf, la larve arquée (fig. 300) mesure, une fois dépliée, environ trois quarts de centimètre de longueur, et elle ne diffère guère de l'adulte que par l'absence des pattes abdominales. Au cours de la première année, les jeunes Homards, dont la croissance est très active, subissent une dizaine de mues et acquièrent environ 6 centimètres ; pendant les années suivantes, les mues deviennent de plus en plus rares, à mesure que l'animal approche de sa taille définitive, qu'il réalise au bout d'environ six ans.

Les larves de Langouste, à l'inverse de celles du Ho-

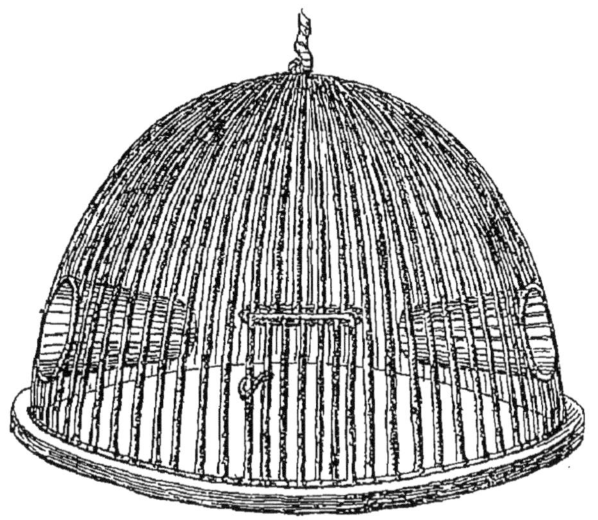

Fig. 303. — Casier à Homards.

mard, ont une forme très différente de celle de l'adulte. Leur céphalothorax (fig. 302) est en effet arrondi et aplati comme une feuille, et pendant longtemps, faute d'avoir pu suivre leurs métamorphoses, on a considéré ces organismes comme des Crustacés entièrement distincts des Langoustes.

Au lieu d'élever les Crustacés en maintenant les femelles dans les viviers, on peut se borner à récolter les œufs et à les introduire dans des *incubateurs flottants*, sortes de caisses immergées, qui sont constamment parcourues par l'eau de mer. A Terre-Neuve, on obtient par ce procédé un nombre considérable de jeunes.

**Écrevisse.** — L'Écrevisse de rivière (fig. 304) se tient cachée pendant le jour sous les pierres ou dans les trous, surtout au moment de la mue annuelle, alors que le manque de carapace la laisse momentanément sans protection. On la pêche le soir ou la nuit, à la main si l'eau est peu profonde, avec la *balance* ou *péchette* dans

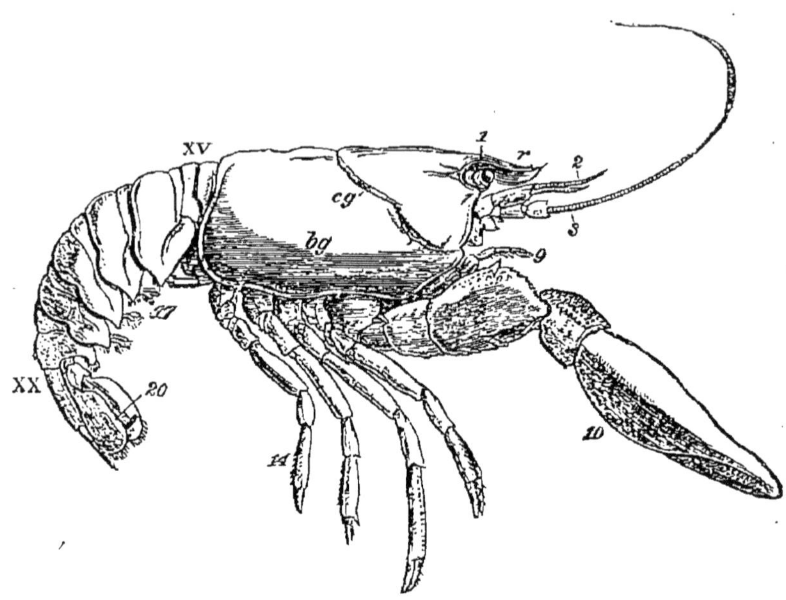


Fig. 304. — Extérieur de l'Ecrevisse. — *bg*, céphalothorax ; — *cg*, son sillon ; — *r*, épine ; — 1, yeux à facettes ; — 2, 3, petites et grandes antennes ; — entre 3 et 9, cinq paires de pièces buccales non visibles ; — 9, 3ᵉ paire de pattes-mâchoires ; — 10-14, les cinq paires de pattes locomotrices ; — xv-xx, abdomen ; — 20, rames élargies du 20ᵉ anneau, formant avec le 21ᵉ et dernier anneau la nageoire caudale ou telson, à cinq pièces (fig. 301).

le cas contraire. La balance est un simple filet arrondi, en forme de balance profonde, que l'on amorce avec de la viande corrompue.

On peut élever les Écrevisses dans les étangs, en vue d'en repeupler ensuite les cours d'eau, qui s'appauvrissent de plus en plus, surtout que ces Crustacés sont sujets à des maladies parasitaires et qu'un grand nombre d'œufs ou de jeunes sont dévorés dans les rivières

par les Rats d'eau et par les Insectes aquatiques, comme
la Nèpe, le Notonecte.

### III. — Mollusques

*Principaux genres.* — Les seuls Mollusques qui soient
l'objet d'une récolte suivie sont des Bivalves, savoir :
d'une part, l'Huître (*Ostrea*) et la Moule (*Mytilus*), que
l'on élève en grand dans des installations spéciales ;
d'autre part, la Pintadine et quelques autres espèces,
fournissant les *perles de nacre* et les *perles fines*.

Outre les Huîtres et les Moules, on consomme aussi
le Pecten ou coquille de Saint-Jacques, la Coque ou Bu-
carde, la Palourde (Bivalves); l'Escargot (Gastéropode),
et même le Poulpe (Céphalopode).

### 1° *Mollusques comestibles.*

**Ostréiculture**. — L'élevage des Huîtres ou *ostréiculture* date déjà de plus de deux mille ans ; mais cette
industrie n'a pu être scientifiquement conduite que du
jour où l'on eût bien reconnu les exigences de ces Mollusques aux divers états de leur développement. L'ostréiculture méthodique a été pratiquée d'abord en Angleterre, vers 1860, et peu après sur les côtes de France.

L'Huître (fig. 305) est l'objet d'un commerce important, qui ne peut qu'augmenter, si l'on songe aux prix
modiques auxquels elle arrive aujourd'hui sur nos marchés. L'Huître est, du reste, non seulement un aliment
léger et de digestion facile, mais un aliment substantiel,
dont la composition est très voisine de celle du lait,
l'aliment complet par excellence.

**Bancs naturels**. — Les Huîtres vivent, tantôt isolées,
tantôt et plus souvent en agglomérations, désignées sous
le nom de *bancs d'Huîtres*. Elles s'installent sur les
fonds solides, à l'embouchure des rivières, le long des
côtes et même à quelque distance au large. La récolte se
fait au moyen de filets traînants ou *chaluts* (p. 362).

Les Huîtrières naturelles, jadis nombreuses et peuplées (Arcachon, Concarneau, ...), sont aujourd'hui pour la plupart épuisées ; un des bancs les plus riches est en-

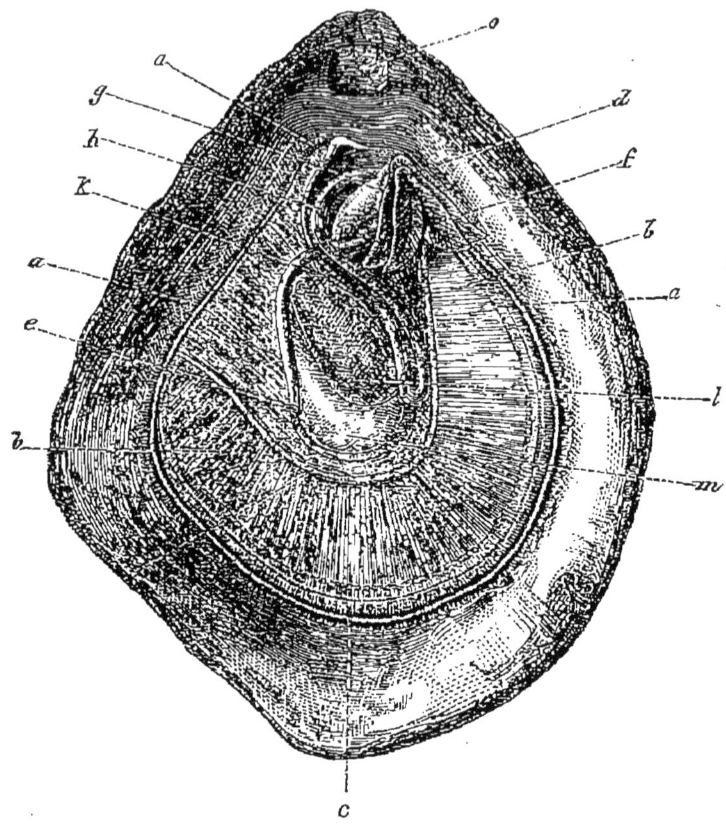



Fig. 305. — Anatomie de l'Huître (la valve supérieure et la moitié correspondante du manteau ont été enlevées). — o, ligament élastique coupé ; — d, bouche ; — f, ses quatre palpes ; — bb, quatre branchies en lames ; — aca, bord du manteau (moitié inférieure) ; — lm, muscle adducteur ; — c, anus ; — k, place du cœur ; — h, intestin ; — g, estomac et glande digestive brune.

core celui de Cancale. Pour les repeupler, un repos complet de plusieurs années est nécessaire. On facilite le repeuplement, en ensemençant directement les bancs avec de jeunes Huîtres ; mais il faut alors veiller à ce qu'ils ne soient pas dévastés par les espèces parasites.

Parmi les plus redoutables ennemis des Huîtres figurent les Moules, les Crabes et quelques Poissons. Lorsque les Moules ont envahi un parc à Huîtres, on peut s'en débarrasser en y introduisant quelques Etoiles de mer, qui les dévorent avec avidité ; après quoi, on retire ces précieux auxiliaires, parce qu'ils se mettraient ensuite à leur tour, comme les Moules, à manger les Huîtres.

Citons encore certains Vers, comme les Hermelles, qui causent de grands ravages dans les bancs de la baie de Cancale ; un Gastéropode du genre Murex, le Bigorneau perceur ; etc.

L'excès d'Algues dans les installations ostréicoles est également préjudiciable au développement régulier des Huîtres.

Le nombre d'œufs que produit annuellement une Huître n'est pas inférieur à un million. Les

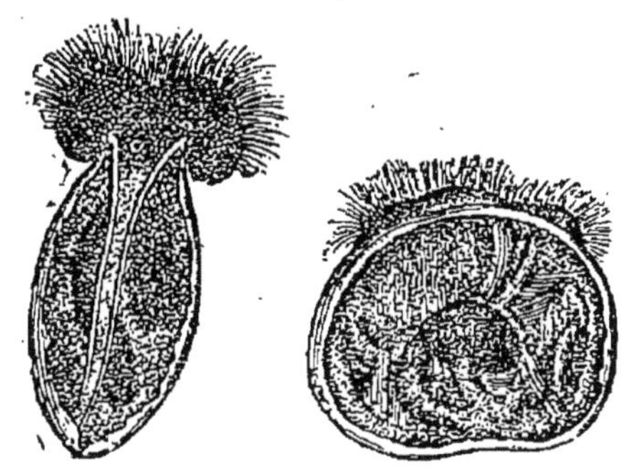

Fig. 306. — Larves d'Huîtres, avec leur voile garni de cils vibratiles.

larves qui en proviennent écloseut en été dans les plis mêmes du manteau de la mère ; car l'Huître n'abandonne pas ses œufs aux hasards de la mer, comme les autres Mollusques. La fraye a lieu de juin à septembre, période pendant laquelle les Huîtres cessent d'être livrées à la consommation.

Les larves, désignées du nom de *naissain* (fig. 306), nagent librement dans la mer : leur extrémité céphalique est munie à cet effet d'un renflement ou *voile*, garni de cils vibratiles, dont les battements assurent la locomotion. Lorsqu'elles atteignent environ un quart de millimètre, elles se fixent pour continuer leur développement ; après quoi, le voile se flétrit.

L'Huître atteint sa dimension marchande pendant la

seconde année ; elle est adulte entre cinq et dix ans et peut vivre pendant trente ans.

**Parcs d'élevage.** — Les emplacements quadrangulaires à fond dur, dans lesquels on élève les Huîtres sont entourés d'un mur en maçonnerie plus ou moins élevé ; on les nomme *parcs à Huîtres* ou *claires*.

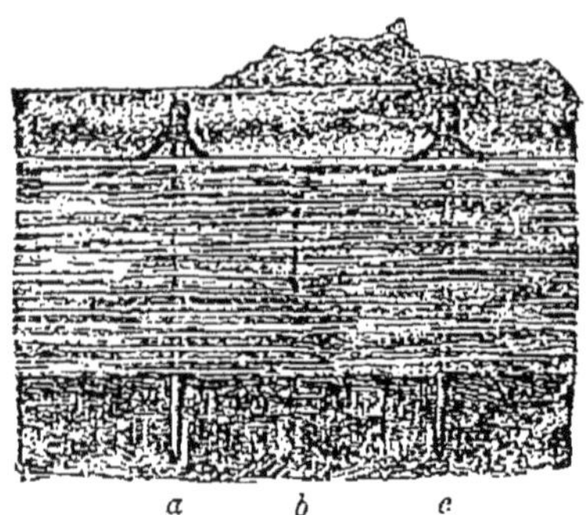

Fig. 307. — *b*, fascine, soutenue par les piquets *a, c*.

Selon le niveau où ils se trouvent installés, ils se découvrent à chaque marée (Cancale), ou bien seulement aux marées plus grandes de la pleine lune et de la nouvelle lune (claires de Marennes). Dans les installations perfectionnées, les parcs sont munis d'écluses, qui permettent de régler la hauteur de l'eau ; leur fond est parfois garni d'un plancher, que des cloisons mobiles subdivisent en compartiments.

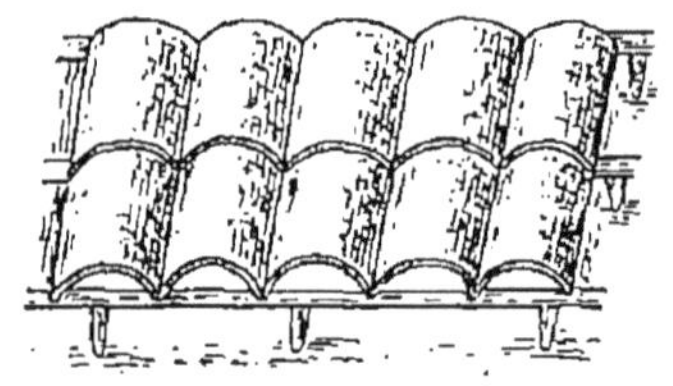

Fig. 308. — Collecteur d'Huîtres en tuiles.

Les parcs ne doivent être installés que dans des eaux pures, et non aux points où des eaux souillées, en provenance des localités riveraines, se déversent dans la mer ; sinon, les Huîtres offriraient de sérieux inconvénients à la consommation et pourraient même occasionner des maladies (fièvre typhoïde).

**Collecteurs.** — Le naissain est fourni tantôt par les bancs d'Huîtres naturels, comme à Auray (Morbihan), tantôt par les Huîtres cultivées, comme à Arcachon.

On le récolte en été, jusqu'en septembre, au moyen de *collecteurs*, dispositifs de forme variée, qui favorisent la fixation des larves.

Les collecteurs les plus simples sont les *fascines* (fig. 307), sortes de fagots de branchages, que l'on fixe dans la mer au voisinage des bancs naturels ou dans les parcs : ils ne tardent pas à se couvrir de jeunes Huîtres.

On emploie plus ordinairement aujourd'hui, à Arca-

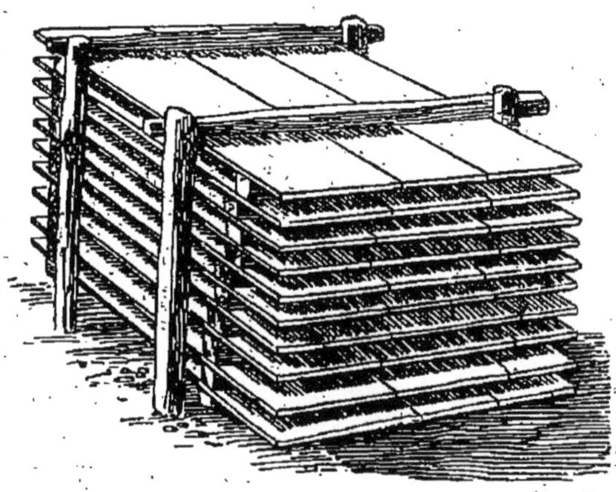

Fig. 309. — Plateaux collecteurs d'Auray.

chon par exemple, des *collecteurs en tuiles* : ces dernières, de forme demi-cylindrique, sont étagées obliquement les unes sur les autres, de façon à constituer un toit faiblement incliné (fig. 308), ou bien elles sont assemblées en amas de la forme d'un champignon, ou encore en *ruches collectrices*, qui sont comme des sortes de couveuses. Ces collecteurs sont recouverts d'un mortier de chaux, qui, tout en favorisant le développement de la coquille, permet plus tard de mieux détacher les jeunes Huîtres : une seule tuile en porte parfois plusieurs centaines. A Auray, on récolte le naissain au moyen de *plateaux collecteurs* (fig. 309), montés sur pilotis et pareillement chaulés.

Les jeunes Huîtres, détáchées des collecteurs avec un fragment de chaux, ainsi que celles d'environ un an prélevées dans les gîtes naturels, sont transportées dans les parcs, où elles achèvent leur développement. Parfois, elles séjournent au préalable pendant quelque temps dans des *caisses ostréophiles* (fig. 310), simples châssis carrés, de 10 à 12 centimètres de hauteur et dont le fond, comme le haut, sont en toile métallique,

Fig. 310. — Caisse ostréophile d'Arcachon.

et ce n'est que lorsque leur coquille est devenue assez résistante qu'on les dépose sur le sol dur ou sur le plancher des parcs. Au bout de deux ans, l'Huître acquiert ainsi une dimension de 8 à 10 centimètres.

Dans certaines stations (Courseulles, Marennes), les Huîtres, au sortir des parcs, sont transportées pour l'*engraissement* dans une eau appropriée; on arrive à ce résultat dans les points de la côte où l'eau courante se mêle à l'eau de mer.

Les Huîtres de Marennes et de la Tremblade, ainsi que celles des Sables d'Olonne et d'Arcachon, doivent leur teinte verte à des Algues microscopiques, du reste inoffensives, qui végètent dans l'eau des bassins ou claires et que l'Huître ingère avec ses aliments. Le principe colorant de ces Algues se répand dans les divers organes de l'animal, surtout dans les branchies ; il renferme du fer.

Fig. 311. — Bassin de dégorgement de la Tremblade, où se fait le triage et la mise en réserve des Huîtres destinées à la vente.

**Mytiliculture**. — L'élevage des Moules (lat. *Mytilus*) se pratique surtout aux environs de La Rochelle, sur les fonds vaseux de la baie de l'Aiguillon, ainsi que dans les étangs salés de la Méditerranée (Cette).

Les installations ou *bouchots*, destinées à recevoir les Moules, consistent chacune (fig. 313) en une rangée de pieux, reliés les uns aux autres par un clayonnage, l'ensemble constituant une sorte de palissade.

Les bouchots sont échelonnés sur quatre rangées,

parallèlement au rivage. Les plus éloignés du rivage,
dits *bouchots d'aval* (fig. 314), ne découvrent qu'aux

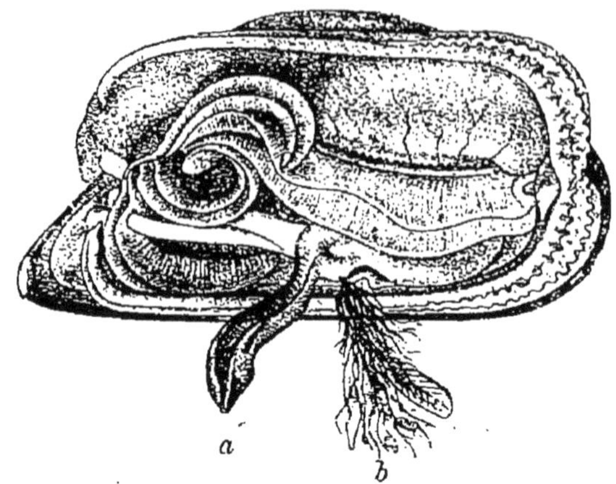

Fig. 312. — Moule ouverte. — Le manteau, à bord frangé, tapisse la coquille ;
— à gauche, les quatre tentacules buccaux ; — au centre, les quatre lames
branchiales. — *a*, pied ; — *b*, byssus, qui fixe la Moule.

grandes marées ; ils n'ont pas de clayonnage, et leurs
pieux, hauts d'environ 2 mètres, servent simplement

Fig. 313. — Mytiliculteur circulant en acon dans les bouchots.

de collecteurs : les jeunes Moules ou naissain s'y fixent
en février et mars.

Des plaques de ce naissain sont transportées plus

tard sur les *bouchots intermédiaires*, qui découvrent à chaque marée; on les entoure de fragments de vieux filets, ce qui permet de les assujettir dans les interstices des clayonnages. Là, le filet pourrit, tandis que les Moules s'attachent au support par leur touffe de filaments ou *byssus* (fig. 312, *b*).

Au bout d'environ un an, les Moules atteignent leur dimension marchande. Celles qui ne sont pas immédiatement livrées sur les marchés sont mises en réserve dans les *bouchots d'amont* (fig. 315).

Les meilleures Moules, sans goût de vase, sont celles

Fig. 314. — Bouchot d'aval, garni de naissain.

Fig. 315. — Bouchot d'amont, avec Moules adultes.

des parties les plus élevées des bouchots; aussi ne clayonne-t-on ces derniers qu'à partir d'une certaine distance du fond.

Les bouchoteurs circulent dans leur exploitation à l'aide d'un petit bateau plat, nommé *acon* ou *poussepied* (fig. 313), qu'ils font glisser en le poussant d'un pied, maintenu dans la vase, l'autre se trouvant dans l'embarcation.

A Cette et à Toulon, on élève les Moules dans des parcs, comme les Huîtres.

Ajoutons que les moulières ne peuvent être établies sur les emplacements concédés comme huîtrières, la Moule étant un redoutable ennemi de l'Huître. Au nombre des ennemis des Moules, on peut citer les Etoiles de mer, les Crabes et divers Poissons.

### 2° *Mollusques producteurs de perles.*

Le plus grand nombre des perles naturelles employées en bijouterie proviennent de Mollusques bivalves du genre Méléagrine, propres aux mers chaudes (Océan Pacifique, ...) et communément nommés Pintadines ou Huîtres perlières (fig. 316).

**Gisements.** — Les Pintadines se fixent aux rochers, non par une valve comme l'Huître, mais par une touffe

Fig. 316. — Pintadines (0$^m$,20).

de filaments, le *byssus*, émané d'une glande du pied, comme chez la Moule (fig. 312, *b*).

Elles sont particulièrement nombreuses, superposées parfois en couches épaisses, sur les côtes de Ceylan, de Californie et du Pérou, ainsi que dans les îles du Pacifique. La plus vaste pêcherie actuelle de perles fines est celle de l'établissement français de l'archipel Toua-motou, en Polynésie.

Les gisements secondaires sont ceux du golfe du Mexique, du golfe persique et de la mer Rouge ; l'espèce s'est même propagée de la mer Rouge dans la Méditerra-née, jusqu'au golfe de Gabès (Tunisie). Toutefois, dans

ce dernier gîte, les perles sont petites et rares, et il en
est de même de celles obtenues jusqu'ici d'individus
acclimatés au laboratoire de Zoologie marine de Tamaris,
près Marseille.

Plusieurs Bivalves autres que la Pintadine sécrètent
des perles, il est vrai moins
belles et moins fines. Citons
en particulier, la Mulette
perlière d'Europe, du genre
Unio, de plus en plus rare
dans les rivières ; l'Ano-
donte perlière ; enfin le
Jambonneau (fig. 317), volumineux Bivalve triangu-
laire, aux perles roses,
abondant dans les parages
de la Sicile, et dont le byssus doré sert à la confection de l'étoffe, dite soie de
mer.

**Origine des perles.** — La
Pintadine produit deux sortes de perles : les *perles de
nacre* et les *perles fines*.

1° Les *perles de nacre*
(fig. 318), que produisent
aussi les autres Bivalves
perliers, sont sécrétées par
l'enveloppe du corps ou

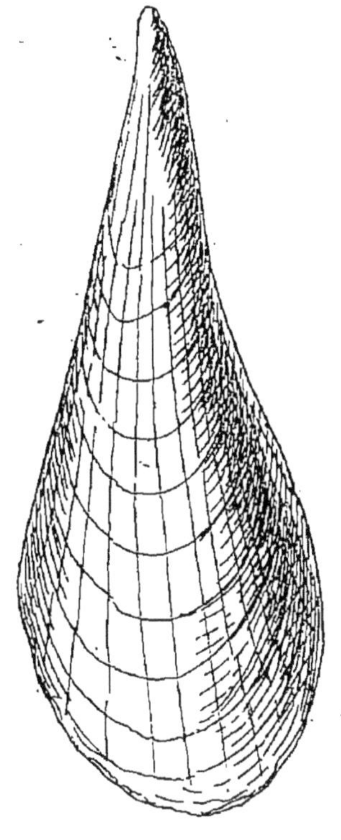

Fig. 317. — Pinne ou Jambonneau,
Bivalve à byssus utilisé (0ᵐ,50).

manteau, comme la nacre qui tapisse la coquille.

Pour qu'une perle se constitue, il suffit qu'un corps
étranger inerte (grain de sable,...) ou un parasite
(Ver,...) s'introduise entre la coquille et le manteau :
l'irritation qui en résulte se traduit par une sécrétion
de nacre plus abondante, qui englobe le corps solide
et forme en définitive la perle.

De la même manière, une petite figurine plate en

étain ou tout autre objet de peu d'épaisseur (Poisson,...), déposé entre le manteau et la coquille, se recouvre de nacre, ce qui donne une reproduction en relief de ces objets et comme autant de camées, soudés à la coquille. Les Chinois, experts en cet art, obtiennent aussi des perles par ce procédé; ils emploient à cet effet, comme corps excitateur, de petites boulettes d'argile durcie ou des parcelles de nacre.

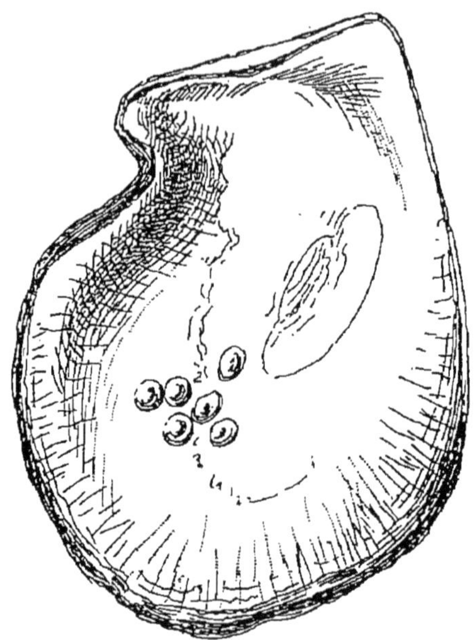

Fig. 318. — Une des valves d'une coquille de Pintadine, avec perles.

2° Les *perles fines* ou *perles à orient* naissent au contraire dans l'intérieur des organes. Elles sont d'ordinaire blanches et à reflet azuré; mais il en existe aussi de roses, de jaunes et de noires. Leur éclat ou orient est dû aux jeux de lumière qui se produisent à la surface des lamelles concentriques qui les composent.

Les perles fines sont représentées originellement par une petite vésicule à contenu gélatineux, où siège un minuscule Ver parasite : la nacre s'y dépose concentriquement de dehors en dedans, ce qui emprisonne le parasite et l'élimine en quelque sorte de l'organe ambiant. Quand l'incrustation atteint le centre, la vésicule est devenue une perle fine.

**Pêche**. — A Ceylan, les gîtes de Pintadines sont situés à peu de profondeur, de 6 à 15 mètres. La pêche, qui se pratique au cours de l'été, est faite par des plongeurs; ceux-ci, à force d'habitude, arrivent à subsister dans l'eau pendant une demi-minute, et même, dit-on, exceptionnellement jusqu'à deux minutes.

Chaque plongeur exécute ainsi, non à la longue sans un grave préjudice pour sa santé, une quarantaine de plongées par jour, séparées par autant d'intervalles de repos, et il peut rapporter chaque fois à l'embarcation jusqu'à une centaine de Pintadines; il est vrai que nombre de coquilles ne fournissent aucune perle. Cette récolte peut présenter de sérieux dangers ; elle est en effet troublée parfois par les incursions des Requins, des Espadons, des Calmars et même des Cachalots.

En Californie, la pêche est pratiquée aujourd'hui par des scaphandriers, sur des fonds de 20 et jusqu'à 30 mètres. Le scaphandrier est relié à l'embarcation par une corde que le chef de manœuvre tient constamment en main, de manière à pouvoir remonter le pêcheur au premier signal, ou faire avancer l'embarcation, quand la récolte en un point est terminée. Le scaphandrier détache les Pintadines des rochers au moyen d'un pic et en remplit la corbeille qu'il tient de l'autre main ; il se fait remonter toutes les deux heures et peut travailler de la sorte six heures par jour.

Pour extraire les perles, on abandonne les Pintadines à la putréfaction en présence de l'eau ; puis on crible la bouillie infecte qui résulte de cette décomposition, ou bien on la fait passer dans des gouttières, fermées à leur extrémité par une gaze fine, où s'amassent les perles. Celles-ci, de dimensions très variables, sont ensuite soumises à un triage ; les plus belles, fort rares, dépas-

sent la dimension d'un pois et atteignent, quand elles
sont parfaites, une valeur considérable, une seule pouvant représenter une fortune.

## IV. — Poissons

Les procédés de pêche en usage pour les Poissons
diffèrent, selon qu'il s'agit de Poissons de mer ou de
Poissons d'eau douce.

I. **Pêche en eau douce.** — Dans les rivières, on pêche
le plus ordinairement à la *ligne flottante*, en amorçant

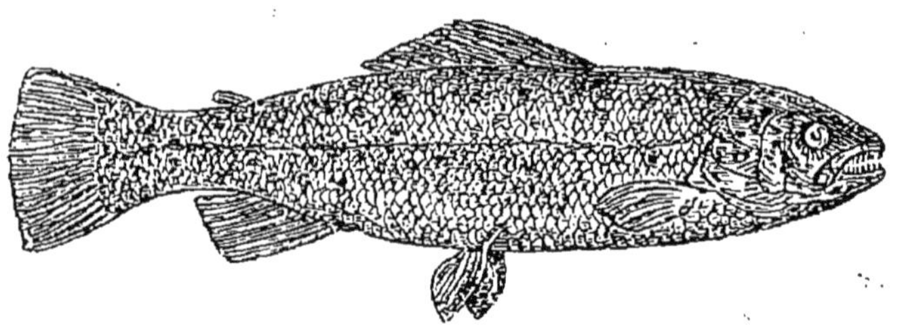

Fig. 319. — Truite. — On voit la *ligne latérale*, succession d'organes sensitifs
spéciaux aux Poissons.

l'hameçon avec une larve, un vermisseau ou un autre
appât, approprié à l'espèce de Poisson que l'on veut
capturer. Elle est la seule pratiquée pour la Truite, dans
les eaux vives des ruisseaux et torrents des montagnes.

La pêche à la *ligne volante* ou pêche *au lancer* s'applique aux Poissons qui se tiennent dans les eaux
superficielles : la ligne, très flexible et à fil très long,
mais sans flotteur, est amorcée avec un Insecte naturel
ou artificiel. Après l'avoir lancée aussi loin que possible,
le pêcheur ramène lentement l'Insecte à lui, par sac-
cades, et enferre le Poisson au moment précis où il se
jette sur l'appât.

Dans la pêche *au vif*, qui s'applique aux Poissons
carnassiers (Brochet, Saumon, Carpe, Perche), l'appât
consiste en un petit Poisson vivant, fixé à l'hameçon.

Citons encore la pêche *au filet*, en particulier celle *à l'épervier*, vaste filet bordé de balles sur tout son pourtour et que le pêcheur lance de toute sa force pour l'étaler à la surface de l'eau, en le retenant par une corde attachée en son milieu; en gagnant le fond, le filet prend la forme d'un cône. Le pêcheur le ramène ensuite doucement à lui, en faisant des mouvements de droite et de gauche pour rapprocher les balles les unes des autres et, par cette manœuvre, fermer le filet. Il n'y a plus alors qu'à le retirer vivement.

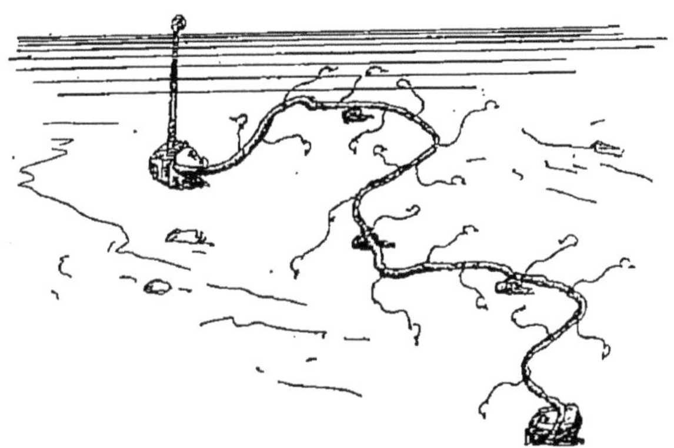

Fig. 320. — Ligne de fond.

On nomme *carrelet* un filet en forme de calotte, à bord carré ; deux demi-cerceaux, verticaux et en croix, en réunissent les angles opposés et sont rattachés, à leur point de croisement, à une longue perche, fixée à la rive. On soulève ce filet au moyen d'une corde.

Dans les rivières à faible courant et dans les étangs, on pose des *lignes de fond* (fig. 320), longs cordeaux, armés d'hameçons de distance en distance et maintenus au fond par de petites masses de plomb ; l'un des bouts de la ligne reste fixé à la rive. Des lignes de fond sont tendues aussi dans la mer, à marée basse, sur les rivages à pente douce; elles sont parfois garnies de plusieurs centaines d'hameçons appâtés.

**II. Pêche marine.** — On distingue : 1° la *pêche côtière* ou *pêche littorale*, qui s'exerce à l'embouchure des fleuves et le long des côtes, jusqu'à plusieurs milles au large ; c'est celle qui fournit la majeure partie du Poisson de mer ; 2° la *grande pêche*, qui se fait à grande distance des côtes, à moins que ces dernières ne soient abruptes, comme dans la Méditerranée, ce qui donne, même à proximité du rivage, une grande profondeur d'eau.

La grande pêche concerne principalement la Morue et le Hareng (ainsi que les Mammifères marins : Baleine, Dauphin, Phoque).

La pêche de la Morue a lieu dans les parages d'Islande, du commencement de mars jusqu'en septembre, et à Terre-Neuve, d'avril en août ; l'appât ou *boëtte* consiste en Ammodytes, petits Poissons communément nommés vers de vase, en Calmars ou Encornets, etc. En hiver, la Morue se tient dans les profondeurs, à proximité des courants d'eau tiède.

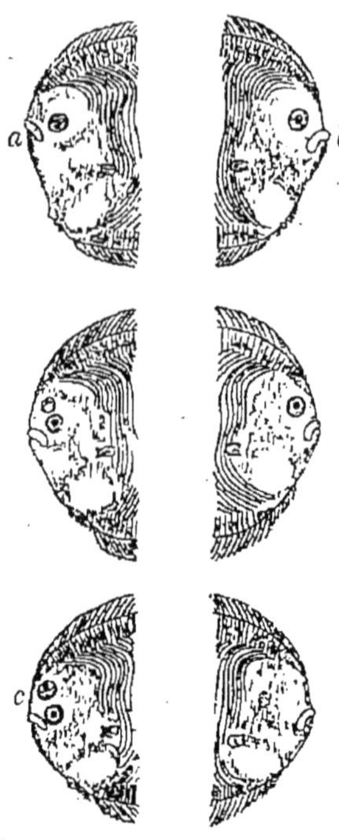


Fig. 321. — Passage de l'œil de la jeune Sole de la face droite (*b*) à la face gauche (*a*), dirigée en haut ; — en *c*, le développement est achevé.

La grande pêche exige de plus grands bateaux que la pêche littorale et aussi des engins spéciaux (chaluts,...), permettant d'explorer les fonds. Elle se poursuit parfois à plus de 150 mètres de profondeur et à plus de 60 milles au large.

*Filets*. — On capture le Poisson principalement à l'aide de *filets flottants* rectangulaires, pouvant mesurer plusieurs centaines de mètres de largeur et 30 mètres de hauteur ; on se sert aussi de *lignes*, garnies d'hameçons appâtés et que traînent les embarcations. Les deux procédés sont mis en usage pour la pêche du Maquereau, localisée entre Dunkerque et Le Croisic; pour celle de la Morue en Islande; etc.

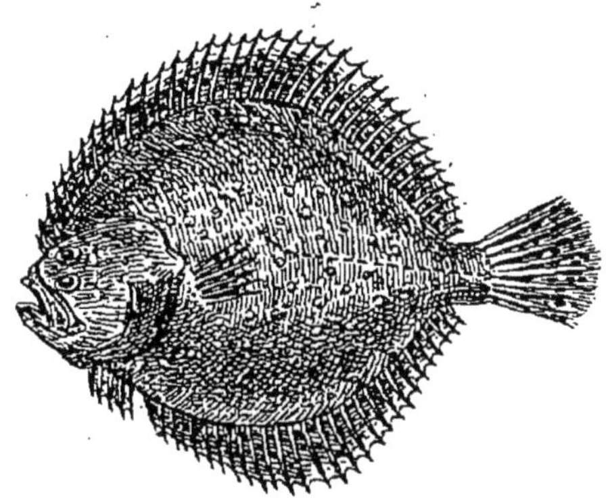

Fig. 322. — Turbot, Poisson plat. — Les deux yeux sont sur la face gauche.

Les filets flottants, à mailles plus ou moins larges, selon la grosseur du Poisson à capturer, sont lestés à leur bord inférieur au moyen de balles ou de disques de plomb, et garnis de plaques de liège au bord opposé. Quand on les laisse couler, ils se déploient verticalement et se maintiennent tendus, grâce aux flotteurs.

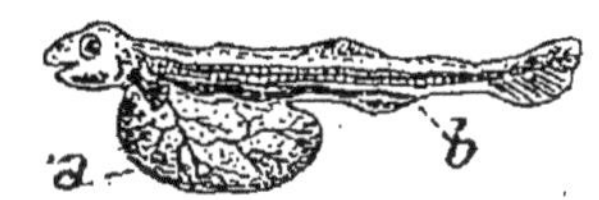

Fig. 323. — Alevin. — *a*, sa vésicule vitelline; — *b*, nageoire ventrale et anus.

Le Poisson qui rencontre le filet se prend par la tête, s'il est suffisamment gros, sans plus pouvoir ni avancer, puisque les mailles sont trop étroites, ni reculer, puisque les opercules le retiennent au filet. C'est avec des filets flottants que l'on pêche le Turbot (fig. 322), le Hareng, la Sardine et le Maquereau, dans la Manche et l'Océan; le Thon, l'Anchois, etc., à proximité des côtes de Provence.

*Chaluts*. — Pour explorer les fonds sableux unis et récolter les Poissons plats, les Crustacés (Crabes), etc.,

-qui les fréquentent, on a recours au *chalut;* un engin du même genre sert à arracher l'Huître des bancs naturels (p. 345).

Les chaluts (fig. 324) sont des filets en forme de poche, qui vont en se rétrécissant à partir de leur ouverture jusqu'au fond. Le bord supérieur de l'entrée est fixé à une vergue, soutenue par deux pièces de fer arquées ; le bord inférieur, en forme d'arc de cercle, est simplement garni d'une corde, qui repose à même

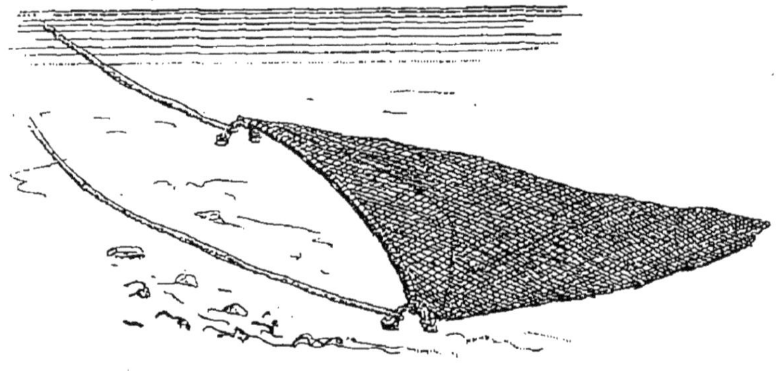

Fig. 324. — Chalut.

sur le fond. Un bateau à vapeur, parfois même deux naviguant de conserve, traîne le chalut.

Ce mode de pêche a le grave inconvénient de dévaster la végétation sous-marine et avec elle les petits organismes dont se nourrissent divers Poissons (p. 365).

La pêche au chalut est très active dans les bancs de la mer du Nord et fournit la majeure partie du Poisson frais consommé en Angleterre ; on la pratique aussi dans le golfe de Gascogne.

**Pêche abyssale.** — La pêche dans les abysses ou grands abîmes marins se fait soit à l'aide de solides chaluts, soit à l'aide de nasses amorcées (p. 342) ; ces engins permettent de capturer non seulement les espèces qui séjournent sur les fonds, à plusieurs milliers de mètres de profondeur (Crustacés,...), mais encore diverses espèces ambulantes (Poissons,...).

Les nasses sont tantôt métalliques, tantôt, pour

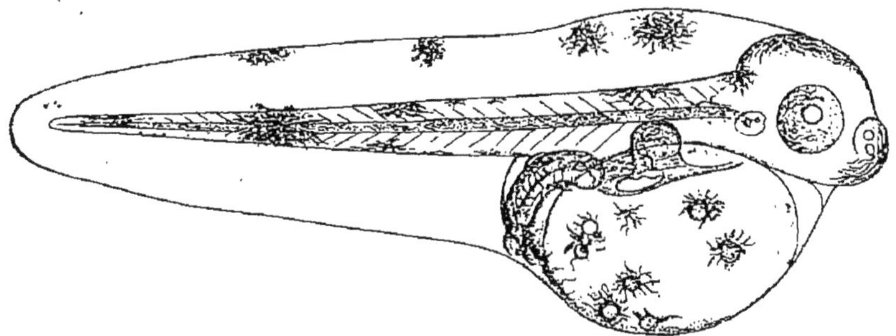

Fig. 325. — Larve de Sole de 3 millimètres de longueur. — La vésicule vitelline est en voie de résorption. (Voir la migration de l'œil droit, fig. 321.)

plus de légèreté, en lattes de bois garnies de filets. Le câble d'acier à l'aide duquel on les manœuvre est enroulé sur une grande bobine ; il se compose de

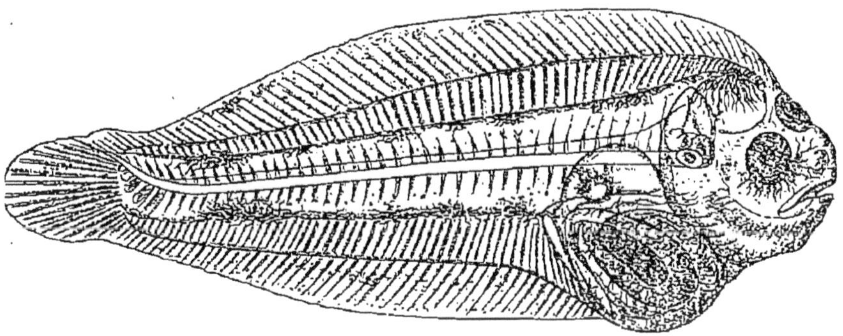

Fig. 326. — Larve de Sole de 8 millimètres, acquérant son aspect définitif. — La vésicule nourricière a à peu près disparu.

bouts séparables de 500 mètres, ayant ensemble une longueur de 7 ou 8 000 mètres. Quand une nasse a été descendue à la mer, on détache le bout de câble superficiel, et on y adapte une bouée, munie de fanaux indicateurs. On laisse le tout en place pendant vingt-quatre ou quarante-huit heures, ce qui permet au bateau d'explorer un autre fond.

Les organismes que les dragues et nasses ramènent ainsi des ténèbres abyssales périssent presque tous avant d'arriver à la surface, à cause de la forte diminution de pression qu'ils éprouvent, et probablement aussi par suite de l'élévation de température. Chez les Poissons, la décompression entraîne une dilatation de la vessie natatoire, ce qui comprime les organes intérieurs, au point que l'estomac se trouve parfois refoulé hors de la bouche.

Parmi les Crustacés et les Mollusques céphalopodes des abysses, les uns, pourvus d'yeux bien conformés, possèdent en outre des *organes lumineux*, qui leur permettent d'utiliser leurs yeux dans ces ténèbres ; les autres, dépourvus de la propriété de luire, n'ont que des yeux atrophiés.

**Pêche de la Sardine.** — La Sardine (fig. 327) est particulièrement abondante dans la partie de l'Océan atlantique qui va de l'Irlande aux îles Canaries (Bretagne, Espagne, Portugal).

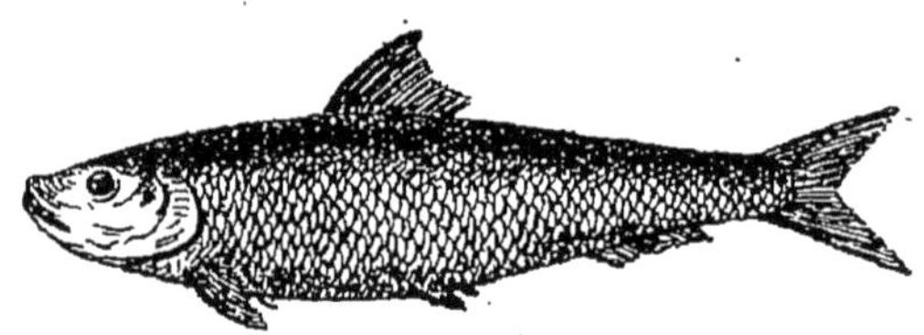

Fig. 327. — Sardine, Poisson osseux abdominal.

En hiver, elle est exclusivement pélagique, c'est-à-dire qu'elle vit au large, où elle trouve des eaux moins froides et une nourriture plus abondante : des colonnes serrées ont été rencontrées à plusieurs centaines de milles du rivage. La ponte se fait aussi en pleine mer ; les œufs (60.000 environ) sont flottants.

Au printemps, la Sardine se rapproche des côtes, et

elle y demeure jusqu'en octobre, toujours en se maintenant dans les eaux superficielles ; c'est pendant cette
période que se capturent les immenses quantités de
Sardines qui alimentent les fabriques de conserve.

Contrairement à la généralité des Poissons, la Sardine ne vit pas de grosses proies, mais uniquement de
petits organismes flottants, que l'on ne peut pêcher
qu'au filet fin et qui troublent seulement l'eau, lorsqu'ils sont en nombre. Cette faune presque microsco-
pique, désignée du nom général de *plankton*, consiste
surtout en Infusoires, en larves diverses et en petits
Crustacés. Elle est d'ordinaire associée à une multitude
de Diatomées et autres Algues microscopiques, qui sans
doute servent de nourriture aux animalcules eux-
mêmes. On peut évaluer à 20 millions le nombre d'Infusoires trouvé dans un seul estomac de Sardine.

Quand le plankton manque le long du littoral, ou
encore quand l'été est relativement froid, les bandes
de Sardines, au lieu de se rapprocher de nos côtes,
demeurent au large. Peut-être la récolte active des
grandes Algues brunes *(goëmon)*, que l'on incinère en
vue de l'extraction de l'iode, n'est-elle pas étrangère à
la rareté du plankton en Bretagne ; car les larves de
cette faune minuscule trouvent abri dans ces prairies
sous-marines. Les chaluts, en ravageant les fonds,
offrent le même inconvénient.

La pêche de la Sardine est exclusivement côtière et
ne se fait pas à plus de quelques milles au large. Les
bateaux sardiniers sont de simples voiliers, montés par
cinq ou six hommes. Pour la pêche en pleine mer, une
flotte à vapeur serait indispensable, et peut-être fau-
dra-t-il y recourir, si la pénurie de Sardines côtières,
qui a été si préjudiciable aux pêcheurs bretons pendant ces dernières années (1901 à 1905), doit se prolonger encore.

Les centres principaux de l'industrie sardinière
(pêche et fabrication des conserves) sont échelonnés
sur le littoral de la Bretagne, spécialement sur la côte

sud, entre Douarnenez et les Sables-d'Olonne. Les Sardines adultes, qui atteignent la dimension des Harengs et sont seules aptes à la ponte, sont dites *Sardines de dérive*; on les pêche peu en France, beaucoup en Angleterre. Celles qui sont employées à la fabrication des conserves et qui n'ont au plus qu'un an sont dites *Sardines de rogue*, du nom de l'appât ou *rogue*, qui consiste en œufs de Morue salés; on les capture au moyen de filets verticaux flottants (p. 361), à mailles plus ou moins larges, selon la grosseur de la Sardine à obtenir, et en semant la rogue du côté du filet opposé à celui d'où vient la Sardine.

**Pêche du Hareng.** — Les Harengs, qui appartiennent à la même famille que les Sardines, ont le flanc bleuâtre et le ventre argenté. Ils vivent en bandes immenses dans l'Atlantique nord ; toutefois, on ne les rencontre plus au sud de l'embouchure de la Loire. Ils manquent aussi à la Méditerranée. La pêche du Hareng est localisée sur le littoral de la Manche, entre Cherbourg et Dunkerque; le centre en est Fécamp.

Les Harengs viennent du Nord dans nos parages en automne par bancs qui comptent des millions d'individus ; la ponte a lieu en février. Leur nourriture consiste en plankton, comme celle des Sardines, et la pêche se fait par le même procédé.

**Pêche du Saumon.** — Le Saumon (fig. 328) est abondant dans la mer du Nord et sur le littoral de la Manche et de l'Océan ; il manque à la Méditerranée. On le pêche beaucoup à l'embouchure des fleuves (Loire, Adour).

Au printemps, les Saumons (ainsi que les Aloses) remontent les cours d'eau pour y frayer; on les rencontre alors dans la Haute-Seine, et ils s'aventurent parfois jusque dans la Cure, affluent de l'Yonne.

Sur les fonds sableux, les Saumons creusent avec leur museau une excavation arrondie, en s'aidant de leur queue comme d'une pelle. Quand la femelle a déposé ses œufs dans cette sorte de nid, elle les recouvre de sable ; autrement, ils seraient dévorés par d'autres Poissons, notamment les Truites, qui en sont très avides.

Pendant tout l'été, les jeunes Saumons restent en eau douce ; les parents en prennent soin, surtout dans le premier âge, quand la vésicule vitelline nourricière (fig. 323), qui les alourdit et entrave leurs mouvements, n'est pas encore résorbée. En juin, les adultes commencent à redescendre à la mer ; les alevins n'effectuent leur migration que vers l'automne.

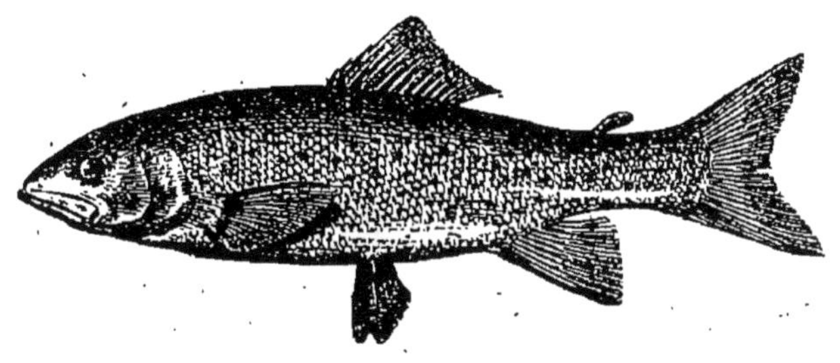

Fig. 328. — Saumon, Poisson osseux abdominal.

La pêche du Saumon est surtout importante sur les côtes de Norvège, de Finlande et d'Angleterre ; comme appât, on peut se servir d'Insectes artificiels.

Dans le but de repeupler les rivières de France, on a élevé avec succès, dans des incubateurs (fig. 330), le Saumon de Californie, qui s'acclimate bien dans nos eaux et résiste à la chaleur de l'été ; sa nourriture consiste en Carpes, Gardons, etc.

Citons encore, comme particulièrement riches en Saumons, les golfes et fleuves de l'Alaska (Amérique septentrionale) : au printemps, ces Poissons remontent les cours d'eau de ces régions en bandes serrées, et leur pêche est l'objet d'un commerce important.

**Pisciculture.** — Distinguons la pisciculture en eau douce et la pisciculture en eau marine.

**I. Pisciculture en eau douce.** — Au moment de la ponte, alors que les femelles sont gonflées d'œufs tout prêts à s'échapper, on saisit ces dernières d'une main en arrière de la tête, tandis que de l'autre on exerce une douce pression d'avant en arrière (fig. 329); les nombreux œufs ainsi expulsés sont reçus dans une cuve, remplie d'eau bien claire. On fait la même opération avec le mâle, qui fournit la *laitance*, et on mêle le tout, pour que la fécondation s'opère.

Fig. 329. — Récolte des œufs de Poissons d'eau douce.

Les œufs fécondés sont ensuite introduits soit dans des caisses perforées, placées à demeure dans les rivières, soit dans des appareils incubateurs spéciaux.

Un *appareil incubateur* (fig. 330) se compose d'une série d'auges, disposées les unes au-dessus des autres en gradins et munies chacune, un peu au-dessus du fond, d'une sorte de grille en verre, destinée à retenir les œufs. L'eau vive que reçoit la première auge s'écoule au fur et à mesure dans les suivantes, jusqu'au bas des gradins, de sorte que les jeunes se trouvent dans une eau toujours pure et aérée, indispensable aux Truites et aux Saumons.

Les jeunes ou *alevins* ne tardent pas à éclore dans

ces conditions. Ils portent au-dessous du corps une sorte de sac nourricier, la *vésicule vitelline* (fig. 330, *a* et 325), qui seule les alimente pendant quelque temps; lorsque cette provision de nourriture vient à être épuisée, on leur donne de petits Crustacés, nommés Daphnies, ainsi que certaines larves d'Insectes.

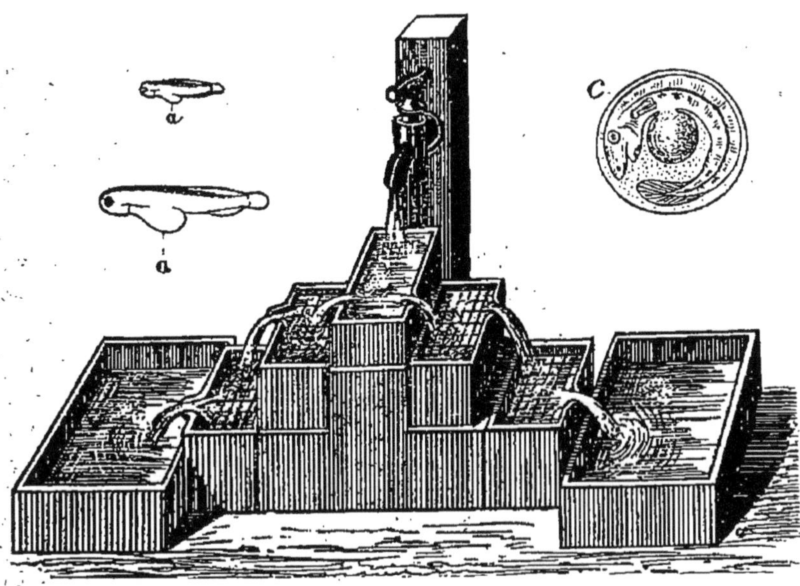

Fig. 330. — Incubateurs. — *a*, vésicule vitelline des alevins; — *c*, œuf au moment de l'éclosion.

Dès que les alevins ont acquis une taille suffisante, on les jette dans les rivières qu'on veut empoissonner; mais, avant qu'ils n'arrivent à s'accoutumer à ce nouveau milieu, beaucoup deviennent la proie des Poissons carnivores, comme les Brochets.

**II. Pisciculture en eau marine.** — L'appauvrissement des fonds océaniques, faute d'un règlement de pêche protecteur, a conduit pareillement à élever les Poissons de mer les plus recherchés et à contribuer, dans la mesure du possible, au repeuplement des côtes.

On peut opérer de deux manières : ou bien, comme tout à l'heure, partir des œufs et les faire éclore artificiellement pour en obtenir des jeunes ou alevins : c'est alors la *piscifacture ;* ou bien se borner à introduire dans des viviers appropriés des alevins nés dans la mer (Sole, Plie, Turbot, Mulet,...) : c'est alors la *pisciculture proprement dite.*

1° *Piscifacture.* — Une installation de piscifacture comporte (fig. 331) :

*a)* Un *vivier de ponte* (*m*), entouré de murs épais, où

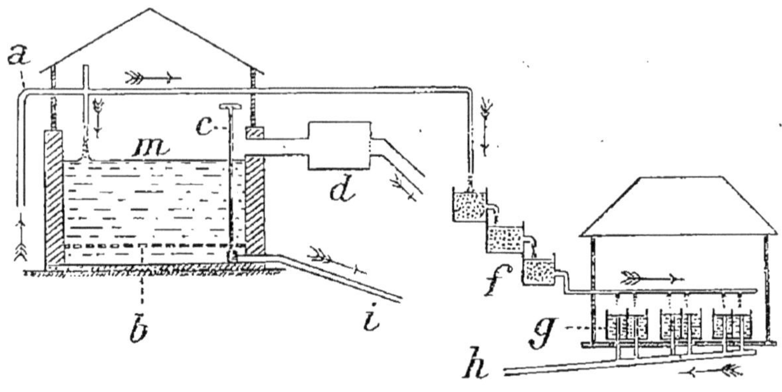

Fig. 331. — Installation de piscifacture. — *m*, vivier de ponte ; — *b*. plancher ; — *c*, tige de la soupape ; — *i*, tuyau d'écoulement ; — *a*, tuyau d'amenée de l'eau ; — *d*, collecteur ; — *f*, filtres à eau ; — *g*, incubateurs ; — *h*, tuyau d'écoulement.

se trouvent réunis un certain nombre de Poissons reproducteurs. Un plancher à claire-voie est placé à $0^m,50$ au-dessus du fond ; là, les œufs sont pondus, puis fécondés. Dans le vivier, qui est d'ordinaire placé un peu en élévation, l'eau de mer est amenée par des pompes élévatoires à vapeur ;

*b)* Un *collecteur* (*d*), sorte de boîte, fermée à la sortie par un tissu de laine (étamine) ou un fin tamis, destiné à recevoir et à retenir les œufs fécondés. Cet appareil se trouve placé sur le parcours d'un couloir, donnant passage à l'eau du vivier.

Quand la ponte s'opère régulièrement, les œufs flottent dans l'eau du vivier en nombre considérable. Une
Sole en donne environ 75.000 ; une Plie, 300.000 ; un
Turbot, 900.000. Pour les diriger vers le collecteur, on
ouvre plus largement le robinet d'amenée de l'eau, ce
qui crée des courants, soulève les œufs et les entraîne.

Fig. 332. — Salle des incubateurs à la piscifacture marine de Flödevig.

*c)* Enfin des *incubateurs* (*g*), appareils à éclosion, en
forme de boîtes rectangulaires en bois, sont disposés en
grand nombre dans une salle spéciale ; l'eau s'y renou-
velle constamment, grâce à des trop-pleins. Ces boîtes,
garnies de toile métallique qui retient les œufs, sont
immergées dans de grandes cuves (fig. 332).

De semblables installations fonctionnent à Dunbar
(Écosse), Flödevig (Norvège) et Saint-Wast-la-Hougue
(Manche).

Les alevins trop nombreux des incubateurs sont jetés à la mer, lorsqu'ils ont perdu leur vésicule vitelline nourricière. Là, comme en eau douce, un grand nombre deviennent fatalement la proie d'autres Poissons; beaucoup aussi, au sortir de ce milieu calme et protégé, succombent, faute d'aptitude à la lutte pour la vie.

Un petit nombre seulement poursuivent normalement leur développement et arrivent à l'âge adulte.

2° *Pisciculture.* — Pour la pisciculture marine, on utilise les *réservoirs* naturels entourés de dunes, et à eau plus ou moins saumâtre, qui environnent le bassin d'Arcachon, avec lequel ils communiquent par des écluses; il en existe d'analogues aux Sables d'Olonne, etc. Ailleurs, l'élevage se fait en *vivier*.

Le poisson entre dans les réservoirs au moment de la haute mer, et c'est là qu'on le pêche, lorsqu'il a acquis la dimension marchande. Pour récolter les alevins destinés à peupler les viviers, qui, eux, occupent une surface beaucoup plus restreinte, on ouvre l'écluse à l'époque des mortes eaux : l'eau du réservoir s'écoulant vers le bassin, il en résulte un courant, que suivent instinctivement les jeunes. Ceux-ci sont reçus à la sortie dans un filet approprié.

On élève de la sorte les Muges ou Mulets, les Bars, les Anguilles, les Soles (fig. 321, 325), etc. Au bout de cinq ans, le Muge atteint 50 centimètres de longueur. Ce Poisson, qui remonte les rivières, ne fraie ni en réservoir, ni en eau douce; il effectue sa descente à la mer de mai à septembre, surtout par le mauvais temps.

# TABLE DES MATIÈRES

## INTRODUCTION



## PREMIÈRE PARTIE

### Appareils et fonctions de nutrition.

# DEUXIÈME PARTIE

## Appareils et fonctions de relation.

# TROISIÈME PARTIE

## Les animaux utiles à l'Homme, capture, domestication, élevage.

CHAPITRE PREMIER

Les animaux domestiques.



CHAPITRE II

Élevage de quelques espéces sauvages.



CHAPITRE III

Pêche, Ostréiculture, Pisciculture.

ÉVREUX, IMPRIMERIE DE CHARLES HÉRISSEY.

www.ingramcontent.com/pod-product-compliance
Ingram Content Group UK Ltd.
Pitfield, Milton Keynes, MK11 3LW, UK
UKHW010910160726
13695UKWH00007B/126